施工现场十大员技术管理手册

机 械 员

（第三版）

上海市建筑施工行业协会工程质量安全专业委员会
主编 曹德雄 王正春
主审 潘延平

U0248908

中国建筑工业出版社

图书在版编目（CIP）数据

机械员/曹德雄，王正春主编. —3版. —北京：中
国建筑工业出版社，2016.1
（施工现场十大员技术管理手册）
ISBN 978-7-112-18589-4

Ⅰ.①机… Ⅱ.①曹…②王… Ⅲ.①建筑机械-
技术手册 Ⅳ.①TU6-62

中国版本图书馆 CIP 数据核字（2015）第 248975 号

施工现场十大员技术管理手册

机 械 员

（第三版）

上海市建筑施工行业协会工程质量安全专业委员会

主编 曹德雄 王正春

主审 潘延平

*

中国建筑工业出版社出版、发行（北京西郊百万庄）

各地新华书店、建筑书店经销

霸州市顺浩图文科技发展有限公司制版

北京圣夫亚美印刷有限公司印刷

*

开本：850×1168 毫米 1/32 印张：11⅛ 字数：297 千字
2016 年 4 月第三版 2016 年 4 月第十六次印刷
定价：**25.00** 元
ISBN 978-7-112-18589-4
（27831）

本书为《施工现场十大员技术管理手册》之一，基于第二版整理而成，主要介绍了起重机械基础知识、塔式起重机、施工升降机、流动式起重机、桅杆起重机、门式起重机、物料提升机、高处作业吊篮、桩工机械、成槽机械、隧道掘进机械、土石方机械、混凝土机械、钢筋机械、电弧焊接设备、木工机械、装饰机械等17章内容，各部分内容突出了施工安全技术、管理法规检评标准及机械使用和维修方法。

　　本书采用文字、图、表相结合的形式，实践性、针对性强，适用于施工现场机械员，既可作为施工现场机械员的参考工具书，也可作为高等专业院校业务培训教材。

＊　　　＊　　　＊

责任编辑：郦锁林　王华月
责任校对：李美娜　张　颖

《施工现场十大员技术管理手册》（第三版）
编 委 会

主　　任：黄忠辉

副 主 任：姜　敏　　潘延平　　薛　强

编　　委：张国琮　　张常庆　　辛达帆　　金磊铭

　　　　　邱　震　　叶佰铭　　陈　兆　　韩佳燕

本 书 编 委 会

主编单位: 上海市建筑施工行业协会工程质量安
全专业委员会

主　　编: 曹德雄　　王正春

主　　审: 潘延平

编写人员: 曹德雄　　王正春　　包世洪　　金仁秋

刘艳军　　应建华　　林　晨　　黄士荣

周年菘

第三版前言

《施工现场十大员技术管理手册》（第三版）是在中国建筑工业出版社2001年发行的第二版的基础上修订而成，覆盖了施工现场项目第一线的技术管理关键岗位人员的技术、业务与管理基本理论知识与实践适用技巧。本套丛书在保留原丛书内容贴近施工现场实际，简洁、朴实、易学、易掌握的同时，融入了近年来建筑与市政工程规模日益高、大、深、新、重的发展趋势，充实了近段时期涌现的新结构、新材料、新工艺、新设备及绿色施工的精华，并力求与国际建设工程现代化管理实务接轨。因此，本套丛书具有新时代技术管理知识升级创新的特点，更适合新一代知识型专业管理人员的使用，其出版将促进我国建设项目有序、高效和高质量的实施，全面提升我国建筑与市政工程现场管理的水平。

本套丛书中的十大员，包括：施工员、质量员、造价员、材料员、安全员、试验员、测量员、机械员、资料员、现场电工。系统介绍了施工现场各类专业管理人员的职责范围，必须遵循的国家新颁发的相关法律法规、标准规范及政府管理性文件，专业管理的基本内容分类及基础理论，工作运作程序、方法与要点，专业管理涉及的新技术、新管理、新要求及重要常用表式。各大员专业丛书表述通俗简明易懂，实现了现场技术的实际操作性与管理系统性的融合及专业人员应知应会与能用善用的要求。

本套丛书为建筑与市政工程施工现场技术专业管理人员提供了操作性指导文本，并可用于施工现场一线各类技术工种操作人员的业务培训教材；既可作为高等专业学校及建筑施工技术管理职业培训机构的教材，也可作为建筑施工科研单位、政府建筑业管理部门与监督机构及相关技术管理咨询中介机构专业技术管理人员的参考书。

本套丛书在修订过程中得到了上海市住房和城乡建设管理委员会、上海市建设工程安全质量监督总站、上海市建筑施工行业协会与其他相关协会的指导，上海地区一批高水平且具有丰富实际经验的专家与行家参与丛书的编写活动。丛书各分册的作者耗费了大量的心血与精力，在此谨向本套丛书修订过程的指导者和参与者表示衷心感谢。

由于我国建筑与市政工程建设创新趋势迅猛，各类技术管理知识日新月异，因此本套丛书难免有不妥之处，敬请广大读者批评指正，以便在今后修订中更趋完善。

愿《施工现场十大员技术管理手册》（第三版）为建筑业工程质量整治两年行动的实施，建筑与市政工程施工现场技术管理的全方位提升作出贡献。

第二版前言

在现代化建筑施工中，安全、高效、降低工人劳动强度、改善生产环境，关键是实现机械化。为了满足广大施工人员从事建筑机械化施工和搞好安全生产、文明施工的迫切需要，本书从施工现场的实际出发，通俗易懂，系统地、多方位地介绍各种现场施工机械。

由于建筑行业的迅速发展，建筑施工中采用了大量的新技术、新设备，既提高了生产率又满足了安全生产的需要。为适应形势的发展，我们对《机械员》第一版进行修订，第三部分增加了 QTZ63 塔式起重机，并增加了第四部分——地下连续墙施工机械。

由于本书编者水平有限，书中可以商榷和修正的地方，恳请读者指正。

编者

2005 年 4 月

第一版前言

在现代化建筑施工中，安全、高效、降低工人劳动强度、改善生产环境，关键是实现机械化。为了满足从事建筑施工的广大基层技术人员和施工人员搞好安全生产、文明施工的迫切需要，本书从施工现场的实际出发，通俗易懂，系统地、多方位地介绍各种现场施工机械。

本书共分三章，重点介绍混凝土机械，详细介绍混凝土、称量设备、搅拌装置、运输机械、料斗设备、混凝土泵、喷射机、振捣器、桩工机械、挖掘、起重机。本书各部分内容突出了施工安全技术、管理法规及有关施工计算和测试方法、机械使用和维修方法。

编写方法上采用文字、图、表相结合，实践性、针对性强，对搞好工地安全生产、文明施工有较强的实用性。

本书在编写过程中，得到北京市建委和北京市城建总公司、北京交通大学有关同志的帮助，在此谨表感谢。由于本书编者水平有限，书中可以商榷和修正的地方，恳请读者指正。

目　　录

1 起重机械基础知识

1.1 常用索具和吊具

1.1.1 钢丝绳

钢丝绳具有断面相同、强度高、弹性大、韧性好、耐磨、高速运行平稳并能承受冲击荷载等特点。在破断前一般有断丝、断股等症兆，容易检查、便于预防事故。因此，在起重作业中广泛应用，是吊装中的主要绳索，可用作起吊、牵引、捆扎等。

（1）钢丝绳的构造特点和分类

钢丝绳按捻制的方法分为单绕、双绕和三绕钢丝绳三种，双绕钢丝绳先是用直径 0.4～3mm、强度 1400～2000N/mm² 的钢丝围绕中心钢丝拧成股，再由若干股围绕绳芯，拧成整根的钢丝绳。双绕钢丝绳钢丝数目多，挠性大，易于绕上滑轮和卷筒，故在起重作业中应用的一般是双绕钢丝绳。

1）按照捻制的方向，钢丝绳按捻法分为右交互捻、左交互捻、右同向捻和左同向捻四种，见图 1-1。钢丝绳中钢丝搓捻方向和钢丝股搓捻方向一致的称同向捻（顺捻）。同向捻的钢丝绳比较柔软，表面平整，与滑轮接触面比较大。因此，磨损较少，但容易松散和产生扭结卷曲，吊重时容易旋转，故在吊装中一般不用。交互捻（反捻）钢丝绳，钢丝搓捻方向和钢丝股搓捻方向相反。交互捻钢丝绳强度高，扭转卷曲的倾向小，吊装中应用的较多。

2）钢丝绳按绳股数及一股中的钢丝数多少可分为多个规格，现介绍三种常用的钢丝绳规格 6×19S（W）、6×37S、35W×7

图 1-1　钢丝绳的交互捻和同向捻

（不旋转钢丝绳）。在钢丝绳直径相同的情况下，绳股中的钢丝数越多，钢丝的直径越细，钢丝越柔软，挠性也就越好。但细钢丝捻制的钢丝绳没有较粗钢丝捻制的钢丝绳耐磨损。因此，$6 \times 19+1$ 就较 $6 \times 37+1$ 的钢丝绳硬，耐磨损。

3）钢丝绳按绳芯不同分为天然纤维芯、合成纤维芯和钢芯三种。天然纤维芯、合成纤维芯的钢丝绳比较柔软，容易弯曲，纤维芯可浸油作润滑、防锈，又能减少钢丝间的摩擦，金属芯的钢丝绳要求在较高温度下工作，而且耐重压，但钢丝绳太硬不易弯曲，在特殊的起重设备上使用。

（2）钢丝绳的安全负荷

钢丝绳抗拉强度等级分为：$1570N/mm^2$、$1670N/mm^2$、$1770N/mm^2$、$1870N/mm^2$、$1960N/mm^2$ 五种。

1）钢丝绳的破断拉力

所谓钢丝绳的破断拉力即是将整根钢丝绳拉断所需要的拉力大小，也称为整条钢丝绳的破断拉力，用 F_0 表示，单位：kN。

钢丝绳最小破断拉力按下式计算：

$$F_0 = \frac{K' \cdot D^2 \cdot R_0}{1000} \tag{1-1}$$

式中　F_0——钢丝绳最小破断拉力（kN）；

　　　　D——钢丝绳公称直径（mm）；

　　　　R_0——钢丝绳公称抗拉强度（MPa）；

　　　　K'——指定结构钢丝绳最小破断拉力系数。

　2）钢丝绳的允许拉力和安全系数

　　为了保证吊装的安全，钢丝绳根据使用时的受力情况，规定出所能允许承受的拉力，叫作钢丝绳的允许拉力。它与钢丝绳的使用情况有关。

　　钢丝绳的允许拉力低于钢丝绳破断拉力的若干倍，而这个倍数就是安全系数。钢丝绳的安全系数见表1-1。

钢丝绳安全系数　　　　　　　表1-1

钢丝绳用途	安全系数	钢丝绳用途	安全系数
静态张拉钢丝绳和钢绞线	3.5	抓斗吊机上的控制钢丝绳	4～5
起重机等	5～5.5	电梯　载人	最小12
水平牵引、连续牵引车	4～5	载物	最小10
桥式、门式、塔式、桅杆式吊车	最小6		

（3）钢丝绳报废及其损坏原因

　1）钢丝绳报废标准

　钢丝绳使用的安全程度由下列因素判定：

　①断丝的性质和数量；

　②绳端断丝；

　③断丝的局部聚集；

　④断丝的增加率；

　⑤绳股断裂；

　⑥由于绳芯损坏而引起的绳径减小；

　⑦弹性减小；

　⑧外部及内部磨损；

　⑨外部及内部腐蚀；

⑩ 变形;

⑪ 由于热或电弧造成的损坏;

⑫ 永久伸长的增加率。

所有的检验均应考虑以上各项因素并遵循各自的标准。然而钢丝绳的损坏往往是由各个因素综合累积造成的,这就应由主管人员判别并决定钢丝绳是报废还是继续使用。

对于钢丝绳的损坏,检验人员应弄清钢丝绳的损坏是否由机构上的缺陷所致,如果是这样,应建议在更换钢丝绳之前消除这些缺陷。

2)钢丝绳的损坏原因

造成钢丝绳损伤及破坏的原因是多方面的。概括起来,钢丝绳损伤及破坏的主要原因大致有四个方面。

① 截面积减少:钢丝绳截面积减少是因钢丝绳内外部磨损、损耗及腐蚀造成的。钢丝绳在滑轮、卷筒上穿绕次数越多,越容易磨损和损坏;滑轮和卷筒直径越小,钢丝绳越易损坏;

② 质量发生变化:钢丝绳由于表面疲劳、硬化及腐蚀引起质量变化;钢丝绳缺油或保养不善;

③ 变形:钢丝绳因松捻、压扁或操作中产生各种特殊形变而引起钢丝绳变形;

④ 突然损坏:钢丝绳因受力过度突然冲击、受热、剧烈振动或严重超负荷等原因导致其突然损坏。

除了上面的原因之外,钢丝绳的破坏还与起重作业的工作类型、钢丝绳的使用环境、钢丝绳选用和使用以及维护保养等因素有关。

3)钢丝绳的报废

钢丝绳的报废一般按钢丝绳达到或超过报废标准的可见断丝数表示,见表1-2、表1-3。

当吊运熔化或赤热金属、酸溶液、爆炸物,易燃物及有毒物品时,上表断丝数应相应减少一半。

钢制滑轮上使用的钢丝绳中达到或超过报废标准的可见断丝数

表 1-2

钢丝绳类别号 RCN	外层股中承载钢丝的总数 n	可见断丝数[a]					
		在钢制滑轮和/或单层缠绕在卷筒上工作的钢丝绳区段（钢丝裂纹随机分布）				多层缠绕在卷筒上工作的钢丝绳区段[b]	
		工作级别 M1~M4 或未知级别[c]				所有工作级别	
		交互捻		同向捻		交互捻和同向捻	
		长度范围大于 $6d$[d]	长度范围大于 $30d$[d]	长度范围大于 $6d$[d]	长度范围大于 $30d$[d]	长度范围大于 $6d$[d]	长度范围大于 $30d$[d]
01	$n \leqslant 50$	2	4	1	2	4	8
02	$51 \leqslant n \leqslant 75$	3	6	2	3	6	12
03	$76 \leqslant n \leqslant 100$	4	8	2	4	8	16
04	$101 \leqslant n \leqslant 120$	5	10	2	5	10	20
05	$121 \leqslant n \leqslant 140$	6	11	3	6	12	22
06	$141 \leqslant n \leqslant 160$	6	13	3	6	12	26
07	$161 \leqslant n \leqslant 180$	7	14	4	7	14	28
08	$181 \leqslant n \leqslant 200$	8	16	4	8	16	32
09	$201 \leqslant n \leqslant 220$	9	18	4	9	18	36
10	$221 \leqslant n \leqslant 240$	10	19	5	10	20	38
11	$241 \leqslant n \leqslant 260$	10	21	5	10	20	42
12	$261 \leqslant n \leqslant 280$	11	22	6	11	22	44
13	$281 \leqslant n \leqslant 300$	12	24	6	12	24	48
14	$n > 300$	$0.04n$	$0.08n$	$0.02n$	$0.04n$	$0.08n$	$0.16n$

注：1. 具有外层股且每股钢丝数≤19 的西鲁型（seale）钢丝绳（例如 6×19 西
鲁型），在表中被分列于两行，上面一行构成为正常放置的外层股承载钢
丝的数目。

2. 在多层缠绕卷筒区段，上述数值也可适用于在滑轮工作的钢丝绳的其他
区段，该滑轮是用合成材料制成的或具有合成材料轮衬。但不适用于在
专门用合成材料制成的或以由合成材料轮衬组合的单层卷绕的滑轮工作
的钢丝绳。

[a] 一根断丝会有两个断头，按一根钢丝计数。

[b] 这些值适用于在跃层区和由于缠入角影响重叠层之间产生干涉而损坏的区
段（且并非仅在滑轮工作和不缠绕在卷筒上的钢丝绳的那些区段）。

[c] 可将以上所列钢丝数的两倍数值用于已知其工作级别为 M5~M8 的机构。参
见 GB/T 24811.1—2009。

[d] d 为钢丝绳公称直径。

在阻旋转钢丝绳中达到或超过报废标准的可见断丝数　表 1-3

钢丝绳类别号 RCN	钢丝绳外层股数和在外层股中承载钢丝总数 n	可见断丝数量[a]			
		在钢制滑轮和/或单层缠绕在卷筒上工作的钢丝绳区段		多层缠绕在卷筒上工作的钢丝绳区段[b]	
		长度范围大于 $6d$[c]	长度范围大于 $30d$[c]	长度范围大于 $6d$[c]	长度范围大于 $30d$[c]
21	4 股 $n \leqslant 100$	2	4	2	4
	3 股或 4 股 $n > 100$	2	4	4	8
	至少 11 个外层股				
23-1	$76 \leqslant n \leqslant 100$	2	4	4	8
23-2	$101 \leqslant n \leqslant 120$	2	4	5	10
23-3	$121 \leqslant n \leqslant 140$	2	4	6	11
24	$141 \leqslant n \leqslant 160$	3	6	6	13
25	$161 \leqslant n \leqslant 180$	4	7	7	14
26	$181 \leqslant n \leqslant 200$	4	8	8	16
27	$201 \leqslant n \leqslant 220$	4	9	9	18
28	$221 \leqslant n \leqslant 240$	5	10	10	19
29	$241 \leqslant n \leqslant 260$	5	10	10	21
30	$261 \leqslant n \leqslant 280$	6	11	11	22
31	$281 \leqslant n \leqslant 300$	6	12	12	24
32	$n > 300$	6	12	12	24

注：1. 具有外层股的每股钢丝数 $\leqslant 19$ 根的西鲁型（seale）钢丝绳（例如 18×19 西鲁型-WSC 型）在表中被放置在两行内，上面一行构成为正常放置的外层股承载钢丝的数目。

2. 在多层缠绕卷筒区段，上述数值也可适用于在滑轮工作的钢丝绳的其他区段，该滑轮是用合成材料制成的或具有合成材料轮衬。它们不适用于在专门用合成材料制成的或以由合成材料内层组合的单层卷绕的滑轮工作的钢丝绳。

[a] 一根断丝会有两个断头，按一根钢丝计数。

[b] 这些数值适用于在跃入区和由于缠入角影响重叠层之间产生干涉而损坏的区段（且并非仅在滑轮工作和不缠绕在卷筒上的钢丝绳的那些区段）。

[c] d 为钢丝绳名义直径。

4）钢丝绳的报废案例

① 钢丝绳两相邻绳股间断丝及钢丝移位，见图1-2；

图1-2　股间断丝及钢丝移位

图1-3　断丝及磨损

图1-4　若干绳股断丝

图1-5　钢丝绳严重弯折

② 钢丝绳在卷筒上被压扁伴随严重磨损，钢丝绳大量断丝严重磨损和散股，见图1-3；

③ 钢丝绳的局部若干绳股断丝松散，见图1-4；

④ 钢丝绳严重弯折，见图1-5；

⑤ 多股钢丝绳因扭力不均匀呈笼状松散，引起的累积损坏，见图1-6；多股钢丝绳呈笼状松散并被压扁，见图1-7；

⑥ 钢丝绳扭结过紧，导致纤维芯突出，见图1-8；钢丝绳绳股间呈笼状畸变，中间钢芯挤出，见图1-9；

⑦ 钢丝绳外层绳股取代了中间的散开纤维芯而导致绳径减小，见图1-10；钢丝绳因中间纤维芯变质在外层绳股间突出而导致绳径增大，见图1-11；

图1-6　多股笼状松散

图1-7　笼状松散、压扁

图 1-8　严重扭结

图 1-9　钢芯挤出

图 1-10　绳径减小

图 1-11　绳径增大

图 1-12　磨损松弛、断丝

图 1-13　绳股压扁、断丝

⑧钢丝绳外层钢丝严重磨损导致钢丝的松弛，并有断丝，见图 1-12；钢丝绳局部被压裂造成绳股间不平衡加之断丝，见图 1-13；

⑨钢丝绳一股绳股钢丝断裂并被挤出，见图 1-14；钢丝绳由于高度受压而造成的钢芯断裂，外层多股松散隆起，见图 1-15。

图 1-14　松散断股

图 1-15　松散隆起

（4）钢丝绳的维护保养

钢丝绳的维护保养应根据起重机械的用途、工作环境和钢丝绳的分类而定。在可能的情况下，对钢丝绳应进行适时地清洗并涂以润滑油或润滑脂（起重机械的制造厂或钢丝绳制造厂另有要求的除外），特别是那些绕过滑轮时经受弯曲的部位。

涂刷的润滑油、润滑脂品种应与钢丝绳使用条件相适应。缺乏维护是钢丝绳寿命缩短的主要原因之一，特别是当机械在腐蚀性环境中工作，以及在某些由于与作业有关的原因而不能润滑的情况下运转时更是如此。

（5）钢丝绳的检查

1）日常检查

每个工作日都要尽可能对钢丝绳的任何可见部位进行观察，以便发现损坏与变形的情况。特别应留心钢丝绳在机械上的固定部位，发现有任何明显变化时，应报告并由主管人员进行检验。

2）由主管人员作定期检验

① 在钢丝绳损坏后调换的情况下或钢丝绳经拆卸又重新安装投入使用前，均应对钢丝绳进行一次检查。

② 起升装置停止工作 3 个月以上，在重新使用前，应检查钢丝绳。

（6）钢丝绳的安全使用要求

为保证钢丝绳使用安全，必须在选用、操作、维护方面做到下列各点：

1）合理选用钢丝绳，不准超负荷使用；

2）切断钢丝绳前应在切口处用细钢丝进行捆扎，以防切断后绳头松散；

3）在使用钢丝绳前，必须对钢丝绳进行详细检查，达到报废标准的应报废更新，严禁继续使用；在使用中不许发生锐角曲折、挑圈，防止被夹或压扁；

4）穿钢丝绳的滑轮边缘不许有破裂现象，钢丝绳与物体、设备或接触物的尖角直接接触处，应垫护板或木块，以防损伤钢丝绳；

5）要防止钢丝绳与电线、电缆线接触，避免电弧打坏钢丝绳或引起触电事故；

6）钢丝绳在卷筒上缠绕时，要逐圈紧密地排列整齐，不应错叠或离缝。

1.1.2 卸扣

卸扣用于吊索、构件或吊环之间的连接，它是起重作业中用得广泛且较灵便的栓连工具。

（1）卸扣的分类

卸扣分为 D 形卸扣和弓形卸扣两种，其中 D 形卸扣比较常用，见图 1-16。

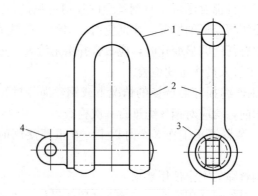

图 1-16　D 形卸扣

1—扣顶；2—扣体；3—环眼；4—销轴

（2）卸扣的报废标准

1）有明显永久变形或轴销不能转动自如；

2）扣体和轴销任何一处截面磨损量达原尺寸的 10% 以上；

3）卸扣任何部位出现裂纹；

4）卸扣不能闭锁；

5）卸扣试验后不合格。

（3）卸扣的安全使用要求

1）使用卸扣时，不得超负荷使用；

2）为防止卸扣横向受力，在连接绳索和吊环时，应将其中一根套在横销上的弯环上，不准分别套在卸扣的两个直段上面；

3）起吊作业进行完毕后，应及时卸下卸扣，并将横销插入弯环内，拧紧螺纹，以保证卸扣完整无损；

4）不得使用横销无螺纹的卸扣，如必需使用时，要有可靠的保障措施，以防止横销滑出。

1.1.3 吊钩及吊环

吊钩、吊环、平衡梁与吊耳是起重作业中比较常用的吊物工具。它的优点是取物方便，工作安全可靠。

（1）吊钩与吊环的形式

吊钩有单钩、双钩两种形式，见图 1-17。

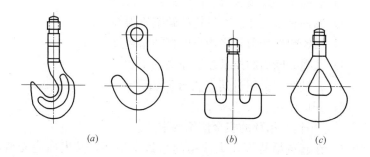

图 1-17 吊钩与吊环
（a）单钩；（b）双钩；（c）吊环

1）单钩。这是一种比较常用的吊钩，它的构造简单，使用也较方便，但受力比较小。材质多用《优质碳素结构钢》GB/T 699—1999 中规定的 20 钢锻制而成。最大起重量一般不超过 80t。

2）双钩。起重量大时常采用受力对称的双钩，其材质也是用《优质碳素结构钢》GB/T 699—1999 中规定的 20 钢锻成。一般大于 80t 的起重设备，都采用双钩。

3）吊环的受力情况比吊钩的受力情况好得多，因此，当起重量相同时，吊环的自重比吊钩的自重小。但是当使用吊环起吊设备时，其索具只能用穿入的方法系在吊环上。因此用吊环吊装不如吊钩方便。

吊环通常用在电动机、减速机的安装，维修时作固定吊具使用。

4) 吊钩保险是安装在吊钩挂绳处的一种防止起吊钢丝绳由于角度过大或挂钩不妥时，造成起吊钢丝绳脱钩，吊物坠落事故的装置。吊钩保险一般采用机械卡环式，用弹簧来控制挡板，阻止钢丝绳的滑脱。

（2）吊钩的报废标准

吊钩出现下列情况之一者，应予报废：

1) 表面有裂纹及破口；吊钩螺纹不得腐蚀；

2) 钩柄有塑性变形；吊钩的缺陷不得补焊；

3) 吊钩扭转变形，当钩身的扭转角超过 $10°$；

4) 挂绳处断面磨损量超过原高的 10%；

5) 心轴磨损量超过其直径的 5%；

6) 开口度比原尺寸增加 10%。

（3）吊钩及吊环的安全使用要求

1) 在起重吊装作业中使用的吊钩及吊环，其表面应光滑，不能有剥裂、刻痕、锐角、接缝和裂纹等缺陷；

2) 吊钩及吊环不得超负荷作业；

3) 使用吊钩与重物吊环相连接时，必须保证吊钩的位置和受力符合要求；

4) 吊钩不得补焊；

5) 吊钩保险挡板不得弯曲变形，弹簧不得塑性变形。

1.1.4　绳夹

（1）绳夹的分类

绳夹主要用来夹紧钢丝绳末端或将两根钢丝绳固定在一起。常用的有骑马式绳夹（图 1-18）、U 形绳夹（图 1-19）、L 形绳夹（图 1-20）等，其中骑马式绳夹是一种连接力强的标准绳夹，应用比较广泛。

12

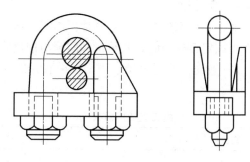

图 1-18　骑马式绳夹

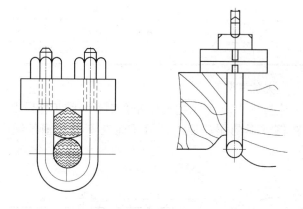

图 1-19　U 形绳夹

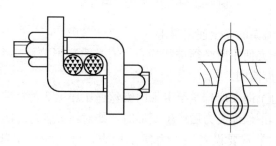

图 1-20　L 形绳夹

13

（2）绳夹的应用标准

在起重作业中，对钢丝绳的末端要加以固定，通常使用绳夹来实现。用绳夹固定钢丝绳时，其数量和间距与钢丝绳直径成正比，见表1-4。一般绳夹的间距最小为钢丝绳直径的6倍。绳夹的数量不得少于3个。

绳夹的使用标准 表 1-4

绳夹规格(钢丝绳公称直径)d(mm)	钢丝绳夹的最少数量(组)
≤18	3
>18~26	4
>26~36	5
>36~44	6
>44~60	7

（3）绳夹的安装

绳夹应按图1-21所示把夹座扣在钢丝绳的工作段上，U形螺栓扣在钢丝绳的尾段股上，钢丝绳夹不得在钢丝绳上交替布置。

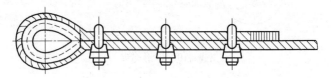

图 1-21 钢丝绳夹的正确布置方法

（4）绳夹的安全使用要求

1）绳夹使用前必须进行检查，有严重变形或螺纹配合间隙较大的不得使用；

2）每个绳夹应拧紧至卡子内钢丝绳压扁1/3为标准；

3）如钢丝绳受力后产生变形时，要对绳夹进行二次拧紧；

4）起吊重要设备时，为便于检查，可在绳头尾部加一保险夹。

1.2 常用起重机具

1.2.1 千斤顶

千斤顶是一种用比较小的力就能把重物升高、降低或移动的简单机具，结构简单，使用方便。它的承载能力，可从 1～300t。顶升高度一般为 300～500mm，顶升速度可达 10～35mm/min。

（1）千斤顶的构造及分类

千斤顶按其构造形式，可分为三种类型：即螺旋千斤顶、液压千斤顶和齿条千斤顶，前两种千斤顶应用比较广泛。

1）螺旋千斤顶

① 固定式螺旋千斤顶：该千斤顶在作业时，未卸载前不能作平面移动，见图 1-22。

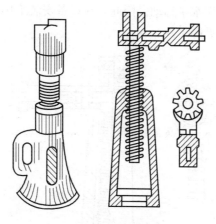

图 1-22 固定式螺旋千斤顶

② LQ 型固定式螺旋千斤顶：它结构紧凑、轻巧，使用比较方便，图 1-23。当往复摆动手柄时，撑牙推动棘轮间歇回转，小伞齿轮带动大伞齿轮，使锯齿形螺杆旋转，从而使升降套筒（螺旋顶杆）顶升或下落。转动灵活，摩擦小，因而操作灵敏，工作效率高。

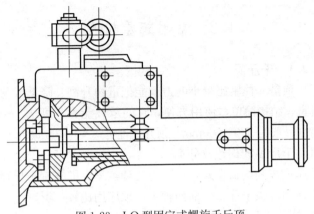

图 1-23　LQ 型固定式螺旋千斤顶

　　③ 移动式螺旋千斤顶：它是一种在顶升过程中可以移动的千斤顶。移动主要是靠千斤顶底部的水平螺杆转动，使顶起的重物随同千斤顶作水平移动。因此，在设备安装工作中，用它移动就位很适用，见图 1-24。

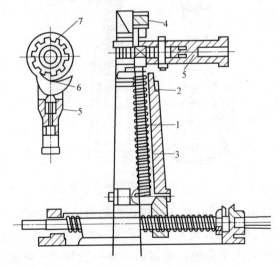

图 1-24　移动式螺旋千斤顶

1—螺杆；2—轴套；3—壳体；4—千斤顶头；5—棘轮手柄；6—制动爪；7—棘轮

2）液压千斤顶

液压千斤顶的工作部分为活塞和顶杆。工作时，用千斤顶的手柄驱动液压泵，将工作液体压入液压缸内，进而推动活塞上升或下降，顶起或下落重物。

安装工程中常用的 YQ$_1$ 型液压千斤顶，是一种手动液压千斤顶，它重量较轻、工作效率较高，使用和搬运也比较方便，因而应用较广泛，其外形见图 1-25。

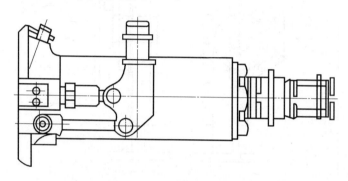

图 1-25　YQ$_1$ 型液压千斤顶

3）齿条千斤顶

齿条千斤顶由齿条和齿轮组成，用 1～2 人转动千斤顶上的手柄，以顶起重物。在千斤顶的手柄上备有制动时需要的齿轮。

利用齿条的顶端，可顶起高处的重物，同时也可用齿条的下脚，顶起低处的重物，其结构见图 1-26。

（2）千斤顶的安全使用要求

1）千斤顶不准超负荷使用；

2）千斤顶工作时，应放在平整坚实的地面上，并在其下面垫枕木或木板；

3）几台千斤顶同时作业时，应保证同步顶升和降落；

4）液压千斤顶使用的环境温度应与所用液压油的性能相匹配；

5）液压千斤顶不得作永久支承。如必需作长时间支承时，

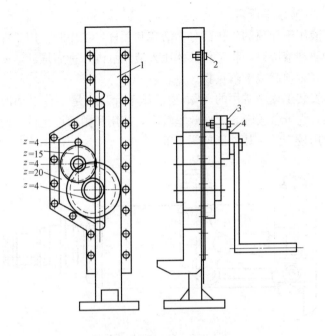

图 1-26　齿条千斤顶

1—齿条；2—连接螺钉；3—棘爪；4—棘轮

应在重物下面增加支承部件，以保证液压千斤顶不受损坏；

6）齿条千斤顶卸载时，不得突然下降，以防止其内部机构受到冲击而损伤，或使摇把跳动伤人。

1.2.2　手拉葫芦

手拉葫芦又叫捯链或神仙葫芦，可用来起吊轻型构件，拉紧扒杆的缆风绳，及用在构件或设备运输时拉紧捆绑的绳索。它适用于小型设备和重物的短距离吊装，起重量一般不超过 100t，具有结构紧凑、手拉力小、使用稳当、携带方便、比其他的起重机械容易操作等优点。它不仅是起重作业常用的工具，也常用作机械设备的检修拆装工具，因此是使用颇广的简易手动起重机械。

（1）手拉葫芦的构造

手拉葫芦是由链轮、手拉链、行星齿轮装置、起重链及上下吊钩等部分组成。它的提升机构是靠齿轮传动装置工作的。

（2）手拉葫芦的安全使用要求

1）严禁超负荷起吊；

2）严禁将下吊钩回扣到起重链条上起吊重物；

3）不允许用吊钩的尖钩承载负荷；

4）起重链条不得扭转打结；

5）操作过程中，严禁任何人在重物下行走或逗留。

1.2.3　电动卷扬机

电动卷扬机由于起重能力大，速度变换容易，操作方便和安全。因此，电动卷扬机是起重作业中经常使用的一种起重、牵引设备。

（1）电动卷扬机的构造

电动卷扬机主要由卷筒、减速器、电动机、制动器和控制器等部件组成，其结构见图1-27。

（2）电动卷扬机的分类

电动卷扬机分类较多，按卷筒分有单筒和双筒两种。按传动方式分又有可逆齿轮箱式和摩擦式。按起重量分有 0.5t、1t、2t、3t、5t、10t、20t 等。

（3）电动卷扬机的固定方法

1）固定基础法：将电动卷扬机安放在混凝土基础上，用地脚螺栓将其底座固定，见图1-28（a）；

2）平衡重法：将电动卷扬机固定在方木上，前面设置固定桩以防滑动，后面加压配重，见图1-28（b）；

3）地锚法：地锚又叫地龙，它应用比较普遍，通常有卧式和立式地锚，见图1-28（c）和图1-28（d）。

（4）电动卷扬机的安全使用要求

1）操作前，检查各部零件是否灵活，制动装置是否灵敏可靠；

2）电动卷扬机安放地点应设置防雨棚，防止电气部分受潮

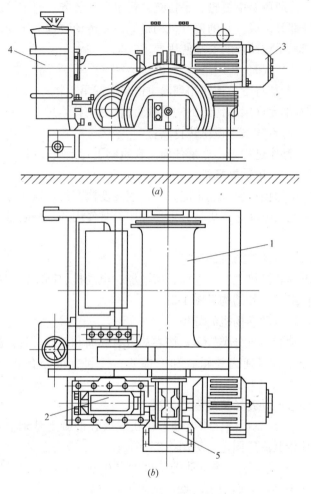

图 1-27　电动卷扬机

(a) 侧视图；(b) 俯视图

1—卷筒；2—减速器；3—电动机；4—控制器；5—制动器

失灵，影响正常的吊运作业；

　　3）起吊设备时，电动卷扬机卷筒上钢丝绳余留圈数应不少于 3 圈；

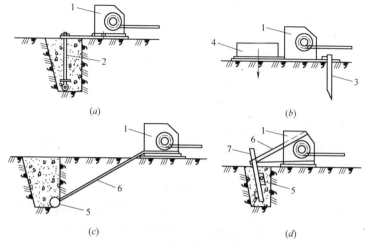

图 1-28 电动卷扬机的固定方法

(a) 固定基础法;(b) 平衡重法;(c) 卧式地锚;(d) 立式地锚

1—电动卷扬机;2—地脚螺栓;3—固定桩;4—配重;5—锚点;

6—拉结杆;7—锚桩

4）电动卷扬机的卷筒与选用的钢丝绳直径应匹配,通常卷筒直径应为钢丝绳直径的 16~25 倍;

5）电动卷扬机严禁超载使用;

6）用多台电动卷扬机吊装设备时,其牵引速度和起重能力应相同,并统一指挥,统一动作,同步操作;

7）吊装大型设备时,对电动卷扬机应设专人监护,发现异常情况,应及时进行处理。

1.2.4 滑轮及滑轮组

在起重安装工程中,广泛使用滑轮与滑轮组,配合卷扬机、桅杆、吊具、索具等,进行设备的运输与吊装工作。

（1）滑轮的分类

1）按制作材质分有:木滑轮、钢滑轮和工程塑料滑轮;

2）按使用方法分有:定滑轮、动滑轮以及动、定滑轮组成的滑轮组;

3）按滑轮数多少分有：单滑轮、双滑轮、三轮、四轮以及多轮等多种；

4）按其作用分有：导向滑轮和平衡滑轮；

5）按连接方式可分为：吊钩式、链环式、吊环式和吊梁式。

（2）滑轮的安全使用要求

1）选用滑轮时，轮槽宽度与钢丝绳直径的匹配应满足《起重机械 滑轮》GB/T 27546—2011 的要求；

2）使用滑轮的直径，通常不小于钢丝绳直径的 16 倍；

3）使用过程中，滑轮受力后，要检查各运动部件的工作情况，有无卡绳、磨绳处，如发现应及时进行调整；

4）吊运中对于受力方向变化大的情况和高空作业场所，不宜用吊钩型滑轮；如必需用吊钩滑轮时，应有可靠的封闭装置；

5）滑轮组上、下间的距离，应不小于滑轮直径的 5 倍；

6）使用滑轮起吊时，严禁用手抓钢丝绳，必要时，应用撬杠来调整。

1.3　高强度螺栓

高强度螺栓就是可承受比同规格的普通螺栓要大的载荷。高强度螺栓的材料一般为 35 号钢或其他优质材料，制成后进行热处理，提高了强度。高强度螺栓是塔式起重机、施工升降机等设备的重要连接件，是保证设备安全使用的重要部件之一，所以在设备装拆时必须高度重视。

1.3.1　高强度螺栓的等级和预紧力矩

我国目前应用的高强度螺栓其连接形式分为摩擦型和承压型。

高强度螺栓连接受力情况一般为二种：大六角头型（承受拉力）和扭剪型（承受剪力）。目前这两种形式的高强度螺栓在塔机、施工升降机等设备上应用很普遍，具有安全可靠、拆装方便等优点。

塔机上使用的高强度螺栓一般为 8.8 级与 10.9 级,少量大型塔机上使用的是 12.9 级。施工升降机使用的高强度螺栓一般为 8.8 级。

高强度螺栓连接是靠连接件接触面间的摩擦力来阻止其相互滑移的,为使接触面有足够的摩擦力,就必须提高构件的夹紧力和增大构件接触面的摩擦系数。构件间的夹紧力是靠对螺栓施加预拉力来实现的,所以高强度螺栓的预紧力矩是保证螺栓连接质量的重要指标,它综合体现了螺栓、螺母和垫圈组合的安装质量。所以安装人员在塔机安装、顶升升节时必须严格按相关塔机使用说明书中规定的预紧力矩数值拧紧。

高强度螺栓在弹性区域内连接紧固,一般多采用额定力矩扭紧法拧紧。在安装时,必须用扭力扳手按额定力矩扭紧的数值紧固高强度螺栓,确保预紧力矩达到相关塔机使用说明书中规定的要求。高强度螺栓在连接紧固时预紧力矩不足或过量都不利承载,并导致螺栓早期失效。

1.3.2 高强度螺栓的制造

高强度螺栓属同批制造,每一连接副包括 1 个螺栓、1 个或 2 个螺母和 2 个垫圈。各相关尺寸与等级的高强度螺栓,其材质、保证载荷等须符合国家标准。同时生产制造厂家必须有相应的生产资质。在提供产品服务时,应同时提供产品质量检验报告书。

1.3.3 塔式起重机、施工升降机等设备高强度螺栓的安装使用

1) 设备安装前先对高强度螺栓进行全面检查,核对其规格、等级标志、检查螺栓螺母及垫圈有无损坏,确认无误后在螺母支承面及螺纹部分涂上少量润滑油以降低摩擦系数,保证预紧力和扭矩数值。

2) 螺栓、螺母、垫圈配合使用时,8.8 级螺栓一般不允许采用弹垫防松;8.8 级以上等级的螺栓绝不允许采用弹垫防松,必须使用平垫圈。用于塔机标准节连接的高强度螺栓必须采用双螺母防松。

3) 塔机、施工升降机等设备高强度螺栓安装穿插方向应是自下而上穿插，即：螺栓由下而上穿插，螺母在上面。自下而上穿插有以下优点：

① 在塔机承受扭矩的情况下，塔身的高强度螺栓连接副会逐渐松动，由于在螺栓重力的影响下，螺栓亦将松动，且便于检查；

② 由于高强度螺栓的六角头朝下，一旦螺母松动甚至脱离螺栓，则螺栓亦脱落，不利于及时整改补充更换；

③ 螺母在上，便于安装保护帽，以防进水锈蚀。

注意：在用高强度螺栓连接的塔机时，应每周检查螺栓连接的松动情况，以便及时整改紧固。

1.3.4 高强度螺栓的报废规定

拆下将再次使用的高强度螺栓、螺母必须无任何损伤、裂纹、变形、滑牙、缺牙、锈蚀及螺栓粗糙度变化较大等现象，反之则禁止再用于受力构件的连接。回转支承的高强度螺栓、螺母拆除后，不得重复使用，且全套高强度螺栓、螺母必须按原件的要求全部更换。

2 塔式起重机

2.1 塔式起重机的分类及特点

2.1.1 塔式起重机的概述

（1）塔式起重机的应用及发展

塔式起重机是臂架安置在垂直的塔身顶部的可回转臂架型起重机，简称塔机。

塔机是现代工业和民用建筑中的重要起重设备，在建筑、市政施工过程中，尤其在高层、超高层的工业和民用建筑的施工中得到了非常广泛的应用。塔机在施工中主要用于建筑结构和工业设备的安装，吊运建筑材料和建筑构件。它的主要作用是实现重物的垂直运输和施工现场内的短距离水平运输。

我国的塔机行业于 20 世纪 50 年代开始起步；20 世纪 80 年代，随着高层建筑的增多，塔机的使用越来越普遍；进入 21 世纪，塔机制造业进入了一个迅速的发展时期，自升式、水平吊臂式等塔机得到了广泛应用。

从塔机的技术发展方面来看，新的产品层出不穷，新产品在生产效能、加工工艺、操作简便、便于保养和运行可靠方面均有提高和发展。塔机新产品开发有利于提高产品质量，并能更好地为客户服务。

（2）塔式起重机的型号编制方法

根据国家建筑机械与设备产品型号编制方法的规定，塔机的型号标识有明确的规则。如 QTZ80C 表示如下含义：

QTZ——组、型、特性代号；

Q——起重机；

T——塔式；

Z——自升式；

80——最大起重力矩（t·m）；

C——更新、变型代号。

其中，更新、变型代号用英文字母表示；主要参数代号用阿拉伯数字表示，它等于塔机额定起重力矩（单位为 kN·m）×10⁻¹；

组、型、特性代号含义如下：

QT——上回转塔式起重机；QTZ——上回转自升塔式起重机；

QTA——下回转塔式起重机；QTK——快装塔式起重机；

QTQ——汽车塔式起重机；QTL——轮胎塔式起重机；

QTU——履带塔式起重机；QTH——组合塔式起重机；

QTP——内爬升式塔式起重机；QTG——固定式塔式起重机。

目前许多塔机生产厂家采用国外的标记方式进行编号，即用塔机最大臂长（m）与臂端（最大幅度）处所能吊起的额定重量（kN）两个主参数来标记塔机的型号。如 TC5013A，表示如下含义：

T——塔的英语第一个字母（Tower）；

C——起重机的英语第一个字母（Crane）；

50——可以使用最大臂长 50m；

13——最大臂长端部处起重量 13kN；

A——设计序号。

当然也有一些塔机生产厂家根据企业标准来编制型号。

2.1.2　塔式起重机的分类及特点

（1）塔式起重机的分类

塔式起重机的分类方式有多种，从其主体结构与外形特征考虑，可按架设形式、变幅形式、旋转部位、行走方式和附着方式区分。

1）按架设方式

塔机按架设方式分为快装式塔机和非快装式塔机。

2）按变幅方式

塔机按变幅方式分为小车变幅式塔机和动臂变幅式塔机。

动臂变幅塔机是依靠起重臂俯仰来实现变幅的，如图 2-1 (a) 所示。其优点是：能充分发挥起重臂的有效高度，适宜在建筑密集场地施工。缺点是操作要求高、效率较低。

动臂变幅塔机按臂架结构型式分为定长臂动臂变幅塔机与铰接臂动臂变幅塔机。

小车变幅式塔机是依靠水平起重臂轨道上安装的小车行走实现变幅的，如图 2-1 (b) 所示。其优点是：变幅范围大，作业时就位操作简单。

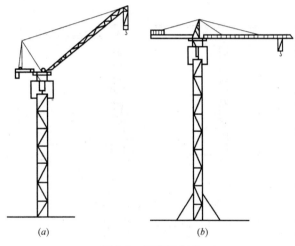

图 2-1　按变幅方式
(a) 动臂式；(b) 小车变幅式

小车变幅塔机又可分为平头式塔机如图 2-2 (a) 和塔帽式塔机如图 2-2 (b)、(c)、(d)、(e) 所示。

平头式塔机最大特点是无塔帽和臂架拉杆。由于臂架采用无拉杆式，此种设计型式很大程度上方便了空中接长起重臂、拆除起重臂等操作，避免了空中安拆拉杆的复杂性及危险性。

3) 按回转方式

塔机按回转方式分为上回转式和下回转式塔机，如图 2-3

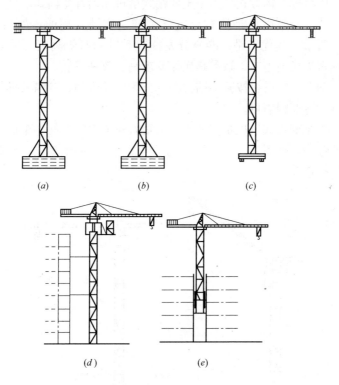

图 2-2　各种塔式起重机型式

(*a*)、(*b*)、(*d*) 固定式；(*c*) 轨道式；(*e*) 内爬式

所示。

上回转式塔机将回转支承、平衡重和主要机构均设置在塔身顶部，其优点是能够附着，达到较高的工作高度，由于塔身不回转，可简化塔身下部结构、顶升加节方便。

下回转式塔机将回转支承、平衡重和主要机构等均设置在塔身底部，其优点是：塔身所受垂直压力较上回转少，重心低，稳定性好，安装维修方便，其缺点是：对回转支承要求较高，使用高度受到限制。

4）按行走方式

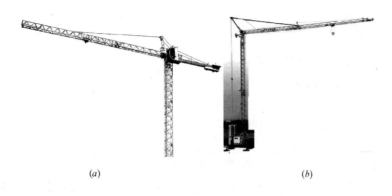

(a)   (b)

图 2-3　按回转方式
（a）上回转式；（b）下回转式

塔机按行走方式分为固定式、轨道行走式和内爬式三种，如图 2-2 所示。三种塔机各有特点，在选择时应根据使用要求来确定。

5）按附着方式

塔机的附着方式有外附式和外挂内爬式，附着在建筑物外，也可附在建筑物内部，附在建筑物内部的，有内附式和内爬式。

（2）塔式起重机的特点

1）工作高度高，有效起升高度大，特别有利于分层、分段安装作业，能满足建筑物垂直运输的全高度；

2）塔机的起重臂较长，其水平覆盖面广；

3）塔机具有多种工作速度、多种作业性能，生产效率高；

4）塔机的驾驶室一般设在与起重臂同等高度的位置，司机的视野开阔；

5）塔机的构造较为简单，维修、保养方便。

2.2　塔式起重机的性能参数

塔机的主要技术性能参数包括起重力矩、起重量、工作幅度、自由高度（独立高度）、最大高度等；其他参数包括：工作速度、结构重量、尺寸、尾部（平衡臂）尺寸及轨距轴距等。

2.2.1 起重力矩

起重量与相应幅度的乘积为起重力矩，过去的计量单位为 t·m，现行的计量单位为 kN·m。

换算关系：一般可简化为 1t·m ＝ 10kN·m。

最大起重力矩是塔机工作能力的最重要参数，它是塔机工作时保持塔机稳定性的控制值。塔机的起重量随着幅度的增加而相应递减，因此，在各种幅度时都有额定的起重量，不同幅度和相应的起重量绘制成起重机的起重特性曲线图，表述出在不同幅度下的额定起重量。一般塔机可以安装几种不同的臂长，每一种臂长的起重臂都有其特定的起重特性曲线如图 2-4 所示。

为了防止塔机工作时超力矩而发生事故，所有塔机都安装了力矩限制器。

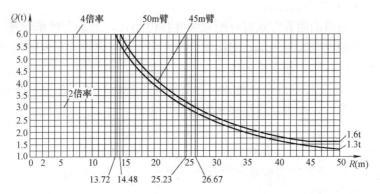

图 2-4 QTZ63 塔式起重机起重特性曲线

2.2.2 起重量

起重量是吊钩能吊起的重量，其中包括吊索、吊具及容器的重量，起重量因塔机工作幅度的改变而改变，因此每台塔机都有自己本身的起重量与工作幅度的对应表，俗称起重特性表，见表 2-1。

QTZ63 塔式起重机起重特性表（50m 工作幅度）　　表 2-1

幅度（m）		2～13.72	14	14.48	15	16	17	18	19
吊重（kg）	2 倍率	3000	3000	3000	3000	3000	3000	3000	3000
	4 倍率	6000	5865	5646	5426	5046	4712	4417	4154

幅度（m）		20	21	22	23	24	25	25.23	26	26.67
吊重（kg）	2 倍率	3000	3000	3000	3000	3000	3000	3000	2897	2812
	4 倍率	3918	3706	3514	3339	3180	3032			

幅度（m）		27	28	29	30	31	32	33	34	35
吊重（kg）	2 倍率	2772	2656	2549	2449	2355	2268	2186	2108	2036
	4 倍率									

幅度（m）		36	37	38	39	40	41	42	43	44
吊重（kg）	2 倍率	1967	1902	1841	1783	1728	1676	1626	1578	1533
	4 倍率									

幅度（m）		45	46	47	48	49	50
吊重（kg）	2 倍率	1490	1449	1409	1371	1335	1300
	4 倍率						

　　塔机的起升机构穿绳方式一般有 1 倍率、2 倍率、4 倍率、甚至 6 倍率，一般 2 倍率是 1 倍率起重量的一倍，4 倍率是 2 倍率起重量的一倍，可根据需要进行倍率变换。为了防止塔机起重量超过其最大起重量，现在塔机都安装了起重量限制器，起重量限制器内装有多个限制开关，除了限制塔机最大额定重量外，在高速起吊和中速起吊时，也能进行起重量限制，高速时吊重最

轻，中速时吊重中等，低速时吊重最重。

2.2.3　工作幅度

工作幅度是从塔机回转中心至吊钩中心线的水平距离，通常称为回转半径或工作半径。对于动臂式变幅的起重臂，其俯仰与水平的夹角在说明书中都有规定。动臂式变幅范围较小，而水平臂式的起重臂始终是水平的，变幅的范围较大，因此小车变幅的起重机在工作幅度上有优势。

2.2.4　起升高度

起升高度也称吊钩有效高度，是塔机运行或固定独立状态时，空载、塔身处于最大高度、吊钩处于最小幅度处，吊钩支承面对塔机基准面的允许最大垂直距离。对动臂变幅塔机而言，起升高度分为最大幅度时起升高度和最小幅度时起升高度。为了防止塔机吊钩起升超高而损坏设备发生事故，每台塔机上安装有高度限位器。

2.2.5　工作速度

塔机的工作速度包括：起升速度、变幅速度、回转速度、行走速度等。在起重作业中，回转、变幅、行走等，一般速度都不需要过快，但要求能平稳地启动和制动，如果采用无极调速的变频控制是比较理想的。

（1）起升速度：起吊各稳定运行速度档对应的最大额定起重量，吊钩上升过程中稳定运动状态下的上升速度。起升速度不仅与起升机构有关，而且与吊钩滑轮组的倍率有关，2 倍率的比 4 倍率快一倍。在起重作业中，特别是在高层建筑施工时，提高起升速度就能提高工作效率，但就位时需要慢速。

（2）小车变幅速度：对小车变幅塔机，吊重量为最大幅度时的额定起重量、风速小于 3m/s 时，小车稳定运行的速度。

（3）回转速度：塔机在最大额定起重力矩载荷状态、风速小于 3m/s、吊钩位于最大高度时的稳定回转速度。

（4）行走速度：空载、风速小于 3m/s，起重臂平行于轨道方向时塔机稳定运行的速度。

2.2.6　尾部尺寸

下回转起重机的尾部尺寸是由回转中心至转台尾部（包括压重块）的最大回转半径。上回转起重机的尾部尺寸是由回转中心至平衡臂转台尾部（包括平衡重）的最大回转半径。

2.2.7　结构重量

结构重量即塔机的各部件的重量。结构重量、外形轮廓尺寸是运输、安装拆卸塔机时的重要参数，各部件的重量、尺寸以塔机使用说明书上标注的为准。

2.3　塔式起重机的组成及工作原理

2.3.1　塔式起重机的组成

塔机由金属结构、工作机构、电气系统和安全保护装置，以及与外部支撑的附加设施等组成。

（1）金属结构，由起重臂、平衡臂、塔帽、回转装置、顶升套架、塔身、底架和附着装置等组成；

（2）工作机构，包括起升机构、行走机构、变幅机构、回转机构、液压顶升机构等；

（3）电气系统，由驱动、控制等电气装置组成；

（4）安全装置，包括起重量限制器、起重力矩限制器、起升高度限位器、幅度限位器、回转限位器、行走限位器、小车断绳保护装置、小车断轴保护装置、抗风防滑装置、钢丝绳防脱装置、报警装置、风速仪、工作空间限制器等。

2.3.2　塔式起重机的钢结构

塔机的钢结构包括塔身、起重臂、平衡臂、塔帽和驾驶室、回转装置、顶升套架、底架。

（1）塔身

塔身是塔机结构的主体，支撑着塔机上部的重量和载荷的重量，通过底架和行走台车或直接传到塔机基础上，其本身还要承受弯矩和垂直压力。塔身结构大多用角钢焊成，也有采用圆形、矩形钢管、工字钢焊成的，目前塔机大多采用方形断面。它的腹杆形式有 K 字形、三角形、交叉腹杆等，如图 2-5 所示。

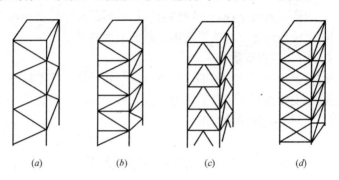

图 2-5　塔身的腹杆形式
(a)、(b) K 字形；(c) 三角形；(d) 交叉腹杆形

　　塔身标准节普遍采用螺栓连接、销轴连接两种方式，如图 2-6 所示。

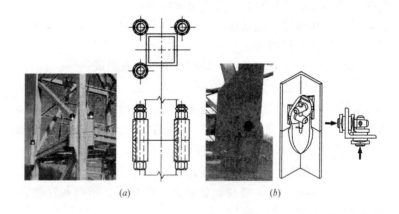

图 2-6　标准节连接构造示意图
(a) 螺栓连接；(b) 销轴连接

　　标准节有整体式和片状式两种，后者加工精度高，安装难度大，但是堆放占地小，运费少。标准节内必须设置爬梯，以便工

作人员上下。

（2）起重臂

起重臂的形式有两种：动臂式臂架、水平臂式臂架，如图2-7所示。

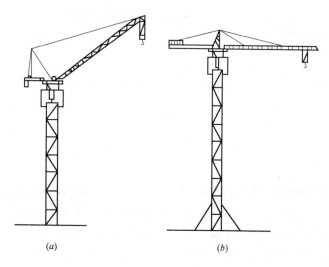

(a) (b)

图 2-7 塔式起重机示意图

(a) 动臂式；(b) 水平臂式

动臂式臂架如图 2-8（a）所示，臂架主要承受轴向压力，依靠改变臂架的倾角来实现塔机工作幅度的改变。水平臂式臂架如图 2-8（b）所示，工作时臂架主要承受轴向力及弯矩作用，水平式臂架的主弦杆又作为小车移动的轨道，依靠起重小车在轨道上的移动来实现塔机工作幅度的改变。

目前塔机常采用动臂式臂架和水平臂式臂架两类，动臂式臂架的截面以矩形为主，而水平臂式臂架常以三角截面为主。臂架的弦杆和腹杆可采用型钢和无缝钢管制成。

1）动臂式臂架

动臂式臂架如图 2-8（a）所示，在变幅平面的受力情况相当于简支梁的受力情况。臂架中间部分采用等截面平行弦杆，两端为梯形。臂架在回转平面相当于一根悬臂梁的受力情况，通常臂架制成顶部尺寸小、根部尺寸大的形式。为了便于运输、安装和拆卸，臂架中间部分可以制成若干段标准节，用螺栓或销轴连接。

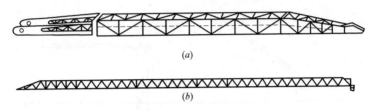

图 2-8　臂架示意图

(a) 动臂式臂架；(b) 水平式臂架

2）水平臂式臂架

水平臂式臂架如图 2-9 所示，又称小车变幅式臂架，臂架根部通过销轴与塔身连接，在起重臂上设有吊点耳环通过拉杆（或钢丝绳）与塔帽顶部连接。吊点可设在臂架下弦杆如图 2-9 (a) 所示，亦可设在上弦杆，如图 2-9 (b)、(c)。小车沿臂架下弦杆运行。

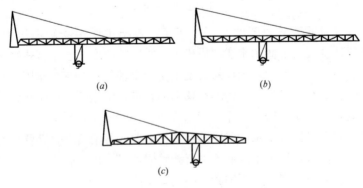

图 2-9　水平臂式臂架

(a) 吊点设在下弦杆；(b)、(c) 吊点设在上弦杆

起重臂一般分成若干节，以便于运输和拼装。节和节之间采

用螺栓或销轴连接。

起重臂臂架截面一般有三种，如图 2-10 所示。

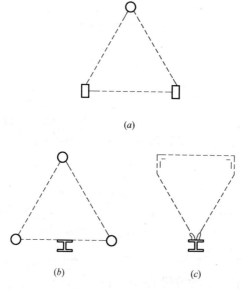

(a)

(b)　　　　(c)

图 2-10　起重臂臂架截面
(a)、(b) 正三角形截面；(c) 倒三角形截面

一般臂架截面采用正三角形截面，图 2-10 (a)、(b) 为正三角形截面，图 2-10 (c) 所示为倒三角形截面。

3）平衡臂

上回转塔机均需设平衡臂，其功能是平衡起重力矩。除平衡重外，还常在其尾部装设起升机构。起升机构之所以同平衡重一起安放在平衡臂尾端，一是可作为部分配重，二是可以增大钢丝绳卷筒与塔帽导轮间的距离，以利于钢丝绳的排绕，避免发生乱绳现象。

① 平衡臂的形式

如图 2-11 所示，常用的平衡臂有以下几种形式：

a. 平面桁架式平衡臂，由两根槽钢纵梁或槽钢焊成的箱形

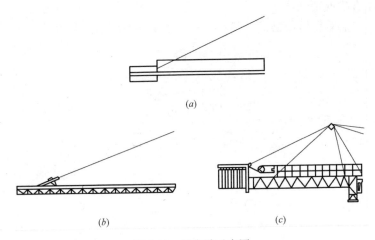

图 2-11　平衡臂示意图

(a) 平面桁框架式平衡臂；(b) 倒三角形断面桁架式平衡臂；

(c) 矩形断面桁架结构平衡臂

断面组合梁和杆系构成，在桁架的上平面铺有走道板，道板两旁设有防护栏杆。这种臂架的结构特点是结构简单，易加工。

b. 倒三角形断面桁架式平衡臂，此类平衡臂的构造与平面框架式起重臂结构相似，但较为轻巧，适用于长度较大的平衡臂。

c. 矩形断面桁架结构平衡臂，承载能力较大。

② 平衡重

平衡重一般用钢筋混凝土或铸铁制成。平衡重的用量与平衡臂的长度成反比，与起重臂的长度成正比；平衡重的数量和规格应与不同长度的起重臂匹配使用，具体操作应按照产品说明书要求。

(3) 塔帽和驾驶室

塔帽功能是承受起重臂与平衡臂拉杆传来的载荷，并通过回转支承等结构部件将载荷传递给塔身，也有些塔机塔帽上设置主卷扬钢丝绳固定滑轮、风速仪及障碍指示灯。塔机的塔帽结构形式有多种，较常用的有空间桁架式、人字架式及斜撑架式等形式。桁架式又分为直立式、前倾式或后倾式等，如图 2-12 所示。

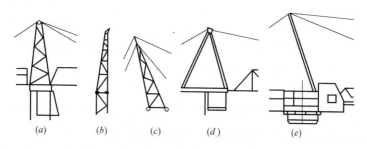

图 2-12 塔帽的结构形式

（a）直立式；（b）前倾式；（c）后倾式；（d）人字架式；（e）斜撑架式

驾驶室一般设在塔帽一侧平台上，内部安装有操纵台和电子控制仪器盘。驾驶室内一侧附有起重特性表。

（4）回转装置

回转装置由回转支承、上下支座、大齿圈等组成，回转支承介于上下支座之间，上支座与塔帽连接，下支座与塔身连接，如图 2-13 所示。

上回转塔机的回转装置位于塔身顶部，用以承受转台以上全部结构的自重和工作载荷，并将上部载荷下传给塔身结构。转台装有一套或多套回转机构。

下回转塔机的回转装置位于塔机塔身的下部。

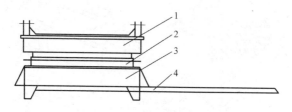

图 2-13 上回转塔式起重机转台结构示意图

1—上支座；2—回转支承；3—下支座；4—引进轨道

（5）顶升套架

顶升套架由角钢、方形钢管或圆钢管制成，根据构造特点，顶升套架又分为整体式和拼装式，根据套架的安装位置也可分为外套架和内套架。塔机在完成顶升作业后，顶升套架应与下座连接牢固。有些塔机在完成顶升作业后，利用自身的液压顶升系统，将顶升套架落到塔身底部，其优点是可减轻风荷载对塔机的不利影响，增加塔机的稳定性。

（6）底架

塔机的底架是塔身的支座。塔机的全部自重和载荷力矩都要通过它传递到底架下的混凝土基础或行走台车上。固定式塔机一般采用预埋锚脚（支腿）、预埋节式或底架十字梁式（预埋地脚螺栓）。

2.3.3 塔式起重机的工作机构

塔机的工作机构有起升机构、变幅机构、回转机构、行走机构和液压顶升机构等。

（1）起升机构

1）起升机构组成

起升机构通常由起升卷扬机、钢丝绳、滑轮组及吊钩等组成。

起升卷扬机由电动机、制动器、变速箱、联轴器、卷筒等组成，如图 2-14 所示。

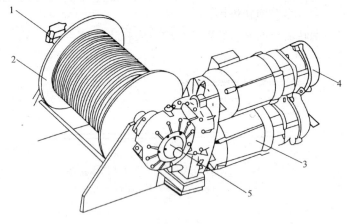

图 2-14　起升卷扬机示意图

1—限位器；2—卷筒；3—绕线异步电动机；4—制动器；5—变速箱

电机通电后通过联轴器、变速箱带动卷筒转动，电机正转时，卷筒放出钢丝绳；电机反转时，卷筒收回钢丝绳，通过滑轮组及吊钩把重物提升或下降，如图 2-15 所示。

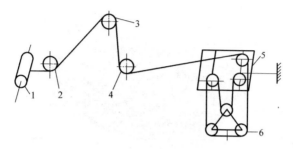

图 2-15　起升机构钢丝绳穿绕示意图

1—起升卷扬；2—排绳滑轮；3—塔帽导向轮

4—回转塔身导向滑轮；5—变幅小车滑轮组；6—吊钩滑轮组

2）起升机构滑轮组倍率

起升机构中常采用滑轮组，通过倍率的转换来改变起升速度和起重量。塔机滑轮组倍率大多采用1、2、4 或 6。当使用大倍率时，可获得较大的起重量，但降低了起升速度；当使用小倍率时，可获得较快的起升速度，但降低了起重量。

3）起升机构的调速

为了提高塔机工作效率，起升机构应有多种速度。在轻载和空钩下降以及起升高度较大时，均要求有较高的工作速度，以提高塔机的工作效率。在重载或运送大件物品以及重物高速下降至接近安装就位时，为了安全可靠和准确就位要求较低工作速度。

各种不同的速度档位对应于不同的起重量，以符合重载低速、轻载高速的要求。为了防止起升机构发生超载事故，有级变速的起升机构对载荷升降过程中的换挡应有明确的规定，并应设有相应的载荷限制安全装置，如起重量限制器、制动器、高度限位器等安全装置。

4）起升机构的减速器形式

起升机构采用的减速器通常有：圆柱齿轮变速箱、蜗轮变速箱、行星齿轮变速箱等。如图 2-16 所示是一种圆柱齿轮变速箱的典型机构。

图 2-16　起升机构减速箱

（2）变幅机构

塔机的变幅机构也是一种卷扬机构，由电动机、变速箱、卷筒、制动器和机架组成，如图 2-17 所示。塔机的变幅方式基本上有两类：一类是起重臂为水平形式，载重小车沿起重臂上的轨道移动而改变幅度，称为小车变幅式；另一类是利用起重臂俯仰运动而改变臂端吊钩的幅度，称为动臂变幅式。

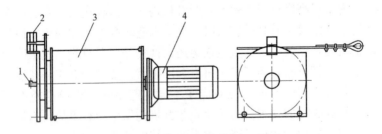

图 2-17　变幅机构示意图
1—注油孔；2—限位器；3—卷筒；4—电动机

动臂变幅塔机在臂架向下变幅时，特别是允许带载变幅时，整个起重臂与吊重一起向下运动，为防止失速坠落事故，国家标准规定，对能带载变幅的塔机变幅机构应设有可靠的防止吊臂坠落的安全装置，如超速停止器等，当起重臂下降速度超过正常工作速度时，能立即制停。对于小车牵引机构，一般采用卷扬机牵引方式。同时规定对采用蜗杆传动的小车牵引机构也必须安装制动器，不允许仅仅依靠蜗杆的自锁性能来制停。另外对于最大运行速度超过 40m/min 的小车变幅机构，为了防止载重小车和吊重在停止时，产生冲击，应设有慢速挡，在小车向外运行至起重力矩达到额定值的 80% 时，变幅机构应自动转换为慢速运行。小车变幅钢丝绳穿绕示意图，如图 2-18 所示。

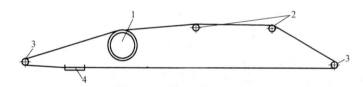

图 2-18　小车变幅钢丝绳穿绕示意图
1—滚筒；2—导向轮；3—臂端导向轮；4—小车

（3）回转机构

塔机回转机构由电动机、变速箱和回转小齿轮三部分组成，它的传动方式常用以下几种：

1）蜗轮蜗杆变速箱，其运动输出轴带动小齿轮围绕大齿圈（外齿圈）转动，使塔机的转台及上部分围绕其回转中心转动，特点是加工方便；

2）少齿差行星齿轮减速器来带动小齿轮围绕大齿圈转动，驱动塔机作回转运动，如图 2-19 所示；

3）摆线针轮减速器；

4）差动行星齿轮减速器，后三种的特点是速比大，效率高。

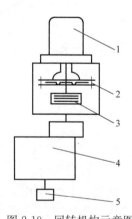

图 2-19　回转机构示意图
1—电动机；2—液力耦合器；
3—盘式制动器；4—行星
减速机；5—小齿轮

43

塔机回转机构具有调速和制动功能，调速系统主要有涡流制动绕线电机调速、多档速度绕线电机调速、变频调速和电磁联轴节调速等，后两种可以实现无级调速，性能较好。

现代塔机的起重臂较长，其侧向迎风面积较大，塔身所承受的风载荷产生很大的扭矩，甚至发生破坏，所以《塔式起重机安全规程》GB 5144—2006 规定，在非工作状态下，回转机构应保证起重臂自由转动。根据这一要求，塔机的回转机构一般均采用常开式制动器，即在非工作状态下，制动器松闸，使起重臂可以随风向自由转动，臂端始终指向顺风的方向。回转机构如图 2-20 所示。

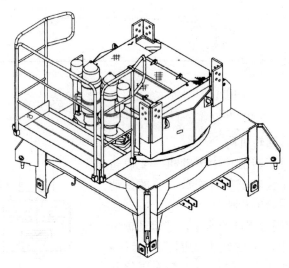

图 2-20　回转机构

（4）行走机构

塔机行走机构作用是驱动塔机沿轨道行驶，配合其他机构完成吊运工作如图 2-21 所示。

行走机构是由驱动装置和支承装置组成，其中包括：电动机、减速箱、制动器、行走轮及行走台车等。

1）行走台车

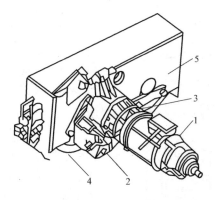

图 2-21　行走机构

1—电动机；2—减速箱；3—制动器；4—行走轮；5—行走台车

行走台车分为动力装置（主动）和无动力装置（从动），它把起重机的自重和载荷力矩通过行走轮传递给轨道。部分行走台车为了促使两个车轮同时着地行走，一般均设计均衡机构。

行走台车端部装有夹轨器，其作用是在非工作状况或安装阶段钳住轨道，以保证塔机的自身稳定。

2）行走支腿与底架平台（下回转塔机）

塔机的行走支腿与底架平台主要是承受塔机载荷，并能保证塔机在所铺设的轨道上行走。

底架与支腿之间的结构形式有三种：

① 水母式：行走支腿底架销轴作水平方向转动。它可在曲线轨道上行走，但在平时需用水平支撑相互固定。

② 井架式：支腿与底架连成一体成井字形。制造简便，底架上空间高度大，安放压铁较容易，但安装麻烦。底架平台上的平衡压重铁有两种：一种是钢筋混凝土预制，成本低；另一种是铸铁制成，比重大，体积小。

③ 十字架式：支腿与底架连成十字形。结构轻巧，用钢量省，占用高度空间小。缺点是用作行走时，塔机不能作弯轨运行。

（5）液压顶升机构

液压顶升系统一般由液压泵、液压缸、操纵阀、液压锁、油箱、滤油器、高低压管道等元件组成，如图 2-22 所示。

液压顶升机构工作原理：利用液压泵将原动机的机械能转换为液体的压力能，通过液体压力能的变化来传递能量，经过各种控制阀和管路的传递，借助于液压缸把液体压力能转换为机械能，从而驱动活塞杆伸缩，实现直线往复运动。

自升式塔机的加节和降节通过液压顶升机构来实现。

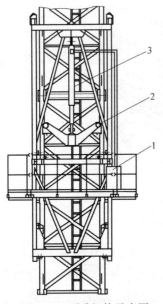

图 2-22　顶升机构示意图

1—液压装置；2—顶升横梁；
3—顶升油缸

顶升加节示意图如图 2-23 所示。在顶升作业中司机要听从

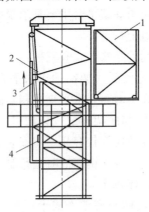

图 2-23　顶升加节示意图

1—引进标准节；2—顶升油缸；3—爬爪；4—顶升支板

46

指挥，严禁塔机回转和随意操纵。

内爬式塔机的液压顶升机构设置在塔身的下端，一般是中间顶升。

2.3.4 电源和接地

（1）电源

塔机一般采用 $380V/50Hz$ 三相五线交流电源供电，施工工地供电应遵循国家建设部有关规定，做到"三级配电，两级保护"的用电要求。塔机应设置专用开关箱。供电系统在塔机接入处的电压波动应不超过额定值的 $\pm 10\%$。供电容量应能满足塔机最低供电容量（kVA）。动力电路和控制电路的对地绝缘电阻应不低于 $0.5M\Omega$。

电控柜（配电箱）应有门锁。门内应有电气原理图或布线图、操作指示等，门外应设有"有电危险"的警示标志。防护等级不低于 IP44。

（2）接地

接地时应注意，塔机接地线不得采用保险丝或开关及电缆芯代替，有三种接地方式：

1）接地体采用正规的接地桩，或 $\Phi 34mm \times 4.5mm$ 长 1.5m 钢管，或长 1.5m 的角钢；

2）接地板用钢板或其他可延金属板制作，面积为 $1m^2$，埋设深度为 1.5m；

3）截面 $\geqslant 28mm^2$ 的铜导体或截面 $\geqslant 50mm^2$ 的铁导体埋于线槽内，其埋入长度由土壤电阻率情况确定。

在上述三种方式中，接地体引出铜导线截面积应 $\geqslant 25mm^2$，若土壤导电不良，可在土中埋入氯化钠（食盐）然后灌水。

对于行走式塔机，每根钢轨必须接地，两根轨道间应用导线连接。两节钢轨之间也应进行电气连接，接地电阻 $\leqslant 4\Omega$。

不得采用铝导体和螺纹钢作接地体或地下接地线，用螺栓连接的导线必须有一个端头。

2.3.5 塔式起重机起升机构的常用调速方式

起升机构是塔机最重要的传动机构,传统调速方式下要求重载低速,轻载高速,调速范围大;起升机构调速方式的优劣直接影响整机性能。起升机构调速方式选择原则有三个:运行要平稳、冲击小;经济、可靠;便于维修。

(1) 多速电机变极调速

最大起重量小于等于 6t 的中小型塔机常用多速电机变极调速,方案简单,应用较广,常采用 4/8/32 极多速电机实现。

(2) 普通减速器加带涡流制动的多速绕线转子电机

相对于多速电机换挡冲击大的缺点,带涡流制动的多速绕线转子电机可串联电阻获取以下特性:启制动和档位切换较平稳,有慢就位速度。

(3) 电磁离合器换挡的减速器加带涡流制动的绕线转子电机

它靠电磁离合器换挡改变减速器的速比,靠带涡流制动的绕线转子电机串电阻获取以下特性:运行比较平稳、调速比可以设计较大、慢就位速度。但涡流制动属能耗制动,不利节能。

(4) 变频调速

变频调速是当今最先进的交流调速方式。随着国际变频器价格的逐步下降,变频调速技术应用越来越广泛。国内塔机起升机构的应用已多年,效果良好,但使用面不广。它的优点是慢就位速度可长时间运行,实现零速制动,运行平稳无冲击,能延长结构和传动件的寿命,对钢丝绳排绳和寿命大有裨益,同时提高了塔机的安全性。

2.4 塔式起重机的基础及附着

2.4.1 塔式起重机的基础

(1) 塔式起重机的基础类型

建筑施工现场投入吊装作业的塔机机型大致可分固定式、附着式、内爬式及行走式。塔机的基础类型随塔机机型型式而定,但无论何种型式的塔机基础，在安装前，施工单位应视塔机安装地点的地质情况，按照不同机型的塔机、相应安装的独立高度与起重臂长度，参照有关塔机使用说明书的相关技术参数，对塔机基础下土层（或地坪）的地耐力进行相应的复核。使其塔机的混凝土基础下的地耐力（或地坪）应满足混凝土基础的需求。以确保塔机安装及使用的安全。

塔机的混凝土基础对其下面的地基承载能力有一定的要求，而不同地区地耐力差别很大，因此我们必须对塔机混凝土基础下地基承载能力进行复核，当地基承载能力达不到说明书规定的强度要求时，应采取相应的技术措施予以弥补（如：增补桩基等）。

1）固定式、附着式及内爬式塔机一般采用整体式钢筋混凝土基础。

整体式钢筋混凝土基础大多采用如图 2-24 所示的方形基础，这是施工现场最常用的一种基础形式。该类型基础的特点是能靠近建筑物，增大塔机的有效作业面。混凝土基础本身还起到压重的作用。

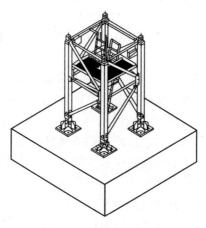

图 2-24　方形基础

内爬式塔机的初始安装基础同固定式塔机，一般安装在建筑物内，如电梯井、核心筒或楼层内。塔机随着建筑物上升而上升。上升时内爬式塔机离开初始安装的基础，通过钢梁及自身的内爬框架（环梁）支承在建筑物内。

整体式基础可与建筑物结构融为一体（如与建筑物地下室底板或地基基础等），亦可节省混凝土基础的制作成本费用，且可进一步的确保塔机基础的整体稳定。

整体式钢筋混凝土基础的施工，必须按照塔机的安装独立高度与起重臂长度，参照塔机使用说明书的相关技术参数与地质报告的提示，确定混凝土基础的边长与高度尺寸。混凝土基础相应见方范围内的钢筋配筋，必须按照塔机使用说明书的混凝土基础图的要求进行施工。

混凝土基础的混凝土标号级别应不低于使用说明书规定的级别。

由于整体式钢筋混凝土基础如果都埋设在地面以下，形成相应的基坑。为避免塔机塔身钢结构基础部分长期浸泡在积水里而引起的锈蚀损伤，应在混凝土基础的基坑内，设置 0.5～0.6m 见方的集水井并确保排水功能。设置集水井应与混凝土基础保持一定的距离。

2）固定式（十字梁底架）塔机一般采用分体式钢筋混凝土基础

固定式塔机（十字梁底架）基本采用如图 2-25 所示的分体式钢筋混凝土基础。塔机的十字梁底架的四角分别安装在四块钢筋混凝土基础上。混凝土尺寸应按混凝土基础下地基强度来决定。不同型号的塔机应按照塔机的安装独立高度与起重臂长度，参照塔机使用说明书的相关技术参数与地质报告的提示，确定混凝土基础的边长与高度尺寸。

分体式混凝土基础内的钢筋配筋，必须按使用说明书执行，若有特殊要求，应由施工单位进行强度设计，并提供具体的技术文件落实施工。

3）行走式塔机一般采用以钢轨、混凝土路基、碎石基础或钢路基箱，如图 2-26 所示。

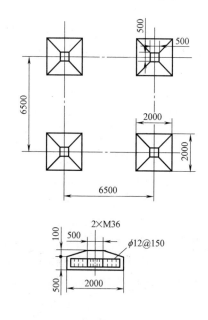

图 2-25　分体式钢筋混凝土基础

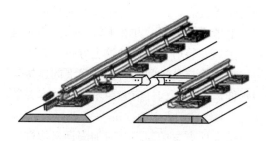

图 2-26　钢轨、混凝土路基基础

　　塔机的基础轨道应按使用说明书要求选用。

　　混凝土路基（包括枕木）应按照塔机使用说明书的规定的混凝土路基承载等级进行选择、设置及施工。碎石基础和钢路基箱应同样按承载等级进行设计、制作并付诸设置及施工。

① 行走式塔机的轨道基础在施工前，应对所选位置地下部分的管道、电缆、光缆及相关的建筑物进行明确的勘察（或确切信息的掌握），并采取相应的技术措施；

② 路基的两侧应设置排水沟，确保路基不得积水；

③ 路基的钢轨必须有完善可靠的接地装置；

④ 具体的轨道基础施工（包括：路轨、枕木、螺栓、压板、连接板等质量标准）应按相关技术标准进行施工，并进行动、静载荷的负荷试验验收合格后方能投入运行。

4）钢格构柱承台式钢筋混凝土基础

在高层建筑施工中，因受施工场地限制，深基坑及多层地下室施工复杂的需要，塔机往往不能按常规安装。

为解决这一矛盾，实现塔机起重臂最大有效工作面的覆盖，满足地下室施工的需要，塔机基础采用钢格构柱承台式钢筋混凝土基础如图 2-27 所示。该基础充分利用施工现场的空间，提高了塔机的利用率。

钢格构柱承台式基础施工步骤是：

在选定的塔机位置上，按地质报告提供的相关土层资料进行设计，一般施工 4 根钻孔灌注桩桩基，将预制的钢格构柱与灌注桩桩基的钢筋笼焊接后，同时浇注钻孔灌注桩桩基的混凝土。

钢格构柱上端露出地面，并在上端浇捣钢筋混凝土承台或设置钢梁承台，然后安装塔机，再开挖土方投入施工。

钢格构柱在塔机与基础间起着承上启下的连接作用，也可定性为塔身的延伸。故钢格构柱应参照塔机的技术参数，按照《钢结构设计规范》GB 50017—2003 的要求进行设计与制作。当土体开挖时，应按专项方案的要求及时加固钢格构柱。

5）轨道式塔式起重机改作固定式时的基础处理

在建筑施工中，有时要将前期的行走式塔机改为固定式使用，在这种情况下，应对轨道基础作如下处理：

① 对需要固定的位置范围内的路基压实，特别是轨道悬空部位，并对行走轮下的轨道及枕木作填充密实处置；

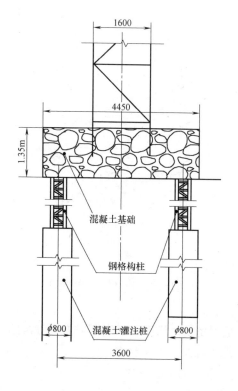

图 2-27 （钢格构柱）承台式钢筋混凝土基础

② 固定前应对钢轨进行找平，固定后将夹轨器夹紧钢轨。必要时，在走轮与钢轨处用楔块紧固。

2.4.2 塔式起重机的附着装置

在附着式塔机的实际应用中，当塔机的使用高度超过其规定的独立高度时，应按塔机的使用说明书的规定设置附着装置。

（1）附着装置的形式和作用

附着装置一般有附着框、附着杆及锚固件等组成。附着框（锚固框）如图 2-28 所示，其由型钢、钢板拼焊成箱型钢结构（由塔机生产厂商提供）。

附着框（锚固框）安装在塔身主弦杆上，且与塔身主弦杆用

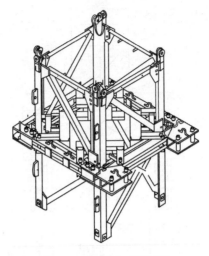

图 2-28　附着框（锚固框）

U 形卡箍紧固。

附着杆是用角钢、槽钢、工字钢或方钢管及圆钢管等型钢组成，有实腹式和格构式两种形式。

① 塔式起重机的附着形式

塔机在附着（锚固）时，由于施工现场的实际情况及建筑物的结构造型的不同，使其附着的形式多样性。常采用的有如图 2-29 所

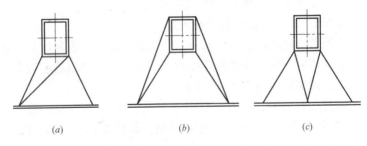

(a)　　　　　　　　(b)　　　　　　　　(c)

图 2-29　附着形式示意图

(a) 三杆式；(b) 四杆旁置式；(c) 四杆中置式

示的三杆、四杆附着形式。其中四杆中置式的附着杆使用较少。

② 附着装置的作用

附着装置主要作用是增加塔机的使用高度，保持塔机的稳定性。附着装置受力的大小与塔机的悬臂高度和两道附着装置之间垂直距离有关。附着装置安装完毕后通过附着杆将塔机附着力传递到建筑物上。

各类型塔机的中心与建筑物墙面的间距以及附着杆在建筑物墙面两点设置间距有较大的差异，在安装中应严格按使用说明书的要求执行。现举例说明：某厂家 QTZ63 塔机，要求塔机中心与建筑物墙面的间距设定为 4m，附着杆在建筑物墙面两点设置间距为 6m。另一厂家 QTZ80A 塔机要求，塔机中心与建筑物墙面的间距设定为 3.5～3.8m，附着杆在建筑物墙面两点设置间距为 5±0.3m。

对于有多道附着的塔机，其最高一道附着装置以上的悬臂塔身底部将承担较大载荷，最高一道附着装置承载的载荷比例也最大。

（2）附着杆的安装及使用要点

1）附着杆提倡选用可调整型的。附着杆端部有耳环与建筑物附着点、附着框铰接。同步调整附着杆的长度，亦可调整塔机塔身轴线的垂直度；

2）每道附着杆安装应尽量保持水平。两道相邻的附着杆垂直间距一定要符合说明书的要求。垂直间距过大或过小都会对塔身受力及附着杆产生影响；

3）可调整型附着杆在安装时，每根附着杆不可马上紧固，待三根附着杆全部就位后，逐步调整三根附着杆的调节丝杆，使之符合塔机塔身垂直度的要求（调整中，塔机不得作任何起升、回转等动作）。

（3）特殊附着杆的设计、制作及使用

目前，部分塔机生产厂家能提供按其设计长度的附着杆，仅能满足使用说明书规定塔机中心与建筑物墙面的间距，但在实际施工中，由于受到种种因素的制约，往往尺寸超过使用说明书的规定，有的甚至超过此尺寸2~3倍（如：塔机用于桥梁主塔建筑的施工），这时需重新设计、制作附着杆。

特殊附着杆应由施工单位委托塔机厂家或有钢结构加工资质厂家按照塔机与建筑物的设置距离进行设计、制作。

2.5 塔式起重机安全防护装置的构造及工作原理

安全装置是塔机的重要组成部分，其作用是保证塔机在允许载荷和工作空间中安全运行，防止误操作而导致严重后果，保证设备和人身的安全。

2.5.1 安全装置的分类

（1）限位开关

限位开关又称为限位器，根据其作用范围可分为：

1）起升高度限位器

用以防止吊钩行程超越极限，以免碰坏塔机臂架结构和出现钢丝绳乱绳现象。各种类型塔机，当钢丝绳下降松弛可能造成卷筒乱绳或反卷时应设置下限位器，在吊钩不能再下降或卷筒上钢丝绳只剩3圈时应能立即停止下降运动。

对动臂变幅的塔机，当吊钩装置顶部升至起重臂下端的最小距离为800mm处时，应能立即停止起升运动，对没有变幅重物平移功能的动臂变幅的塔机，还应同时切断向外变幅控制回路电源，但应有下降和向内变幅运动。

对小车变幅的塔机，吊钩装置顶部升至小车架下端的最小距离为800mm处时，应能立即停止起升运动，但应有下降运动。

2）幅度限位器

对动臂变幅的塔机，应设置臂架低位置和臂架高位置的幅度限位开关，以及防止臂架向后倾翻的装置。在臂架到达相应的极限位置前开关动作。

对小车变幅的塔机应设置小车行程限位开关和终端缓冲装

置。限位开关动作后应保证小车停车时其端部距缓冲装置最小距离为 200mm。

3）回转限位器

用以限制塔机的回转角度，以免扭断或损坏电缆。凡是不装设中央集电环的塔机，均应配置正反两个方向的回转限位开关，开关动作时臂架旋转角度应不大于±540°。塔机回转部分在非工作状态下应能自由旋转。

4）运行限位器

对于轨道运行的塔机，每个运行方向应设置限位装置，其中包括限位开关、缓冲器和终端止挡。应保证开关动作后塔机停车时其端部距缓冲器最小距离为 1000mm，缓冲器距终端止挡最小距离为 1000mm。

（2）超载保护装置

1）。起重力矩限制器

为防超载而导致的整机倾翻事故，塔机应安装起重力矩限制器。

当起重力矩大于相应幅度额定值并小于额定值 110％时，应切断上升和幅度增大方向的电源。但机构可作下降和减少幅度方向的运动。如设有起重力矩显示装置，则其数值误差不应大于实际值的±5％。目前使用的有机械式力矩限制器和电子式力矩限制器。

对小车变幅的塔机，其最大变幅速度超过 40m/min，在小车向外运行，且起重力矩达到额定值的 80％时，变幅速度应自动转换为不大于 40m/min 的速度运行。

2）起重量限制器

起重量限制器是用于防止塔机作业时起升载荷超载的一种安全装置，塔机应安装起重量限制器。如设有起重量显示装置，则其数值误差不应大于实际值的±5％。当起重量大于相应挡位的额定起重量并小于 110％时，应切断上升方向电源，但机构可作下降方向的运动。

（3）止挡保护装置

1）小车断绳保护装置

对小车变幅塔机应设置双向小车变幅断绳保护装置，用以防止小车牵引绳断裂导致小车失控而引起的事故。

2）小车断轴保护装置

对小车变幅塔机应设置小车防坠落装置，即使车轮失效小车也不得脱离臂架坠落。

3）钢丝绳防脱装置

滑轮、起升卷筒及动臂变幅卷筒均应设置钢丝绳防脱装置，该装置表面与滑轮或卷筒侧板外缘间的间隙不应超过钢丝绳直径的20%，装置可能与钢丝绳接触的表面不应有棱角。

4）爬升装置防脱功能

自升式塔机应具有防止塔身在正常加节、降节作业时，顶升横梁从塔身支承中自行脱出的功能。

5）抗风防滑装置（夹轨器）

对轨道运行的塔机，应设置非工作状态抗风防滑装置，用以在塔机遭遇大风时，防止塔机滑行或倾覆。

6）缓冲器及止挡装置

塔机行走和小车变幅的轨道行程末端均需设置止挡装置。缓冲器安装在止挡装置或塔机（变幅小车）上，当塔机（变幅小车）与止挡装置撞击时，缓冲器应使塔机（变幅小车）较平稳地停车而不产生猛烈的冲击。

（4）报警及显示记录装置

1）报警装置

塔机应装有报警装置。

在塔机达到额定起重力矩或额定起重量的90%以上时，装置应能向司机发出声光报警。在塔机达到额定起重力矩或额定起重量的100%以上时，装置应能发出连续清晰的声光报警，且只有在降低到额定工作能力100%以内时报警才能停止。

2）显示记录装置

塔机应安装显示记录装置。该装置应以图形或字符方式向司机显示塔机当前主要工作参数和额定能力参数。主要工作参数至少包含当前工作幅度、起重量和起重力矩；额定能力参数至少包含幅度及对应的额定起重量和额定起重力矩。

3）风速仪

对起重臂铰点高度超过 50m 的塔机，应配备风速仪，当风速大于工作允许风速时，应能发出停止作业的警报。

4）工作空间限制器

用户需要时，塔机可装设工作空间限制器。对单台塔机，工作空间限制器应在正常工作时，根据需要限制塔机进入某些特定的区域或进入该区域后不允许吊载。对群塔作业，该限制器还应限制塔机的回转、变幅和整机运行区域以防止各塔机的机构、起升钢丝绳或吊重发生相互碰撞。

2.5.2 安全防护装置的构造及工作原理

（1）起重量限制器

1）起重量限制器的作用

当起升载荷超过额定载荷时，起重量限制器能输出电信号，切断起升机构控制回路，并能发出警报。达到防止起重机超载的目的。

《塔式起重机安全规程》GB 5144—2006 中规定：塔式起重机应安装起重量限制器。如设有起重量显示装置，则其数值误差不得大于实际值的 5%；当起重量大于相应挡位的最大额定值并小于额定值的 110% 时，应切断起升机构上升方向的电源，但可做下降方向的运动。

2）构造和工作原理

目前最常用的起重量限制器的结构形式为测力环式，它是由测力环、导向滑轮及限位开关等部件组成。其特点是体积紧凑，性能良好以及便于调整。F0/23B、QTZ80 等塔机普遍采用这种结构形式。如图 2-30 所示为起重量限制器外形及工作原理图。测力环的一端固定于塔式起重机机构的支座上，另一端则固定在导向滑轮轴上。

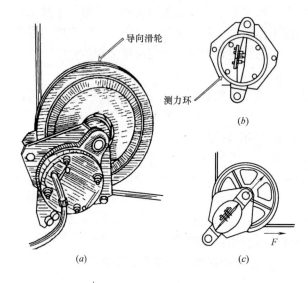

图 2-30 F0/23B 塔式起重机起重量限制器
外形及工作原理图
(a) 外形；(b) 内部构造；(c) 负荷大或超载时

工作原理：塔机吊载重物时，滑轮受到钢丝绳合力作用时，将此力传给测力环，测力环的变形与载荷成一定的比例。根据起升载荷的大小，滑轮所传来的力大小也不同。测力环外壳随受力产生变形，测力环内的金属板条与测力环壳体固接，并随壳体受力变形而延伸，此时根据载荷情况来调节固定在金属板条上的调整螺栓与限位开关距离，当载荷超过额定起重量使限位开关动作，从而切断起升机构的电源，达到对起重量超载进行限制的目的。

（2）起重力矩限制器

1）起重力矩限制器的作用

起重力矩限制器是塔机重要的安全装置之一，塔机的结构计算和稳定性验算均是以最大额定起重力矩为依据，起重力矩限制器的作用就是控制塔机使用时不得超过最大额定起重力矩，防止超载。

《塔式起重机安全规程》GB 5144—2006 中规定：塔式起重机应安装起重力矩限制器。当起重力矩大于相应工况下额定值并小于额定值的 110％时，应切断上升和幅度增大方向的电源，但机构可作下降和减小幅度方向的运动。

力矩限制器仅对在塔机垂直平面内起重力矩超载时起限制作用，而对由于吊钩侧向斜拉重物、水平面内的风载、轨道的倾斜和塌陷引起的水平面内的倾翻力矩不起作用。因此操作人员必须严格遵守安全操作规程，不得违章作业。

2）构造和工作原理

起重力矩限制器分为机械式和电子式，机械式中又有杠杆式和弓板式等多种形式。其中弓板式起重力矩限制器因结构简单而得到广泛应用。弓板式力矩限制器主要安装在塔帽的主弦杆上。

弓板式力矩限制器由调节螺栓、弓形钢板、限位开关等部件组成，其结构形式如图 2-31 所示。

其工作原理如下：塔机吊载重物时，由于载荷的作用，塔帽的主弦杆产生压缩变形，载荷越大，变形越大。这时力矩限制器上的弓形钢板也随之变形，并将弦杆的变形放大，使弓板上的调节螺栓与限位开关的距离随载荷的增加而逐渐缩小。当载荷达到额定载荷时，通过调整调节螺栓触动限位开关，从而切断起升机构和变幅机构的电源，达到限制塔机的吊重力矩载荷的目的。

（3）限位器

1）起升高度限位器

起升高度限位器用来防止可能出现的操纵失误，以免起升时碰坏起重机臂架结构，降落时防止卷筒上的钢丝绳完全松脱甚至反方向缠绕在卷筒上。

对于动臂式变幅的塔机，起升高度限位器一般由碰杆、杠杆、弹簧及行程开关组成，多固定于吊臂端头。

如图 2-32 所示为一重锤式起升高度限位器。图中重锤 4 通

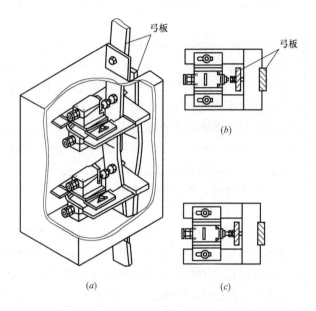

图 2-31　弓板式力矩限制器的构造及工作原理图

(a) 构造；(b) 载荷较小时；(c) 超载时

过钩环 3 和限位器的钢丝绳 2 与终点开关 1 的杠杆相连接。在重锤处于正常位置时，终点开关触头闭合。如吊钩上升，托住重锤并继续略微上升以解脱重锤的重力作用，则终点开关 1 的杠杆便在弹簧作用下转动一个角度，使起升机构控制回路触头断开，从而停止吊钩上升。

对于小车变幅水平臂架的自升式塔机，起升高度限位器一般安装在起升机构的卷筒轴端。如图 2-33 所示。

多功能限位器由传动系统（减速装置）和行程开关组成，限位器装在卷筒一端直接由卷筒带动，也可由固定于卷筒上的齿圈与小齿轮啮合来驱动。减速装置驱动若干个凸轮块 3，这些凸块作用于断电器 4 来切断相应的运动。

2) 回转限位器

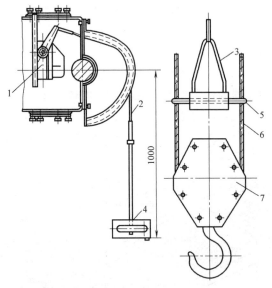

图 2-32 重锤式起升高度限位器构造简图

1—终点开关；2—限位器钢丝绳；3—钩环；4—重锤；

5—导向夹圈；6—起重钢丝绳；7—吊钩滑钩

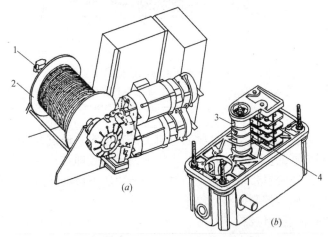

(a)

(b)

图 2-33 F0/23B 塔式起重机起升高度

限位器的构造及工作原理图

1—限位器；2—卷筒；3—凸轮块；4—断电器

不设中央集电环的塔机应设置正反两个方向回转限位开关，正反两个方向回转范围控制在±540°内。最常用的回转限位器是由带有减速装置的限位开关和小齿轮组成，限位器固定在塔机回转上支座结构上，小齿轮与回转支承的大齿圈啮合。

回转限位器的构造和工作原理如图2-34所示。

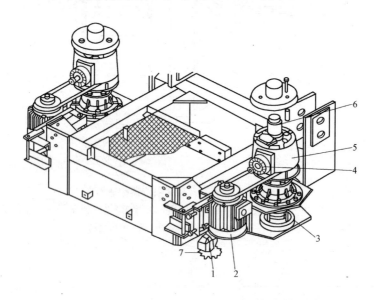

图 2-34　塔式起重机回转限位器的安装位置
1—传动限位开关；2—电动机；3—行星减速器及小齿轮；4—制
动器；5—电磁离合器；6—减速电动机；7—限位开关小齿轮

当回转机构电动机2驱动塔机上部转动时，通过大齿圈带动回转限位器的小齿轮7转动，塔机的回转圈数即被记录下来，限位器的减速装置带动凸轮，凸轮上的凸块压下微动开关，从而断开相应的回转控制回路，停止回转运动。

3）幅度限位器

对于水平臂架小车变幅的塔机，幅度限位器的作用是使变幅小车行驶到最小幅度或最大幅度时，断开变幅机构的单向工作电源，以保证变幅小车的安全运行。原理同起升限位器，一般安装在小车变幅机构的卷筒一侧，利用卷筒轴伸出端带动凸轮块压下限位开关动作。

如图 2-35 所示为水平变幅的幅度限位器的构造。

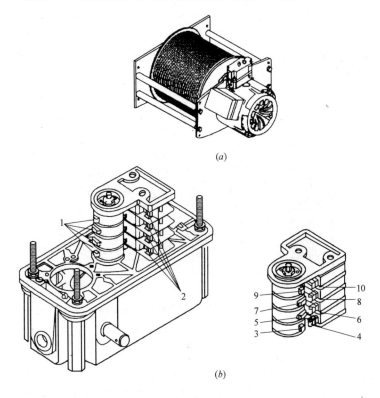

(a)

(b)

图 2-35　水平变幅塔式起重机幅度限位器安装位置及构造
1—凸轮组；2—断电器；4、6、8、10—断电触头；3、5、7、9—凸轮

幅度限位器包括凸轮组 1、断电器 2 和减速装置。当变幅机构工作时，根据记录的卷筒旋转圈数即可知道放出的绳长，卷筒驱动减速装置，减速装置带动若干个凸轮组转动，这些凸轮作用于微动开关，从而切断变幅相应的控制回路，此时变幅小车只能向反方向运行。

对于动臂式塔机应设置臂架低位和臂架高位的幅度限位开关，以及防止臂架反弹后翻的装置。动臂式塔机还应安装幅度指示器，以便司机能及时掌握幅度变化情况并防止臂架仰翻造成重大设备事故。

如图 2-36 所示为动臂式塔机的一种幅度指示器，具有指明俯仰变幅动臂工作幅度及防止臂架向前后翻仰两种功能，装设于塔顶右前侧臂根铰点处。

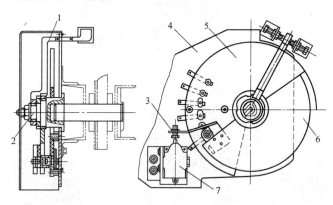

图 2-36　动臂式塔式起重机幅度限制指示器
1—拨杆；2—心轴；3—弯铁；4—座板；
5—刷托；6—半圆形活动转盘；7—限位开关

图示的幅度指示及限位装置由一半圆形活动转盘、刷托、座板、拨杆、限位开关等组成，拨杆随臂架俯仰而转动，电刷根据不同角度分别接通指示灯触点，将起重臂的不同仰角通过灯光亮熄信号传递到司机室的幅度指示盘上。当起重臂与水平夹角小于极限角度时，电刷接通蜂鸣器而发出警告信号，说明此时并非正常工作幅度，不得进行吊装作业。当臂架仰角达到极限角度时，上限位开关动作，变幅电路被切断电源，从而起到保护作用。从幅度指示盘的灯光信号的指示，塔机司机可知起重臂架的仰角以及此时的工作幅度和允许的最大起重量。

如图 2-37 所示为动臂式塔机的机械式幅度限制器。

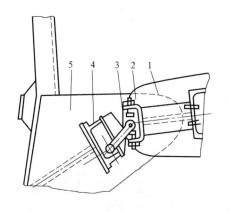

图 2-37　动臂式塔式起重机
幅度限制器的构造
1—起重臂；2—夹板；3—挡块；
4—限位开关；5—臂根支座

　　当吊臂接近最大仰角和最小仰角时，夹板 2 中的挡块 3 便推动安装于臂根铰点处的限位开关 4 的杠杆传动，从而切断变幅机构的电源，停止吊臂的变幅动作。可通过改变挡块 3 的长度来调节限制器的作用过程。

　　4）行走限位器

　　对于轨道运行的塔机，每个运行方向均应设置限位装置，其中包括限位开关、缓冲器和终端止挡。应保证限位开关动作后塔机停车时其端部距缓冲器最小距离为 1000mm，缓冲器距终端止挡最小距离为 1000mm。

　　行走限位器通常装设于行走台车的端部。采用大车行走限位器，可使塔机在运行到轨道基础端部缓冲止挡装置之前完全停车，可以避免由于误操作及行走惯性所造成的安全事故。如图 2-38 所示。

　　大车行走限位器由限位开关、摇臂、滚轮和坡道碰杆等组成，限位器的摇臂居中位时呈通电状态，滚轮有左右两个极限工

67

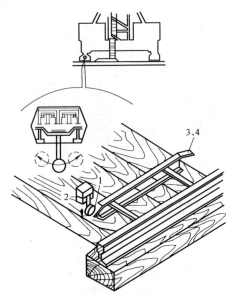

图 2-38 塔式起重机行走限位器
极限工作位置及安装示意图

1—摇臂滚轮；2—限位开关；3、4—坡道碰杆

作位置。铺设在轨道基础两端的位于钢轨近侧的坡道碰杆起着推动滚轮的作用，根据坡道斜度方向，滚轮分别向左或向右运动到极限位置，切断大车行走机构的电源。

（4）夹轨器

夹轨器作用是塔机在非工作状态时，夹轨器夹紧在轨道两侧，防止塔机滑行。

塔机使用的夹轨器一般为手动机械式夹轨钳，如图2-39所示。

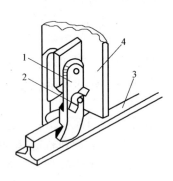

图 2-39 塔式起重机夹轨钳结构简图

1—夹钳；2—螺栓、螺母；
3—轨道；4—台车架

夹轨钳安装在每个行走台车的车架两端，非工作状态时，把夹轨器放下来，转动螺栓2，使夹钳1夹紧在起重机的轨道3上，工作状态时，把夹轨器上翻固定。如图2-40所示。

图 2-40 夹轨器

（5）风速仪

对臂根铰点高度超过50m的塔机，应该配备风速仪。当风速大于工作允许风速时，应能发出停止作业的警报。

如图 2-41 所示为 YHQ-1 型风速仪组成示意图。

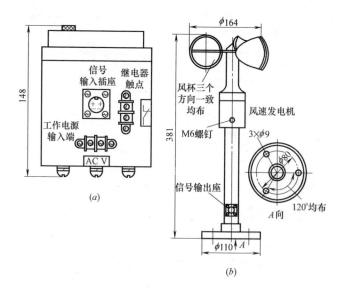

图 2-41 YHQ-1 型风速仪组成示意图
（a）风速仪内控继电器输入输出端图；
（b）风速传感器

它是一种塔机常用的风速仪，当风速大于工作极限风速时，仪表能发出停止作业的声光报警信号，并且其内控继电器动作，常闭触点断开。塔机通过此风速仪，把该触点串接在电路中，就能控制塔机安全可靠地工作。

（6）缓冲器

塔机的行走和变幅小车在轨道末端需安装止挡装置，缓冲器安装在止挡装置或起重机上，当起重机与轨道末端止挡装置相撞击时，缓冲器可保证起重机能比较平稳的停车而不致于产生猛烈的冲击。

如图 2-42 所示为 FO/23B 型塔机所使用的缓冲器及挡板安装示意图。

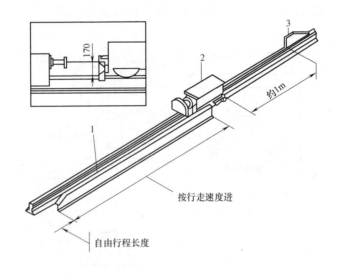

图 2-42　FO/23B 型塔式起重机缓冲器及挡板安装示意图
1—坡道碰杆；2—弹性缓冲器；3—挡块

（7）小车断绳保护装置

对于小车变幅式的塔机，为了防止小车牵引绳断裂导致小车失控而产生滑移，引发超载等意外事故，变幅的双向均应设置小车断绳保护装置。

目前应用较多的并且简单实用的断绳保护装置为重锤式偏心挡杆，如图 2-43 所示。

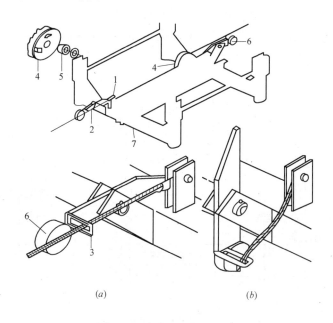

(a)　　　　　　　　　　　　(b)

图 2-43　小车断绳保护装置

(a) 小车钢丝绳完好；(b) 小车钢丝绳断裂、断绳装置起作用

1—牵引绳固定绳环；2—挡杆；3—导向环；4—牵引绳
棘轮张紧装置；5—挡圈；6—重锤；7—小车支架

注：(a) 小车牵引绳张紧时断绳保险器正常工作状态；
(b) 钢丝绳断裂时断绳保险器工作状态。

平时挡杆 2 平卧，张紧的牵引钢丝绳从导向环 3 穿过。当小车牵引绳断裂时，挡杆 2 在偏心重锤 6 的作用下，翻转直立，遇到臂架的水平腹杆时，就会挡住小车的溜行。每个小车均备有两个断绳保护装置，分别设于小车（当采用双小车系统时，设于外小车或主小车）的两头牵引绳端固定处。

（8）小车断轴保护装置

为了防止载重小车滚轮轴在出现断裂的意外情况下小车从高空坠下，在载重小车上应设置小车断轴保护装置。

小车断轴保护装置即是在小车架左右两根横梁上各固定两块挡板，当小车滚轮轴断裂时，挡板即落在吊臂的弦杆上，挂住小车，使小车不致脱落，从而避免造成重大安全事故。小车断轴保护装置如图 2-44 所示。

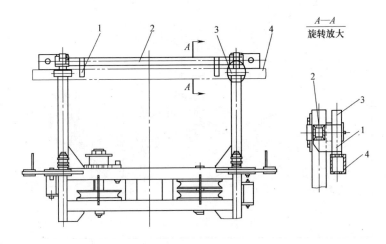

图 2-44　小车断轴保护装置结构示意图

1—挡板；2—小车上横梁；3—滚轮；4—吊臂下弦杆

（9）电气保护

塔机按规定应设置短路、过流、欠压、过压及失压保护、零位保护、电源错相及断相保护。

塔机操作装置一般采用联动台控制，设置紧急停止按钮，塔机工作前必须把各机构的操作手柄置于零位，避免误操作。遇紧急情况时要迅速按动紧急停止按钮，停止所有动作。

塔机上的电器设备防护等级应满足 IP54。

（10）防护装置

塔机上有伤人危险的传动部分，如联轴器、制动器、皮带轮等，均要安装防护装置。

在离地面 2m 以上的平台及走道应设置防止操作人员跌落的手扶栏杆。手扶栏杆的高度不应低于 1m。

2.6 塔式起重机的安装及拆卸

2.6.1 塔式起重机安装及拆卸的管理要求

（1）塔式起重机安装及拆卸的基本要求

1）施工现场从事塔机装拆作业的企业必须取得专业承包资质，并应按照规定的范围承接业务；

2）装拆作业人员必须经建设行政主管部门的安全技术培训，实行持证上岗；

3）塔机的装拆必须根据施工现场的环境和条件、塔机的状况以及辅助起重设备条件，制定装拆方案、安全技术措施和应急预案，并由企业技术负责人审批；

4）装拆作业前必须进行安全技术交底，装拆作业中各工序应定人定岗，定专人统一指挥；

5）装拆作业应设置警戒线，并设专人监护，无关人员不得入内。

（2）塔机安装拆卸单位的管理要求

1）从事塔机安装、拆卸单位必须建立、健全以下各项制度：

① 装拆塔机现场勘察、编制任务书制度；

② 制定安装、拆卸方案制度；

③ 基础、路基和轨道验收制度；

④ 塔机装拆前的零部件检查制度；

⑤ 安全和技术交底制度；

⑥ 安装完毕后的质量验收制度；

⑦ 塔机的定期检查和保养制度；

⑧ 技术文件档案管理制度；

⑨ 相关人员安全技术培训制度；

⑩ 事故处理制度。

2）安装、拆卸单位必须建立健全岗位责任制，明确塔机安装及拆卸的主管领导、工程技术人员、机械管理员、安全员和塔机装拆工（起重工、钳工、电工、司机、信号指挥员等）在拆装塔机工作中的岗位职责。

3）安装、拆卸单位必须建立和不断完善安全操作规程，并严格执行。

4）塔机安装拆卸人员的要求：

① 安装拆卸人员必须是年满18周岁的公民，并应具备初中以上的文化程度；

② 安装拆卸人员必须经过专门的培训（专业基础理论知识、实习操作）并经省、市级建设行政主管部门考试合格后，取得操作资格证书后方可担任装拆工作。

5）装拆塔机时安装拆卸人员必须严格执行装拆方案。如果在塔机装拆方案中未说明的，要严格执行生产厂家的使用说明书要求，如方案和使用说明书均无明确规定时，要执行有关国家标准及行业标准规定。

（3）塔式起重机安装拆卸方案：

1）编制安装拆卸方案

① 编制安装拆卸方案的依据：

a. 塔机使用说明书；

b. 国家、行业、地方有关塔机的法规、标准、规范等；

c. 安装拆卸现场的实际情况包括场地、道路、环境等。

② 安装拆卸方案应包含的内容：

a. 安装拆卸现场环境条件的详细说明及主要安装拆卸难点；

b. 详细的基础、安装、附着及拆卸的程序和方法；

c. 安装拆卸所需辅助起重机械的规格、性能；

d. 吊索具的规格、数量、长度；

e. 主要部件的重量及吊点位置；

f. 安装过程中应检测的项目以及应达到的技术要求；

g. 安全技术措施；

h. 必要的计算资料；

i. 人员配备及分工；

j. 重大危险源及应急救援预案。

③ 方案编制要求

为使编制的装拆方案具有先进性、合理性和正确性，所以要依据各种型号的塔机使用说明书中有关的技术资料和图纸，并掌握塔机的技术参数、装拆方法、程序和技术要求，具体要求如下：

a. 编制时应针对塔机使用时施工现场环境情况（如回转半径内有无电缆输电线、建筑物、人行通道，地下埋物等），应有专项安全技术措施和设施要求，明确装拆单位与施工单位各自的职责，以及相互配合的要求。应有塔机布置平面图，立面图；

b. 对塔机基础的外形尺寸、技术要求，以及地基承载能力（地耐力）要求；

c. 塔机安装前的主要零部件、安全装置检查要求及记录；

d. 安装人员的要求，分工和安装前的安全技术交底；

e. 确定安装时辅助起重机械及主要安装器具、吊索具的选用；

f. 安装过程中的监控要求；

g. 按使用说明书要求，方案中应明确塔机是否需要设置附着装置，并确定塔机与建筑物间距和垂直方向附着间距，同时明确最大附着力及其附着点的构造和要求；

h. 编制安装程序应从基础承台、预埋件形式、底部塔身（有无加强节，有几节加强节）开始，到第一次安装高度完毕，进行调试。

2）安装拆卸方案的审批

安装拆卸方案应由安装拆卸单位技术负责人审批，经施工总承包项目工程师和监理单位总监理工程师审核确认后，方可实施。

3）安装单位技术人员应根据安装拆卸方案向安装人员进行

安全技术交底。

安全交底的主要内容:

① 塔机的性能参数;

② 安装、附着及拆卸的程序和方法;

③ 各部件的连接形式、连接件尺寸及连接要求;

④ 装拆部件的重量、重心和吊点位置;

⑤ 使用的辅助起重机械、机具、吊索具的性能及操作要求;

⑥ 作业中的安全技术措施;

⑦ 其他需要交底的内容。

2.6.2 塔式起重机安装完毕后的检测和验收

(1) 安装单位对塔机进行全面的质量检查验收并填写检验表,各有关方面负责人需要填写意见并签字。

(2) 委托专业检测机构进行检测,对于检测发现的问题进行整改,并回复(必要时应进行复检)取得合格证和检测报告。

(3) 安装单位应验收的技术数据:力矩测试数据,垂直度数据,接地电阻,绝缘电阻,钢丝绳规格直径等。

(4) 使用单位应当组织出租、安装、监理等有关单位进行验收,有总包的应由总包单位组织验收,经验收合格后方可投入使用,未经验收或验收不合格的不得使用。

2.7 塔式起重机的维护保养

2.7.1 塔式起重机维护保养的分类

塔式起重机维护保养的分类,可根据塔机使用说明书的要求和施工现场塔机的实际工作情况,制定塔式起重机维护保养规定。塔式起重机的维护保养周期及分类见表 2-2。

2.7.2 塔式起重机维护保养的作用

为了使塔机经常处于完好和安全运转状态,避免和减少塔机在工作中可能出现故障,提高塔机的完好率,塔机必须按规定进行检查和维护保养。

维护保养周期及分类表   表 2-2

保修类型	保修间隔	占用时间	作业分工
例行保养	每班进行	班前班后	操作工
月度保养	在用塔机每月一次	0.5 天	操作工、修理工
补充保养	当塔机在施工现场使用超过 10 个月	1~2 天	修理工
转场保养	塔机进入施工现场前	5~8 天	修理工

（1）塔机工作状态中，经常遭受风吹雨打、日晒的侵蚀，灰尘、砂土经常会落到机械各部分，如不及时清洁和保养，将会侵蚀塔机，使其寿命缩短。

（2）在塔机运转过程中，各工作机构润滑部位的润滑油及润滑脂会自然损耗后流失或失效，如不及时补充，将会加重塔机的磨损。

（3）塔机经过一段时间的使用后，各互相运转机件会自然磨损，各运转零件的配合间隙会发生变化，如果不及时进行保养和调整，各互相运动的机件磨损就会加快，导致运动机件的完全损坏，甚至功能失效而引发事故。

（4）对于紧固螺栓应经常检查紧固情况，塔身、附着等经常震动的连接螺栓更应经常进行检查是否松动，如有松动必须进行及时紧固。

（5）经一个使用周期后，塔机的结构、机构和其他零部件将会出现不同程度的锈蚀、磨损甚至出现裂纹等安全隐患，因此进行一次全面的检查、调整、修复等保养工作是十分必要的，严格执行塔机的转场保养工作，是塔机顺利完成安装调试，并是下一个周期中安全使用的必要保证。

3 施工升降机

3.1 施工升降机的应用及发展

施工升降机是一种临时安装的、带有导向平台、吊笼或其他运载装置并可在施工工地各层站停靠服务的升降机械。通常以交流电动机为动力,通过齿轮齿条或钢丝绳传递动力,利用吊笼载人、载物,沿导轨架作上下垂直运输。它主要应用于高层和超高层建筑施工,也用于桥梁、高塔等固定设施的垂直运输。

施工升降机于 20 世纪 70 年代开始在国内应用于建筑施工中。在 20 世纪 70 年代中期研制了 76 型施工升降机,该机采用单驱动机构、五档涡流调速、圆柱蜗轮减速器、柱销式联轴器和楔块捕捉式限速器,额定提升速度为 36.4m/min,最大额定载荷 1000kg,最大提升高度为 100m,基本上满足了当时高层建筑施工的需要。20 世纪 80 年代,随着我国建筑业的迅速发展,高层建筑的不断增加,对施工升降机提出了更高的要求,在引进消化进口施工升降机的基础上,研制了 SCD200/200 型的施工升降机。该机采用了双驱动形式、专用电机、平面二次包络蜗轮减速器和锥形摩擦式双向限速器,最大额定载荷 2000kg,最大提升高度为 150m;该机具有较高的传动效率和先进的防坠安全器,同时也增大了额定载荷和提升高度,达到了国外同类产品的技术性能,基本满足了施工需要,已逐步成为国内使用最多的施工升降机基本机型。进入 20 世纪 90 年代,由于超高层建筑的不断出现,施工升降机的运行速度已满足不了施工要求,更高速度的施工升降机也就应运而生,于是液压施工升降机和变频调速施工升降机先后诞生了。其最大提升速度达到了 90m/min 以上、最大提升高度均达到了 400m。但液压施工升降机综合性能低于变频调速施工升降机，所以应用甚少。同期，为了适应特殊建筑物的施工要求，还出现了倾斜式和曲线式施工升降机。

3.2 施工升降机的型号、分类及技术参数

3.2.1 施工升降机的型号

施工升降机的型号由组、型、特性、主参数和变型更新等代号组成，见图 3-1。型号编制方法如下：

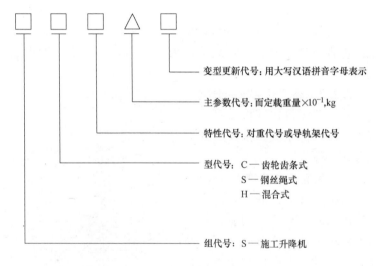

图 3-1 施工升降机的型号实例图

（1）主参数代号

单吊笼施工升降机标注一个数值。双吊笼施工升降机标注两个数值，用符号"/"分开，每个数值均为一个吊笼的额定载重量代号。对于 SH 型施工升降机，前者为齿轮齿条传动吊笼的额定载重量代号，后者为钢丝绳提升吊笼的额定载重量代号。

（2）特性代号

特性代号是表示施工升降机两个主要特性的符号。

1）对重代号：有对重时标注 D，无对重时省略。

2）导轨架代号

对于 SC 型施工升降机：三角形截面标注 T；矩形或片式截面省略；倾斜式或曲线式导轨架则不论何种截面均标注 Q。

对于 SS 型施工升降机：导轨架为两柱时标注 E，单柱导轨架内包容吊笼时标注 B，不包容时省略．

（3）标记示例

1）齿轮齿条式施工升降机，双吊笼有对重，一个吊笼的额定载重量为 2000kg，另一个吊笼的额定载重量为 2500kg，导轨架横截面为矩形，表示为：施工升降机 SCD200/250。

2）钢丝绳式施工升降机，单柱导轨架横截面为矩形，导轨架内包容一个吊笼，额定载重量为 3200kg，第一次变型更新，表示为：施工升降机 SSB320A。

3.2.2 施工升降机的分类

施工升降机按其传动型式可分为：齿轮齿条式、钢丝绳式和混合式三种。

（1）齿轮齿条式施工升降机

该施工升降机的传动方式为齿轮齿条式，动力驱动装置均通过平面包络环面蜗杆减速器带动小齿轮转动，再由传动小齿轮和导轨架上的齿条啮合，通过小齿轮的转动带动吊笼升降，每个吊笼上均装有渐进式防坠安全器，如图 3-2 所示。

按驱动方式的不同目前有双驱动或三驱动型式、变频调速驱动型式、液压传动驱动型式；按导轨架结构形式的不同有直立式、

图 3-2　齿轮齿条式施工升降机

倾斜式、曲线式。按提升最高速度的不同分为低速 $v \leqslant 40\text{m}/$ min、中速 $40\text{m}/\text{min} < v \leqslant 63\text{m}/\text{min}$、高速 $v \geqslant 90\text{m}/\text{min}$。

1）普通施工升降机是采用专用双驱动或三驱动电机作动力，其起升速度一般小于 $40\text{m}/\text{min}$。采用双驱动的施工升降机通常带有对重，其导轨架由标准节通过高强度螺栓连接组装而成的直立结构型式，在建筑施工中广泛使用。

2）液压施工升降机

液压施工升降机由于采用了液压传动驱动并实现无级调速，起制动平稳和运行高速。驱动机构通过电机带动柱塞泵产生高压油液，再由高压油液驱动油马达运转，并通过蜗轮减速器及主动小齿轮实现吊笼的上下运行。但由于噪音大、成本高，目前很少使用。

3）变频调速施工升降机

变频调速施工升降机由于采用了变频调速技术，具有手控有级变速和无级变速，其调速性能更优于液压施工升降机，起制动更平稳，噪声更小。其工作原理是电源通过变频调速器，改变进入电动机的电源频率，以达到电动机变速。

变频调速施工升降机的最大提升高度可达 450m 以上，最大起升速度达 96m/min。由于良好的调速性能、较大的提升高度，故在高层、超高层建筑中得到广泛的应用。

4）倾斜式施工升降机

倾斜式施工升降机是根据特殊形状的建筑物的施工需要而产生的，其吊笼在运行过程中应始终保持垂直状态，导轨架按建筑物需要倾斜安装，吊笼两受力立柱与吊笼框制作成倾斜形式，其倾斜度与导轨架一致。由于吊笼的两立柱、导轨架、齿条与吊笼都有一个倾斜度，故三台驱动装置布置形式呈阶梯状，如图 3-3 所示。导轨架轴线与垂直线夹角一般不大于 $11°$。

倾斜式施工升降机与直立式施工升降机在设计与制造上的主要区别是：导轨架的倾斜度由底座的形式和附墙架的长短来决定。附墙架设有长度调节装置，以便在安装中调节附墙架的长

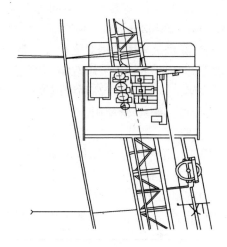

图 3-3　驱动装置布置形式

短，保证导轨架的倾斜度和直线度。

5）曲线式施工升降机

曲线式施工升降机无对重，导轨架采用矩形截面或片状方式，通过附墙架或直接与建筑物内外壁面进行直线、斜线和曲线架设。该机型主要应用于以电厂冷却塔为代表的曲线外形的建筑物施工中，如图 3-4 所示。

图 3-4　曲线式施工升降机

曲线式施工升降机在设计与制作上有以下特点：

① 吊笼采用下固定铰点或中固定铰点，设置有强制式自动调平与手动调平两种制式调平机构，可使吊笼在作多种曲线运行时始终保持垂直；

② 吊笼与驱动装置采用拖式铰接连接，驱动装置采用全浮动机构，使曲线式施工升降机能适应更大的倾角和曲率；

③ 齿轮齿条传动实现小折线近似多种曲线的特殊结构设计，保证传动机构能够平稳可靠地运行。

（2）钢丝绳式施工升降机

钢丝绳式施工升降机是采用钢丝绳提升的施工升降机，可分为人货两用和货用施工升降机两类型。

1）人货两用施工升降机

人货两用施工升降机是用于运载人员和货物的施工升降机，它是由提升钢丝绳通过导轨架顶上的导向滑轮，用设置在地面上的曳引机（卷扬机）使吊笼沿导轨架作上下运动的一种施工升降机。

该机型每个吊笼设有防坠、限速双重功能的防坠安全装置，当吊笼超速下行、或其悬挂装置断裂时，该装置能将吊笼制停并保持静止状态。

2）货用施工升降机

用于运载货物，禁止运载人员的施工升降机。提升钢丝绳通过导轨架顶上的导向滑轮，用设置在地面的卷扬机（曳引机）使吊笼沿导轨架作上下运动的一种施工升降机。该机设有断绳保护装置，当吊笼提升钢丝绳松绳或断裂时，该装置能制停带有额定载重量的吊笼，且不造成结构严重损害。对于额定提升速度大于 0.85m/s 的升降机安装有非瞬时式防坠安全装置。

（3）混合式施工升降机

该机型为一个吊笼采用齿轮齿条传动，另一个吊笼采用钢丝绳提升的施工升降机。目前建筑施工中很少使用。

3.2.3 施工升降机的性能参数

施工升降机的主要性能参数：

（1）额定载重量：工作工况下吊笼允许的最大载荷；

（2）额定提升速度：吊笼装载额定载重量，在额定功率下稳定上升的设计速度；

（3）吊笼净尺寸：吊笼内空间大小（长×宽×高）；

（4）最大提升高度：吊笼运行至最高上限位位置时，吊笼底板与基础底架平面间的垂直距离；

（5）额定安装载重量：安装工况下吊笼允许的最大载荷；

（6）标准节尺寸：组成导轨架的可以互换的构件的尺寸（长×宽×高）；

（7）附墙杆的间距：两道附墙杆之间的距离；

（8）导轨架最大自由端高度：最高一道附墙杆上面导轨架的高度；

（9）对重重量：有对重的施工升降机的对重重量。

3.3　施工升降机的构造

施工升降机主要由基础平台（或地坑）、地面防护围栏（包括与基础连接的基础底架）、导轨架与附墙架、吊笼、传动机构、对重系统、电缆导向装置、安装吊杆、电气设备及控制系统等九大部分组成。

3.3.1　基础平台

施工升降机的基础通常由预埋底架、地脚和钢筋混凝土组成，基础平台将承受施工升降机的全部自重和负荷，并对导轨架起定位和固定作用。按照说明书中的要求和基础图，由用户在现场浇注而成。通常在检查和验收时应先对地基的承载能力予以确认，一般应大于150kPa。如地基承载能力不够的应进行加固处理，并复核基础钢筋配置和混凝土强度是否符合设计要求。对基础的预埋件的位置和基础的水平度进行复核（特别是导轨架与底架的四个连接点所在面的水平高差，一般应控制在1/1000内）。基础的周围应有防止积水的措施（一般设置有排水沟）。

3.3.2 地面防护围栏（包括基础底架）

地面防护围栏主要由基础底架、防护围栏、缓冲弹簧、围栏门等结构部件组成。防护围栏（护栏）高度应不低于1.8m，防止人员随意进入施工升降机运行区域。

3.3.3 导轨架及附墙架

导轨架由标准节拼接而成，作为吊笼上、下运行的导轨。

标准节是由钢管和角钢组焊而成，每节高度为1508mm，装有一根或两根齿条。标准节之间的拼接，采用螺栓、螺母连接。

附墙架将导轨架与建筑物相连。附墙架的一端与标准节的框架角钢用U形螺栓相连接，另一端与嵌入建筑物内的预埋件用螺栓连接。连接件与墙的连接方式，如图3-5所示。附墙架连接不得使用膨胀螺栓。附墙架一般有多种不同类型，根据施工要求进行选择。

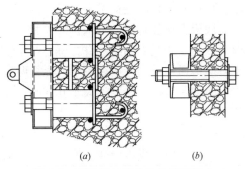

图 3-5 附墙架与建筑物的连接方式
(a) 预埋式；(b) 穿墙式

3.3.4 吊笼

吊笼四壁采用钢丝网或冲孔钢板围成，便于采光和减小风载荷。吊笼顶板采用钢板，吊笼地板采用花纹钢板或花纹铝板。吊笼内设置有电控箱和操纵装置（有的靠外侧设有专用司机室）。

吊笼顶板在施工升降机安装、拆卸期间要充当工作平台，所以四周装有不低于1.1m高度的安全护栏和不低于100mm的踢脚板。顶板开有活动顶门，笼内有梯子，便于人员爬到顶上进行安装作业。

吊笼上装有偏心可调的导轮,导轮经调节后,使吊笼能平稳地沿导架运行。

3.3.5 传动机构

(1) 齿轮齿条式传动机构主要由两套或三套电动机、联轴器、减速器、齿轮、压轮装置装在传动底板上组成。

传动机构安装在吊笼的减震支架上,齿轮与导架上的齿条相啮合,齿轮与减速器的输出轴用花键连接,由电动机驱动。电动机内装有电磁圆盘式制动器。传动机构可以置于吊笼内,现基本上都安置在吊笼的外顶部。

防坠安全器装在另一底板上,它有一个齿轮与齿条啮合。防坠安全器靠离心力动作,当吊笼以正常运行速度的 1.3~1.5 倍下坠时,防坠安全器即能动作而将吊笼停住。防坠安全器底板的上沿必须紧贴着传动底板或吊笼横梁。

防坠安全器底板上还装有上、下限位开关和三相极限开关。

(2) 钢丝绳式施工升降机驱动机构一般采用卷扬机或曳引机。货用施工升降机通常采用卷扬机驱动,人货两用施工升降机通常采用曳引机驱动,其提升速度不大于 0.63m/s,也可采用卷扬机驱动。

1) 卷扬机

卷扬机具有结构简单、成本低廉。但与曳引机相比很难实现多根钢丝绳独立牵引,且容易发生乱绳、脱绳和挤压等现象,其安全可靠性较低,因此多用于货用施工升降机。

2) 曳引机

曳引机主要由电动机、减速机、制动器、联轴器、曳引轮、机架等组成。曳引机可分为无齿轮曳引机和有齿轮曳引机两种。

施工升降机一般都采用有齿轮曳引机。为了减少曳引机在运动时的噪声和提高平稳性,一般采用蜗杆副作减速传动装置。如图 3-6 所示。

曳引机驱动施工升降机是利用钢丝绳在曳引轮绳槽中的摩擦

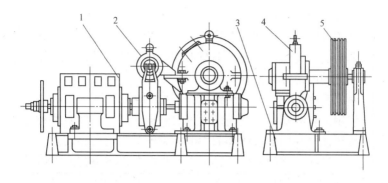

图 3-6　曳引机外形

1—电动机；2—制动器、联轴器；3—机架；4—减速机；5—曳引轮

力来带动吊笼升降。曳引机的摩擦力是由钢丝绳压紧在曳引轮绳槽中而产生，压力越大摩擦力越大，曳引力大小还与钢丝绳在曳引轮上的包角有关系，包角越大，摩擦力也越大，因而施工升降机必须设置对重。

3.3.6　对重系统

对重系统主要由对重装置、对重导轨、头架、钢丝绳、偏心绳具等部件组成。

对重系统的作用主要是在传动机构输出功率不变的情况下提高施工升降机的额定载重量。例：不带对重系统的施工升降机额定载重量为 1000kg，带了对重系统以后其额定载重量可提高到 2000kg。

单笼机的对重装置沿吊笼对面的导架立柱管运行。双笼机的对重装置沿焊装（或用螺栓固定）在标准节两侧框架上的专设导轨运行。

钢丝绳一端连接对重装置，另一端通过设在导轨架顶部的头架滑轮绕到固定在吊笼顶部的偏心绳具上。偏心绳具上装有松绳开关，两根钢丝绳中的任何一根因故断裂或松掉，松绳开关动作，立即切断电源，刹住吊笼，防止事故扩大。绕到偏心绳具上以后，多余的钢丝绳绕在吊笼顶部的盘绳装置内。

3.3.7 电缆导向装置

施工升降机在导架安装高度≤100m 情况下使用时,吊笼进线架和地面电缆筒之间拖挂随行电缆,靠安装在导架上或外侧过道竖杆上的电缆导向架导向保护。

施工升降机在导架安装高度>100m 情况下使用时,为克服由于使用太长的随行电缆而产生过大的电压降,在地面站到导架中部接线盒之间用较大线芯截面的固定电缆固定在导架上。接线盒至吊笼进线架之间拖挂的随行电缆靠电缆滑车拉直。电缆滑车有两种型式:一种是在专用导轨上运行(侧置式);一种是设在吊笼底下,以导架作导向运行(下置式)。被电缆滑车拉直的随行电缆靠固定在专用导轨或导架上的电缆导向架导向保护。

3.3.8 安装吊杆

安装吊杆分手动和电动两种。使用时,装配在吊笼顶上的插座中或底座上,用以安装、拆卸标准节和头架等部件。在施工升降机投入正常工作时,应将其卸下,以减少吊笼荷重。

3.3.9 电气设备及控制系统

施工升降机采用 380V、50Hz 三相交流电源,由工地配备施工升降机专用电箱,接入电源到施工升降机开关箱,L_1、L_2、L_3 为三相电源,N 为零线,PE 为接地线。

控制系统由电气控制箱(在吊笼内)、地面电源箱、操纵箱或操作盒组成。操作者在驾驶室内用操纵箱上的(组合)开关控制吊笼的上、下运行。无驾驶室的施工升降机,操作者在吊笼内用操作盒上的(组合)开关(即操纵杆)控制吊笼的上下运行;控制台、操作控制开关或控制按钮盒上应设有非自动复位型的紧急停电开关。

安装期间,可另接控制按钮盒拖至吊笼顶上进行操纵,无驾驶室的施工升降机可将吊笼内的操作盒直接移至吊笼顶部进行操纵。吊笼顶上的两种操纵形式都具有操作按钮一放松,吊笼就会立刻停车的功能。

电路中应装有断路开关、漏电开关、过载保护,并设有相序和断相保护器。施工升降机的结构和电气设备的金属外壳应接地，接地装置应外露，接地电阻不应超过 4Ω。

3.4 施工升降机的安全装置

3.4.1 防坠安全器

（1）防坠安全器的分类及特点

防坠安全器是非电气、气动和手动控制的防止吊笼或对重坠落的机械式安全保护装置。防坠安全器是一种非人为控制的，当吊笼或对重一旦出现失速、坠落情况时，能在设置的距离、速度内使吊笼安全停止。防坠安全器按其制动特点可分为渐进式和瞬时式两种型式。

1）渐进式防坠安全器

渐进式防坠安全器是一种初始制动力（或力矩）可调，制动过程中制动力（或力矩）逐渐增大的防坠安全器。其特点是制动距离较长，制动平稳、冲击小。

① 渐进式防坠安全器的构造

渐进式防坠安全器主要由齿轮、离心式限速装置、锥鼓形制动装置等组成。离心式限速装置主要由离心块座、离心块、调速弹簧、螺杆等组成；锥鼓形制动装置主要由壳体、摩擦片、外锥体加力螺母、蝶形弹簧等组成。安全器结构如图 3-7 所示。

② 渐进式防坠安全器的工作原理

安全器安装在施工升降机吊笼的传动底板上，一端的齿轮啮合在导轨架的齿条上，当吊笼在正常运行时，齿轮轴带动离心块座、离心块、调速弹簧、螺杆等组件一起转动，安全器也就不会动作。当吊笼瞬时超速下降或坠落时，离心块在离心力的作用下压缩调速弹簧并向外甩出，其三角形的头部卡住外锥体的凸台，然后就带动外锥体一起转动。此时外锥体尾部的外螺纹在加力螺母内转动，由于加力螺母被固定住，故外锥体只能向后方移动，这样使外锥体的外锥面紧紧地压向胶合在壳体上的摩擦片，当阻

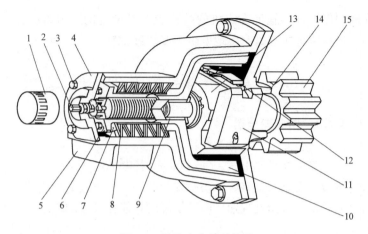

图 3-7　防坠安全器的构造

1—罩盖；2—浮螺钉；3—螺钉；4—后盖；5—开关罩；6—螺母；
7—防转开关压臂；8—蝶形弹簧；9—轴套；10—旋转制动毂；11—离
心块；12—调速弹簧；13—离心座；14—轴套；15—齿轮

力达到一定量时就使吊笼制停。

2）瞬时式防坠安全器

瞬时式防坠安全器是初始制动力（或力矩）不可调，瞬间即可将吊笼或对重制停的防坠安全器。其特点是制动距离较短，制动不平稳，冲击力大。现在使用的比较少。

（2）渐进式防坠安全器的使用条件

1）SC 型施工升降机

SC 型施工升降机应采用渐进式防坠安全器，当施工升降机对重质量大于吊笼质量时，还应加设对重防坠安全器。

2）SS 型人货两用施工升降机

对于 SS 型人货两用施工升降机，其吊笼额定提升速度大于0.63m/s 时，应采用渐进式防坠安全器；当施工升降机对重额定提升速度大于 1m/s 时，应采用渐进式防坠安全器。

3）SS 型货用施工升降机

对于 SS 型货用施工升降机，其吊笼额定提升速度大于

0.85m/s 时，应采用渐进式防坠安全器。

（3）瞬时式防坠安全装置的使用条件

1）对于 SS 型人货两用施工升降机，每个吊笼应设置兼有防坠和限速双重功能的防坠安全装置，当吊笼超速下行、或其悬挂装置断裂时，该装置应能将吊笼制停并保持静止状态；

2）SS 型人货两用施工升降机吊笼额定提升速度小于或等于 0.63m/s 时，可采用瞬时式防坠安全装置；当其对重额定提升速度小于或等于 1m/s 时可采用瞬时式防坠安全装置；

3）SS 型货用施工升降机可采用断绳保护装置和停层防坠落装置两部分组成的防坠安全装置。当吊笼提升钢丝绳松绳或断绳时，该装置应能制停带有额定载重量的吊笼，且不造成结构严重损坏。对于额定提升速度小于或等于 0.85m/s 的施工升降机，可采用瞬时式防坠安全装置。

（4）防坠安全装置的试验

当施工升降机安装后和使用过程中应进行坠落试验和对停层防坠装置进行试验。坠落试验时应在吊笼内装上额定载荷并把吊笼上升到离地面 3m 左右高度后停住，然后用模拟断绳的方法进行试验。停层防坠落装置试验时，应在吊笼内装上额定载荷把吊笼上升 1m 左右高度后停住，在断绳保护装置不起作用的情况下，放松拉杆使偏心轮夹紧导轨，然后启动卷扬机使钢丝绳松弛，看吊笼是否下降。

（5）防坠安全器的安全技术要求

1）防坠安全器必须进行定期检验标定，定期检验应有相应资质的单位进行；

2）防坠安全器只能在有效的标定期内使用，有效检验标定期限不应超过 1 年；

3）施工升降机每次安装后，必须进行额定载荷的坠落试验，以后至少每三个月进行一次额定载荷的坠落试验。试验时，吊笼不允许载人；

4）防坠安全器出厂后，动作速度不得随意调整；

5）SC 型施工升降机使用的防坠安全器安装时透气孔应向下，紧固螺孔不能出现裂纹，安全开关的控制接线完好；

6）防坠安全器动作后，需要由专业人员实施复位，使施工升降机恢复到正常工作状态；

7）防坠安全器在任何时候都应该起作用，包括安装和拆卸工况；

8）防坠安全器不应由电动、液压或气动操纵的装置触发；

9）一旦防坠安全器触发，正常控制下的吊笼运行应由电气安全装置自动中止。

3.4.2 电气安全开关

电气安全开关是施工升降机中使用比较多的一种安全防护开关。当施工升降机没有满足运行条件或在运行中出现不安全状况时，电气安全开关动作，施工升降机不能启动或自动停止运行。

（1）电气安全开关的分类

施工升降机的电气安全开关可分为行程安全控制、安全装置联锁控制两大类。

1）行程安全控制开关

行程安全控制开关是指当施工升降机的吊笼超越了允许运动的范围时，能自动停止吊笼的运行。主要有上、下行程限位开关、减速开关和极限开关。

① 行程限位开关

上、下行程限位开关安装在吊笼安全器底板上，当吊笼运行至上、下限位位置时，限位开关与导轨架上的限位挡板碰触，吊笼停止运行，当吊笼反方向运行时，限位开关自动复位。

② 减速开关

变频调速施工升降机必须设置减速开关，当吊笼下降时在触发下限位开关前，应先触发减速开关，使变频器切断加速电路，以避免吊笼下降时冲击底座。

③ 极限开关

施工升降机必须设置极限开关，当吊笼在运行时如果上、下限位开关出现失效，超出限位挡板，并越程后，极限开关须切断总电源使吊笼停止运行。极限开关应为非自动复位型的开关，其动作后必须手动复位才能使吊笼重新启动。在正常工作状态下，下极限开关挡板的安装位置，应保证吊笼碰到缓冲器之前，极限开关应首先动作。

2) 安全装置联锁控制开关

当施工升降机出现不安全状态，触发安全装置动作后，能及时切断电源或控制电路，使电动机停止运转。该类电气安全开关主要有：防坠安全器安全开关和防松开关等。

① 安全器安全开关

防坠安全器动作时，设在安全器上的安全开关应能立即将电动机的电路断开，制动器制动。

② 防松绳开关

a. 施工升降机的对重钢丝绳绳数为两条时，钢丝绳组与吊笼连接的一端应设置张力均衡装置，并装有由相对伸长量控制的非自动复位型的防松绳开关。当其中一条钢丝绳出现的相对伸长量超过允许值或断绳时，该开关将切断控制电路，同时制动器制动，使吊笼停止运行；

b. 对重钢丝绳采用单根钢丝绳时，也应设置防松（断）绳开关，当施工升降机出现松绳或断绳时，该开关应立即切断电机控制电路，同时制动器制动，使吊笼停止运行。

③ 门安全控制开关

当施工升降机的各类门没有关闭时，施工升降机就不能启动；而当施工升降机在运行中把门打开时，施工升降机吊笼就会自动停止运行。该类电气安全开关主要有：单行门、双行门、顶盖门、围栏门等安全开关。

(2) 电气安全开关的安全技术要求

1) 电气安全开关必须安装牢固，不能松动；

2) 电气安全开关应完好、有效，紧固螺栓应齐全，不能缺少或松动；

3) 电气安全开关的臂杆不能变形，防止安全开关失效；

4) 每班都要检查极限开关的有效性，防止极限开关失效；

5) 严禁用触发上、下限位开关作为吊笼在最高层站和地面站停站的操作。

3.4.3 机械门锁

施工升降机的吊笼门、顶盖门、地面防护围栏门都装有机械电气联锁装置。各个门未关闭或关闭不严，电气安全开关将不能闭合，吊笼不能启动工作；吊笼运行中，一旦门被打开，吊笼的控制电路也将被切断，吊笼停止运行。

（1）围栏门的机械联锁装置

围栏门应装有机械联锁装置，使吊笼只有位于地面规定的位置时围栏门才能开启，且在门开启后吊笼不能启动。目的是为了防止在吊笼离开基础平台后，人员误入基础平台造成事故。

（2）围栏门的机械联锁装置的结构

机械联锁装置的结构，如图3-8所示。由机械锁钩1、压簧2、销轴3和支座4组成。整个装置由支座4安装在围栏门框上。当吊笼停靠在基础平台上时，吊笼上的开门挡板压着机械锁钩的尾部，机械锁钩就离开围栏门，此时围栏门才能打开，而当围栏门打开时，电气安全开关作用，吊笼就不能启动；当吊笼运行离开基础平台时，机械锁在压簧2的作用下，机械锁钩扣住围栏门，围栏门就不能打开；如强行打开围栏门时，吊笼就会立即停止运行。

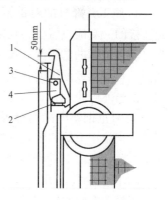

图3-8 机械联锁装置
1—机械锁钩；2—压簧；
3—销轴；4—支座

（3）吊笼门的机械锁装置

吊笼设有进料门和出料门，进料门一般为单门，出料门一般为双门，进出门均设有机械锁止装置，当吊笼位于地面规定的位置和停层位置时，吊笼门才能开启。进出门完全关闭后，吊笼才能启动运行。

3.4.4 其他安全装置

（1）缓冲装置

缓冲装置是安装在施工升降机底架上，用以吸收下降的吊笼或对重的动能，起到缓冲作用。

（2）安全钩

1）安全钩的作用

安全钩是防止吊笼倾翻的挡块。其作用是防止吊笼脱离导轨架或防坠安全器输出端齿轮脱离齿条，如图3-9所示。

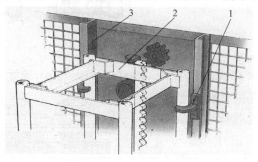

图 3-9　安全钩
1—安全钩；2—导轨架；3—吊笼立柱

2）安全钩的基本构造

安全钩一般由整体浇铸和钢板加工两种。其结构分底板和钩体两部分，底板由螺栓固定在施工升降机吊笼的立柱上。

3）安全钩的安全使用要求

① 安全钩必须成对设置，在吊笼立柱上一般安装上下两组安全钩，安装应牢固；

② 上面一组安全钩的安装位置必须低于最下方的驱动齿轮；

③ 安全钩出现裂纹、变形时，应及时更换。

（3）齿条挡块

为避免施工升降机在运行或吊笼下坠时，防坠安全器的齿轮与齿条啮合分离，施工升降机应采用齿条背轮和齿条挡块。当齿条背轮失效后，齿条挡块就成为最终的防护装置。

（4）错相断相保护器

电路应设有相序和断相保护器。当电路发生错相或断相时，保护器就能通过控制电路及时切断电动机电源，使施工升降机无法启动。

（5）超载保护装置

超载保护装置是用于防止施工升降机超载运行的安全装置，常用的有电子传感器式、弹簧式和拉力环式三种。

1）电子传感器超载保护装置

如图 3-10 所示，为施工升降机常用的电子传感式保护装置，其工作原理：当重量传感器得到吊笼内载荷变化而产生的微弱信号，输入放大器后，经 A/D 转换成数字信号，再将信号送到微处理器进行处理，其结果与所设定的动作点进行比较，如果通过所设定的动作点，则继电器分别工作。当载荷达到额定载荷的 90% 时，警示灯闪烁，报警器发出断续声响；当载荷接近或达到额定载荷的 110% 时，报警器发出连

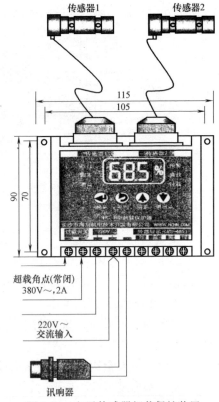

图 3-10　电子传感器超载保护装置

续声响，此时吊笼不能启动。保护装置由于采用了数字显示方式，即可实时显示吊笼内的载荷值变化情况，还能及时发现超载报警点的偏离情况，及时进行调整。

2）弹簧式超载保护装置

弹簧式超载保护装置安装在地面转向滑轮上。如图 3-11 所示为弹簧式超载限制器结构示意图。超载保护装置由钢丝绳 1、地面转向滑轮 2、支架 3、弹簧 4 和行程开关 5 组成。当载荷达到额定载荷的 110% 时，行程开关被压动，断开控制电路，使施工升降机停机，起到超载保护作用。其特点是结构简单、成本低，但可靠性较差，易产生误动作。

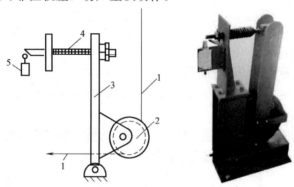

图 3-11　弹簧式超载保护装置
1—钢丝绳；2—转向滑轮；3—支架；4—弹簧；5—行程开关

3）拉力环式超载保护装置

如图 3-12 所示，为拉力环式超载保护装置结构。该超载限制器由弹簧钢片 1、微动开关 2、4 和触发螺钉 3、5 组成。

使用时将两端串入施工升降机吊笼提升钢丝绳中，当受到吊笼载荷重力时，拉力环立即会变形，两块形变钢片立即会向中间挤压，带动装在上边的微动开关和触发螺钉，当受力达到报警限制值时，其中一个开关动作；当拉力环继续增大时，达到调节的超载限制值时，使另一个开关也动作，断开电源，吊笼不能启动。

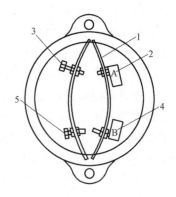

图 3-12 拉力环式超载保护装置示意图

1—弹簧钢片；2、4—微动开关；3、5—触发螺钉

4）超载保护装置的安全使用要求

①超载保护装置的显示器要防止淋雨受潮；

②在安装、拆卸、使用和维护过程中应避免对超载保护装置的冲击、振动；

③使用前应对超载保护装置进行调整，使用中发现设定的限定值出现偏差，应及时进行调整。

3.5 施工升降机的安装及拆卸

3.5.1 施工升降机安装及拆卸的基本条件

（1）施工升降机的技术条件

1）施工升降机生产厂必须持有国家颁发的特种设备制造许可证；

2）施工升降机应当有监督检验证明、出厂合格证和产品设计文件、安装及使用维修说明等文件，并已在产权单位所在地县级以上建设行政主管部门备案登记；

3）应有配件目录及必要的专用随机工具；

4）施工升降机的各种安全装置、仪器仪表必须齐全有效；

5）有下列情形之一的施工升降机，不得出租、安装、使用：

① 属国家明令淘汰或者禁止使用的；

② 超过安全技术标准或者制造厂家规定的使用年限的；

③ 经检验达不到安全技术标准规定的；

④ 没有完整安全技术档案的；

⑤ 没有齐全有效的安全保护装置的。

3.5.2 施工升降机安装及拆卸的基本要求

（1）从事施工升降机装拆作业的单位应当依法取得建设行政主管部门颁发的起重设备安装工程专业承包资质和建筑施工企业安全生产许可证，并在其资质许可范围内承揽建筑起重机械安装拆卸工程。

（2）从事施工升降机安装与拆卸的特种作业人员应经过培训考核合格，取得《建筑施工特种作业人员操作资格证书》。

（3）施工升降机安装单位和使用单位应当签订装拆合同，明确双方的安全生产责任；实行施工总承包的，施工总承包单位应当与安装单位签订建筑起重机械安装工程安全协议书。

（4）施工升降机的安装拆卸必须根据施工现场的环境和条件、施工升降机的安装位置、施工升降机的状况以及辅助起重设备的性能条件，制定安装拆卸方案、进行安全技术交底。

（5）在装拆前装拆人员应分工明确，每个人应熟悉和了解各自的操作工艺和使用的工、器具，装拆过程中应各就各位，各负其责，对主要岗位应在技术交底中明确具体作业人员的工作范围和职责。

（6）装拆作业总负责人应全面负责和指挥装拆作业，作业过程中在现场协调、监督地面与空中装拆人员的作业情况，并严格执行装拆方案。

（7）安装拆卸作业应设置警戒区域，并有专人监护，无关人员不得入内。专职安全生产管理人员应在现场监督整个安装拆卸过程。

（8）装拆（含加节、附着或降节）作业时，最大安装高度处的风速一般不应大于 9.0m/s，当有特殊要求时，按用户和制造厂的协议执行。

（9）遇有雨、雪、大雾等影响安全作业的恶劣气候时，应停止装拆作业。

3.5.3 安装拆卸专项施工方案

（1）方案的编制

1）编制安装拆卸方案的依据

① 施工升降机使用说明书；

② 施工组织设计中的相关要求，安装拆卸现场的实际情况，包括场地、道路、环境等；

③ 国家、行业、地方有关施工升降机的法规、规章及标准规范的要求。

2）安装拆卸方案的内容

① 安装拆卸现场环境条件的详细说明；

② 施工升降机安装拆卸位置平面图、立面图和难点；

③ 对施工升降机基础的外形尺寸、技术要求，以及地基承载能力（地耐力）等要求；

④ 详细的安装及拆卸的程序，包括每一程序的作业要点、安装拆卸方法、安全、质量控制措施；

⑤ 施工升降机主要零部件的重量及吊点位置；

⑥ 所需辅助起重设备、吊索具的规格、数量和性能；

⑦ 安装过程中应自检的项目以及应达到的技术要求；

⑧ 安全技术措施及人员分工；

⑨ 必要的计算资料、图纸；

⑩ 重大危险源及事故应急救援预案。

（2）方案的审批

施工升降机的安装拆卸方案应当由安装单位技术部门组织本单位施工技术、安全、质量等部门的专业技术人员进行审核。经审核合格的，由安装单位技术负责人签字，并报总承包单位技术负责人签字。

不需专家论证的专项方案，安装单位审核合格后报监理单位，由项目总监理工程师审核签字。

需专家论证的专项方案，施工单位应组织召开专家论证会。实行施工总承包的，由施工总承包单位组织召开专家论证会。安装单位应当根据论证报告修改完善专项方案，并经安装单位技术负责人、总承包单位技术负责人、项目总监理工程师、建设单位项目负责人签字后，方可组织实施。

3.5.4 安全技术交底

（1）安装单位技术人员应根据安装拆卸方案向全体作业人员进行技术交底，重点明确每个作业人员所承担的装拆任务和职责以及与其他人员配合的要求，特别强调有关安全注意事项及安全措施，使作业人员了解装拆作业的全过程、进度安排及具体要求，增强安全意识，严格按照安全措施的要求进行工作。交底应包括以下内容：

1）施工升降机的性能参数；

2）装拆程序和方法；

3）各部件的连接形式、连接件尺寸及连接要求；

4）装拆部件的重量、重心和吊点位置；

5）使用的辅助设备、机具、吊索具的性能及操作要求；

6）作业中安全操作措施；

7）其他需要交底的内容。

（2）由安全技术人员向全体作业人员进行技术交底，每一个作业人员应进行书面签字确认。

3.5.5 施工升降机安装前的检查及使用前的验收

（1）对地基基础进行复核。

施工升降机地基、基础必须满足产品使用说明书要求。对施工升降机基础设置在地下室顶板、楼面或其他下部悬空结构上的，应对其支撑结构进行承载力验算，验算合格方能安装。

（2）检查附墙架附着点。

附墙架附着点处的建筑结构强度应满足施工升降机产品使用

说明书的要求，预埋件应可靠地预埋在建筑物结构上。

（3）核查结构件及零部件。

安装前应检查施工升降机的导轨架、吊笼、天轮、附着架、底架、围栏等结构件是否完好、配套，螺栓、轴销、开口销等零部件是否齐全、完好。对有可见裂纹的，严重锈蚀的，严重磨损的，整体或局部变形的构件应进行修复或更换，必须符合产品标准有关规定方可进行安装。

（4）检查安全装置是否齐全、完好。

（5）检查零部件连接部位除锈、润滑情况。

检查导轨架、连接杆、扣件等构件的销轴、销轴孔部位的除锈和润滑情况，相对运动部位润滑充分、运转灵活。

（6）检查安装作业所需的专用电源的配电箱、辅助起重设备、吊索具等，确保满足施工升降机的安装需求。

所有项目检查完毕，验收合格后，方可进行施工升降机的安装。

3.5.6 施工升降机安装完毕后的检测及验收

（1）安装企业对施工升降机进行全面的质量检查验收并填写检验表，各有关方面负责人需要填写意见并签字；

（2）委托专业检测机构进行检测，对于检测发现的问题进行整改，并回复（必要时应进行复检）取得合格证和检测报告；

（3）安装单位应验收的技术数据：垂直度数据，接地电阻，绝缘电阻，钢丝绳直径规格等；

（4）在施工升降机检测后，使用单位应当组织租赁、安装、监理等有关单位进行验收，有总包的应由总包单位组织验收，经验收合格后方可投入使用，未经验收或者验收不合格的不得使用。

3.6 施工升降机的维护保养

3.6.1 维护保养的作用

为了使施工升降机经常处于安全完好状态，避免和消除在运转工作中可能出现的故障，提高施工升降机的使用寿命，必须及时正确地做好维护保养工作。

3.6.2 维护保养的分类

各单位应根据施工升降机使用说明书的要求和施工现场的实际情况制定本企业的保养规程。并认真予以实施。

（1）日常维护保养

日常维护保养，又称为例行保养，是指在设备运行前的保养作业。日常维护保养由设备操作人员进行。

（2）定期维护保养

月度、季度及年度的维护保养，以专业维修人员为主，设备操作人员配合进行。

（3）转场保养

在施工升降机转移到新工程安装使用前，需进行一次全面的维护保养，保证施工升降机状况完好，确保安装、使用安全。以专业维修人员为主。

3.6.3 维护保养的方法

维护保养一般采用"清洁、紧固、调整、润滑、防腐"等方法，通常简称为"十字作业"法。

（1）清洁

所谓清洁，是指对机械各部位的油泥、污垢、尘土等进行清除等工作，目的是为了减少部件的锈蚀、运动零件的磨损、保持良好的散热和为检查提供良好的观察效果等。

（2）紧固

所谓紧固，是指对连接件进行检查紧固等工作。机械运转中产生的震动，容易使连接件松动，如不及时紧固，不仅可能产生漏油、漏电等，有些关键部位的连接松动，轻者导致零件变形，重者会出现零件断裂、分离，甚至导致机械事故。

（3）调整

所谓调整，是指对机械零部件的间隙、行程、角度、压力、松紧、速度等及时进行检查调整，以保证机械的正常运行。尤其是要对制动器、减速机等关键机构进行调整适当，确保其灵活可靠。

（4）润滑

所谓润滑，是指按照规定和要求，选用并定期加注或更换润滑油，以保持机械运动零件间的良好运动，减少零件磨损。

（5）防腐

所谓防腐，是指对机械设备和部件进行防潮、防锈、防酸等处理，防止机械零部件和电气设备被腐蚀损坏。最常见的防腐保养是对机械外表进行补漆或涂上油脂等防腐涂料。

3.6.4　维护保养的安全注意事项

在进行施工升降机的维护保养和维修时，应注意以下事项：

（1）应切断施工升降机的电源，拉下吊笼内的极限开关，防止吊笼被意外启动或发生触电事故；

（2）在维护保养和维修过程中，不得承载无关人员或装载物料，同时悬挂检修停用警示牌，禁止无关人员进入检修区域；

（3）所用的照明行灯必须采用36V以下的安全电压，并检查行灯导线、防护罩，确保照明灯具使用安全；

（4）应设置监护人员，随时注意维修现场的工作状况，防止生产安全事故发生；

（5）检查基础或吊笼底部时，应首先检查制动器是否可靠，同时切断电动机电源。将吊笼用木方支起等措施，防止吊笼或对重突然下降伤害维修人员；

（6）维护保养和维修人员必须佩戴安全帽；高处作业时，应穿防滑鞋、佩戴安全带；

（7）维护保养后的施工升降机，应进行试运转，确认一切正常后方可投入使用。

3.6.5　施工升降机维护保养的内容

（1）日常维护保养的内容和要求

每班开始工作前，应当进行检查和维护保养，包括目测检查和功能测试，有严重情况的应当报告有关人员进行停用、维修，检查和维护保养情况应当及时记入交接班记录。检查一般应包括以下内容：

1）电气系统与安全装置

检查线路电压是否符合额定值及其偏差范围；机件有无漏电；限位装置及机械电气联锁装置是否工作正常、灵敏可靠。

2）制动器

检查制动器性能是否良好、能否可靠制动。

3）标牌

检查机器上所有标牌是否清晰、完整。

4）金属结构

检查施工升降机金属结构的焊接点有无脱焊及开裂；附墙架固定是否牢靠，停层过道是否平整，防护栏杆是否齐全；各部件连接螺栓有无松动。

5）导向滚轮装置

检查侧滚轮、背轮、上下滚轮部件的定位螺钉和紧固螺栓有无松动；滚轮是否能转动灵活，与导轨的间隙是否符合规定值。

6）对重及其悬挂钢丝绳

检查对重运行区内有无障碍物，对重导轨及其防护装置是否正常完好；钢丝绳有无损坏，其连接点是否牢固可靠。

7）地面防护围栏和吊笼

检查围栏门和吊笼门是否启闭自如；吊笼紧急出口门正常；通道区有无其他杂物堆放；吊笼运行区间有无障碍物，笼内是否保持清洁。

8）电缆和电缆引导器

检查电缆是否完好无破损；电缆引导器是否可靠有效。

9）传动、变速机构

检查各传动、变速机构有无异响；蜗轮箱油位是否正常，有无渗漏现象。

10）润滑系统有无泄漏。

（2）月度维护保养的内容和要求

月度维护保养除按日常维护保养的内容和要求进行外，还要按照以下内容和要求进行。

1）导向滚轮装置

检查滚轮轴支撑架紧固螺栓是否可靠紧固。

2）对重及其悬挂钢丝绳

检查对重导向滚轮的紧固情况是否良好；天轮装置工作是否正常可靠；钢丝绳有无严重磨损和断丝。

3）电缆和电缆导向装置

检查电缆支承臂和电缆导向装置之间的相对位置是否正确，导向装置弹簧功能是否正常，电缆有无扭曲、破坏。

4）传动及减速机构

检查机械传动装置安装紧固螺栓有无松动，特别是提升齿轮副的紧固螺钉有否松动；电动机散热片是否清洁，散热功能是否良好；减速器箱内油位有否降低。

5）制动器

检查试验制动器的制动力矩是否符合要求。

6）电气系统及安全装置

检查吊笼门与围栏门的电气机械联锁装置，上、下限位装置，吊笼单行门、双行门联锁等装置性能是否良好；导轨架上的限位挡铁位置是否正确。

7）金属结构

重点查看导轨架标准节之间的连接螺栓是否牢固；附墙架结构是否稳固，螺栓有无松动。表面防护是否良好，有无脱漆和锈蚀，金属结构有无变形。

（3）季度维护保养的内容及要求

季度维护保养除按月度维护保养的内容和要求进行外，还要按照以下内容和要求进行。

1）导向滚轮装置

检查导向滚轮的磨损情况，确认轴承是否良好，是否有严重磨损，调整与导轨之间的间隙。

2）检查齿条及齿轮的磨损情况

检查提升齿轮副的磨损情况，检测其磨损量是否大于规定的最大允许值；用塞尺检查蜗轮减速器的蜗轮磨损情况，检测其磨损量是否大于规定的最大允许值。

3）电气系统及安全装置

在额定负载下进行坠落试验，检测防坠安全器的性能是否可靠。

（4）年度维护保养的内容和要求

年度维护保养应全面检查各零部件，除按季度维护保养的内容和要求进行外，还要按照以下内容和要求进行。

1）传动及减速机构

检查驱动电机和蜗轮减速器、联轴器结合是否良好，传动是否安全可靠。

2）对重及其悬挂钢丝绳

检查悬挂对重的天轮装置是否牢固可靠，天轮轴承磨损程度，必要时应予调换轴承。

3）电气系统及安全装置

复核防坠安全器的出厂日期，对超过标定年限的，应通过具有相应资质检测机构进行重新标定，合格后方可使用。此外，在进入新的施工现场使用前应按规定进行坠落试验。

4 流动式起重机

流动式起重机包括履带起重机、轮胎起重机和汽车式起重机等。流动式起重机的主要特点是具有较好的越野性能，行驶距离不受限制，现场施工灵活方便。减轻了工人的劳动强度，节省人力，降低成本，加快了施工速度，提高施工质量，保证了安全生产，所以在建筑施工现场、港口码头、工矿企业获得广泛的应用。对实现工程的施工机械化起着十分重要的作用。

特别是近几十年由于液压传动技术、控制工程理论及微型计算机在工程设备中的广泛运用，明显提高了流动式起重机的工作性能和安全性能，从而使它在所有起重设备中的使用比重越来越高。

4.1 流动式起重机的分类

流动式起重机可按底盘、回转方式、臂架型式和使用场合分类。

4.1.1 按底盘分类

分为汽车式起重机、轮胎式起重机、履带式起重机、全地面起重机和随车起重机。

（1）汽车式起重机是以通用或专用的汽车底盘为运行装置的流动式起重机；

（2）轮胎式起重机是以装有充气轮胎的特制底盘为运行装置的流动式起重机；

（3）履带式起重机是以履带及其支承驱动装置为运行装置的流动式起重机。

4.1.2 按回转方式分类

分为回转式流动式起重机和非回转式流动式起重机。

4.1.3　按臂架型式分类

分为桁架臂流动式起重机和箱形臂流动式起重机等。

（1）桁架臂式：自重轻，桁架臂起重机起重性能好。但臂架需人工接长，甚为不便，其基本臂不宜过长，以便于行驶转移。

（2）箱形臂式：转移快，机动性好，液压伸缩式箱形臂应用广泛。吊臂在行驶状态时可缩在基本臂内，无妨于高速行驶。利用率高，室内外等处均可工作，使用范围广。

4.1.4　按使用场合分类

分为通用流动式起重机、越野流动式起重机、履带式起重机和专用或特殊用途的流动式起重机（如集装箱用等）。

（1）通用流动式起重机就是用于港口、货场、车站、工厂、建筑工地进行货物装卸和建筑安装的流动式起重机；

（2）越野流动式起重机具有良好的越野性能，可在泥泞或崎岖不平的场地进行作业的流动式起重机；

（3）特殊用途流动式起重机是从事某种专门作业或备有其他设施进行特殊作业的流动式起重机。如专门用于大型设备及构件安装的重型及超重型桁架臂汽车式起重机、集装箱轮胎起重机及抢险救援起重机；

（4）履带式起重机对地压强小，可在沼泽、湿软地带使用。

4.2　流动式起重机的工作机构及组成

流动式起重机主要由起升机构、变幅机构、回转机构和行走机构组成。

4.2.1　起升机构

流动式起重机的起升机构由动力装置、减速装置、卷筒及制动装置等组成（见图 4-1）。该动力装置除用来驱动起升机构外，也用来驱动行走机构、回转机构和变幅机构。这样的驱动形式称为集中驱动，具有结构紧凑但操纵较麻烦的特点。

流动式起重机的动力装置常采用内燃机装置，其发动机多数是柴油机，有的自行式起重机的发动机带动发电机，供电给电动机，再通过减速器带动起升机构。

由于液压技术以及密封技术的进步，液压传动得到了广泛的应用。在液压传动的起升机构中，一般采用液压马达再通过减速器带动起升机构的方案，也有采用低速大扭矩液压马达直接带动起升机构的，但这种方案的缺点是效率低。

流动式起重机起升机构的制动器多布置在低速轴上，其所需的制动力矩虽稍大些，但制动时比较平稳，特别是布置在低速轴上时，可以利用卷筒侧板作为带式制动器的制动轮，使得结构比较紧凑。

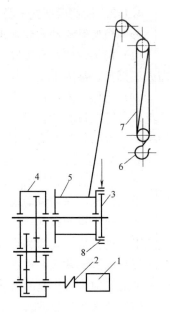

图 4-1　起升机构

1—原动机；2—联轴器；3—制动器；4—减速器；5—卷筒；6—吊钩；7—滑轮组；8—离合器

4.2.2　变幅机构

变幅机构是改变起重机工作半径的机构。

流动式起重机要求在吊装重物时改变起重机的幅度，其所用的变幅机构要求有较大的驱动功率。除此之外，还应装有限速和防止超载的安全装置，其制动装置更应安全可靠。

变幅用的液压油缸按其位置不同而有前倾式、后倾式和后拉式三种。

前倾式变幅液压油缸因其对臂架的作用力臂长，因此采用变幅推力较小的小直径油缸。除此之外，臂架悬臂部分长度相应地短些，对臂架受力状况有好处，但是造成了臂架下方有效空间较小，变幅液压油缸行程较长。后倾式变幅液压油缸的特点恰好与前倾式的相反，并便于总体布置，后倾式变幅液压油缸布置在臂架的后方。这一布置使臂架的摆动铰点位置在前方，故臂架长度可短一些，臂架前方的工作空间相应地较大些。如图 4-2 是一变幅机构油路图。

流动式起重机在各种工作幅度下所允许起吊的重量是不一样的，在小幅度时允许起吊较大的载荷，而在大幅度时允许起吊的载荷大致按反比关系减少。切勿在带载时增加工作幅度，当载荷达到 90% 时，严禁下降起重臂，以避免超重而导致起重机倾覆。

流动式起重机的变幅机构均采用动臂式变幅方案，即依靠臂架的俯仰来改变幅度。臂架的俯仰依靠钢丝绳滑轮组进

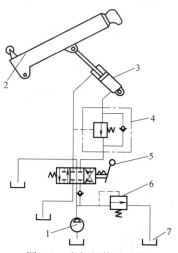

图 4-2　变幅机构油路图
1—油泵；2—起重臂；3—变幅油缸；4—平衡阀；5—操纵阀；6—溢流阀；7—油箱

行或采用变幅油缸，用动臂式变幅方案，当幅度减小时能使起升高度增加，但变幅过程中其速度是不均匀的，所需变幅功率也大。

采用钢丝绳滑轮组使臂架俯仰而变幅的叫作挠性传动的变幅机构。这时，变幅滑轮组的动滑轮轴用拉索与臂架端部相连，而定滑轮轴则固定在起重机的人字架上。其优点是构造简单、安装方便，但臂架容易晃动，特别是容易发生臂架后倾的危险。

采用齿条、蜗杆或液压油缸使臂架俯仰而变幅的叫作刚性传动的变幅机构。目前液压油缸变幅机构用得最多，这是因为液压油缸工作时比较平稳、结构轻、此外比较容易布置。

4.2.3　回转机构

回转机构是流动式起重机中必不可少的机构，它能使整个回转平台在回转支承装置上作 360° 的回转，这种回转运动可以是顺时针方向的，也可以是逆时针方向的。回转机构通常由原动机

通过起减速作用的传动装置带动与回转支承装置上的大齿圈啮合的回转小齿轮来实现回转平台的回转运动。如果回转机构的原动机是电动机或液压马达的话，就可以不需要机械换向装置而依靠电动机或液压马达本身所具有的特性来实现正、反转。此外，还可以通过电气设备或液压元件达到调速的目的。

用电动机作原动机时，其转速较高，因而扭矩较小，需要配上传动比较大的减速装置。若用低速大扭矩液压马达作为原动机时，其转速约为100r/min，因而可以不需要配备减速装置而直接在液压马达的输出轴上装上回转小齿轮。目前电动机仍然是回转机构中用得最多的原动机。回转机构的制动装置应保证突然制动时所产生的制动惯性力不致使起重机有剧烈的震动，因而其制动力矩不宜过大。

起重机的回转部分是由回转支承装置支承。轮胎式起重机一般多采用转盘式回转支承装置。转盘式回转支承装置有支承滚轮式和滚动轴承式两种。在支承滚轮式回转支承装置中，其回转部分的垂直力和力矩由数对滚轮承受，由锥形滚轮承受垂直力，而由下部的反滚轮来承受倾翻力矩。这种构造加工比较简单，但重量较大，其承载能力也比较大。滚动轴承式的回转支承装置的特点是回转时摩擦阻力小，高度低，承载能力大。这样，轮胎式起重机的重心有所降低，使得整台起重机的稳定性能有所改善。

滚动轴承式回转支承装置除滚珠外，还有内滚圈和外滚圈。滚圈可做成整体的，也可以做成上、下两半的。往往在整体的滚圈上加工出大齿圈，有时候把齿圈做在里面，即采用内啮合的形式。此时齿圈的加工不甚方便，但其尺寸紧凑，外形也比较美观。

4.2.4　行走机构

流动式起重机通常是由发动机经行走机构将所产生的动力传递给驱动车轮的。轮胎式起重机一般采用后轮驱动。履带起重机是以履带及其支承驱动装置为运行部分的。

流动式起重机上实际上只有一台发动机，其起升、变幅、回转、行走等动作都是由这一台发动机经过不同的传动路线将其所产生的功率传递到各个部位的。司机操纵相应的离合器，便可获得所需的动作。

4.3 流动式起重机的性能参数

起重机的参数是表明起重机工作情况的重要指标，有以下几个主要性能参数：

4.3.1 起重量

起重机的名义吨位级（即铭牌上标定的总起重量），表示最大额定起重量。它是指基本臂处于最小幅度，支腿全部伸出时所能起吊重物的额定重量。工作时的最大起重量，应根据高度、半径，按起重特性曲线表来确定。

4.3.2 工作幅度

起重机在额定起重量下，回转中心至吊钩中心的水平距离称为幅度或回转半径。它是衡量起重机能力的一个重要参数。

4.3.3 起重力矩

起重机的工作半径与相对应的起重量的乘积称为起重力矩，以"M"表示，习惯上将单位取 t·m，它是综合起重量与回转半径两个因素的参数，能比较全面和确切地反映起重机的起重能力。

4.3.4 起升高度

起重机的起升高度是指吊钩至地面的垂直距离，以"H"表示，单位为 m。在标定起重机性能参数时，常以额定起升高度表示，额定起升高度是起吊额定荷载吊钩上升到最高极限位置时，自吊钩至支承地面的距离。当臂杆长度一定时，起升高度随着回转半径的减小而增加。

4.3.5 起重机的起重量、起升高度与回转半径的关系

起重机的稳定性在很大程度上与回转半径的变化有关。回转半径的大小，决定了起重机起重量的大小。回转半径的增加、臂

杆的仰角变小、起重量相应减小。而臂杆的长度也影响着回转半径，臂杆伸长回转半径将增加，起重量则相应减小，因此臂杆的长度和回转半径、起重量、起升高度，存在着互相制约的关系。

当臂杆长度不变时，臂杆仰角加大则起重量和起升高度也加大，回转半径减小，即回转半径与起重量和起升高度是反比关系。

当臂杆仰角不变时，随着臂杆的加长，回转半径和起升高度增加，但起重量减小，即臂杆长度与起重量是反比关系，与起升高度和回转半径是正比关系。

因此，制定吊装方案选择起重机，不能只看起重机的最大起重量，要将起重机的起重量、回转半径、起升高度三个参数综合的考虑，不片面强调某一因素，必须根据施工现场的地形条件和结构情况及构件安装高度、位置以及构件的长度、绑扎点等，计算出起重机所需回转半径和臂杆长度，再根据需要的回转半径和臂杆长度来选择适当的起重机。

4.4 汽车式起重机

4.4.1 汽车式起重机和轮胎起重机的区别

（1）汽车式起重机：既可使用通用汽车底盘（行驶速度是原汽车速度），也可使用专用汽车底盘。在回转平台上设一个操作室，共两个操作室；轴距长，重心低，转弯半径大，经常做较长距离转移。

（2）轮胎式起重机一般使用专用底盘（根据要求设计），行驶速度小于30km/h，发动机设在回转平台上或在底盘上。只有一个设在回转平台上的操作室，轴距短，重心高，转弯半径小，不做长距离转移，工作地点比较固定。

4.4.2 汽车式起重机的组成

（1）汽车式起重机由发动机、吊臂、伸缩油缸及机构、上车回转机构、起升机构、上车司机室、回转支承部分、钢丝绳、滑轮组及吊钩、下车行走底盘及下操作室、支腿及水平伸缩油缸、配重等组成。

（2）发动机

目前汽车式起重机一般设置一台发动机，有些设置两台发动机。发动机的功率是根据行驶功率和起重功率作比较后，取最大值。

（3）箱形吊臂

箱形吊臂结构的汽车式起重机是最常用、最受使用者欢迎的起重机。

伸缩形式的不同和吊臂自重会直接影响起重性能和吊机稳定性，所以伸缩形式是根据设计要求来制定的。

（4）支腿形式

支腿有以下几种形式：

1）蛙式支腿；

2）H式支腿；

3）X式支腿；

4）辐射式支腿。

4.4.3 汽车式起重机的稳定性

汽车式起重机稳定性的好坏，与其架设水平度、幅度（回转半径）变化、支腿的使用、起吊方向及操作等诸多因素有关，如不注意就会发生倾翻事故。

汽车式起重机的四个支腿是保证其稳定性的关键因素，作业时要利用水平指示仪将支承回转面调平，如在地面松软不平的场地作业时，一定要在支腿垫盘下面铺垫木板或铁板，也可以在支腿垫盘下铺垫定型规格的铁板（路基箱），将支腿位置调整好。为了防止液压系统出现故障，发生事故，应在调平的支腿下垫上保险枕木，以确保安全作业。

汽车式起重机的稳定性，随起吊方向的变化而不同，起重能力也随之不同：稳定性较好的方向能起吊额定荷载；当转到稳定差的方向上就会出现超载，有倾翻的可能。有的汽车式起重机的对各个不同起吊方向的起重量，有了特殊的规定。但在一般的情况下多数的汽车起重机，在车前作业区是不允许吊装作业的，因此在使用汽车式起重机时，要认真按照产品说明书的规定操作。

由于汽车式起重机的臂杆多为矩形的箱形结构，它受力后侧向的稳定性较差，所以在操作中要严禁侧拉，防止臂杆侧向受力，因此在吊装柱子时，不宜采用滑行法起吊，因柱脚的滑行阻力将使臂杆侧向受力产生变形，是不安全的。为了保证汽车式起重机的安全作业，通常在起吊较重的柱子时，柱根部辅加一部起重机进行递送，以减少柱子起吊时柱脚与地面的阻力。

汽车式起重机在用较长臂杆起吊构件时，臂杆要发生一定程度的向前自然挠度，在确定负荷状态下的工作半径时，要考虑臂杆的纵向挠度，以防超载。回转不要过快，因吊重物回转时将会产生离心力，荷载将有向外飞出的趋势，使幅度增大，起重能力下降，稳定性低，倾覆的危险也就大。

汽车式起重机作业时，通常自由下降只用于起重钩空钩下落，起吊重物达到额定起重量的 50% 及以上时，应使用低速挡。因快速下降时负荷在重力加速度的作用下，冲击力加大，对支腿及大梁有很大的冲击。如果中途突然停止，汽车式起重机在重力加速度的作用下失去稳定，会造成臂杆折断。所以要严格控制自由下降，因此吊重落钩时用动力下降可以保证汽车式起重机的安全作业。

4.4.4 现场验收检查及场地要求

汽车式起重机或轮胎起重机进入施工现场后必须进行检查验收，验收合格后才能投入使用。

检查内容包括：

（1）钢结构件外观无变形、无可见裂纹，电焊无裂纹和漏焊，各连接件连接螺栓及销轴齐全，固定可靠；

（2）使用时支腿伸缩自如，支腿与其垫盘连接可靠，使用时、收回后固定可靠；

（3）钢丝绳外观无松散、扭曲、断丝超标等，端部固定符合要求；

（4）起升、变幅等机构制动可靠，制动器零件无变形、裂纹等缺陷；

（5）各安全保护装置和指示仪表齐全完好，多芯电线和接插件接触可靠，起升高度限位和幅度限位必须进行实测检查，动作可靠后才能投入使用；

（6）工作场地应保持平坦坚实。汽车式起重机应与沟渠、基坑保持安全距离。作业中发现汽车式起重机倾斜、支腿不稳等异常现象时，应在保证作业人员安全的情况下，将重物降至安全的位置。待异常现象、原因查明后才能恢复作业。

4.5 履带式起重机

4.5.1 概况

履带式起重机又可分为机械传动式、液压传动式和电动式。

机械传动式和液压传动式的主要区别在于传动装置不同，机械传动采用啮合传动和摩擦传动装置来传递动力，这些装置由齿轮、链条、链轮、钢索滑轮组等零件组成；液压传动式则采用液压传动来传递动力，它由油泵、液压马达、油缸、控制阀及油管等液压元件组成。

由于传动装置不同，控制装置也不同，机械传动式采用各种摩擦式或啮合式离合器和制动器来控制各个机构的启动、制动、逆转和调速等运动；液压传动式则采用液压分配器及各种控制阀来控制各机构的运动。

液压传动式的履带式起重机和汽车式起重机除行走部位不同，其他都相似。下面重点讲机械传动式。

履带式机械传动的起重机的动力是柴油机。是在行走的履带底盘上装有起重装置的起重机，更换工作装置后，还可以作正铲、拉铲、抓斗、打桩等多项作业。

4.5.2 主要结构

履带式机械传动的起重机主要由主臂和副臂金属结构、发动机、回转机构、变幅机构、行走机构、行走架和履带装置、起升机构、钢丝绳、滑轮、吊钩、配重、操作系统、安全装置等组成。

4.5.3 优点及缺点

（1）优点

1）履带式起重机结构紧凑，外形尺寸相对比较小，机动性好，可满足工程起重机流动性的要求，比较适合建筑施工的需要；

2）由于履带接地面积大，所以能在松软路面上行走；

3）对地面附着力大，爬坡能力强，转弯半径小，甚至可以原地转弯；

4）履带式起重机可带载行走。

（2）缺点

起重臂常采用桁架的形式。要改变臂长时，是通过加减中间节来实现（加长臂架时过程繁杂）。

4.5.4 履带式起重机的工作原理

（1）动力

机械式传动的动力又分为二种：一是内燃机；二是电动。

其区别是：

1）内燃机-机械驱动：主要是通过机械传动装置将内燃发动机的动力传递到各工作机构上；

2）电动-机械驱动：指外接电源使电动机转动，再经机械传动装置将动力传递到各工作机构的一种驱动方式；

3）目前履带式起重机通常采用复合驱动方式（含液压）。

（2）两种复合驱动方式

1）内燃机-电力驱动

内燃机-电力驱动通常是由柴油机驱动发电机发电，把内燃机的机械能转化为电能传送到工作机构的电动机上，再变为机械能带动工作机构运转。

2）内燃机-液压驱动

内燃机-液压驱动在现代工程起重机中得到越来越广泛的应用，主要原因是柴油发动机将机械能转化为液压能，实现液压传动；二是由于液压技术发展很快，使起重机液压传动技术日趋完善。

（3）W1001主要构造及工作原理（内燃机-机械驱动）

1）主要构造：发动机、离合器、卷扬机构、逆转机构、回转机构、行走机构、变幅机构以及臂架等金属结构组成；

2）工作原理：内燃发动机通过主离合器到减速箱，减速箱直接传递到起升机构和逆转机构，由逆转机构分别传递到变幅机构、回转机构和行走机构；

（4）QUY50主要结构和工作原理（内燃机-液压驱动）

1）主要构造：发动机、离合器、泵、油马达、减速器、连轴器、制动器和各传动结构等组成。

2）工作原理：内燃发动机驱动液压泵，压力油通过控制阀经油管分别传递到各工作机构的液压马达，液压马达直接到减速箱到主副卷筒或到回转机构和行走机构等。

3）一般履带式起重机设有两个卷筒机构：一个主吊钩使用，一个副吊钩使用。这样的履带式起重机除主臂架还有副臂架，安装副臂架后增加作业高度和作业范围。

部分大型履带式起重机行走底架是可伸缩的，可以调整履带式起重机的宽度，提供吊装作业的稳定性。

4）内燃机-液压驱动的主要特点：

① 减少了齿轮、轴等机械传动件，增加重量轻、体积小的液压元件和油管，使起重机自重大大减轻，结构更紧凑；

②实现无级调速，而且容易变换运动方向；

③ 传动平稳，通过液压阀平稳而渐进地操纵，可获得平稳的工作特性；

④ 操作简单、省力。

4.5.5 履带式起重机的行走装置

（1）履带式行走装置的组成

如图4-3所示，履带式行走装置由"四轮一带"（即驱动轮2、导向轮7、支重轮3、托轮6、履带1）、张紧装置4、缓冲弹簧5、行走机构11、行走架（包括底架10、横梁9和履带架8）等组成。

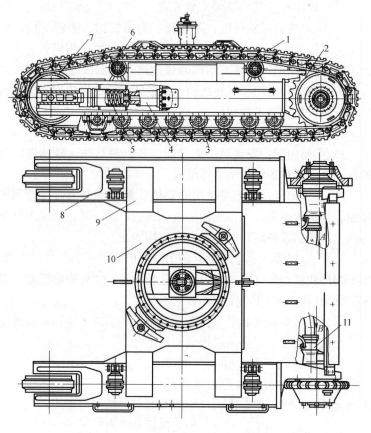

图4-3　履带式行走装置的组成

1—履带；2—驱动轮；3—支重轮；4—张紧装置；5—缓冲弹簧；
6—托轮；7—导向轮；8—履带架；9—横梁；10—底架；11—行走机构

履带有整体式和组合式两种。

1）整体式履带是履带板上带啮合齿，直接与驱动轮啮合，履带板本身成为支重轮等轮子的滚动轨道。整体式履带制造方便，连接履带板的销子容易装拆，但磨损较快，标准化、系统化、通用化性能差。

2）组合式履带（广泛采用）。如图4-4所示，它由履带板1、链轨节8和9、履带销轴3和销套4等组成。左、右链轨节与销套紧配合连接，履带销轴插入销套有一定间隙，以便转动灵活，其两端与另两个链轨节孔紧配合。锁紧履带销6与链轨节孔为动配合，便于整个履带的拆装。组合式履带的节距小，绕转性好。

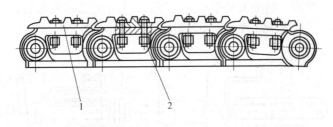

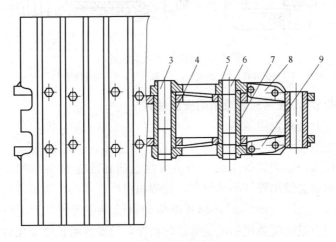

图4-4　组合式履带

1—履带板；2—螺栓、螺母；3—销轴；4—销套；5—销垫；

6—锁紧销轴；7—锁紧销套；8、9—链轨节

（2）履带式行走装置的特点

1）驱动力大（通常每条履带的驱动力，可达机重的 35%～45%）；

2）接地比压小（40～50kPa），因而越野性能及稳定性好；

3）爬坡能力大（一般为 50%～80%，最大的可达 100%）；

4）转弯半径小，灵活性好；

5）制造成本高，运行速度低，运行和转向时功率消耗大，零件磨损快，长距离运行时需借助其他运输车辆。

（3）履带张紧装置

履带张紧装置以调整履带的张紧度，减少履带的振动、噪声、摩擦、磨损及功率损失。目前大都采用液压张紧装置（见图 4-5）。其液压缸置于缓冲弹簧内部，减小了外形尺寸。

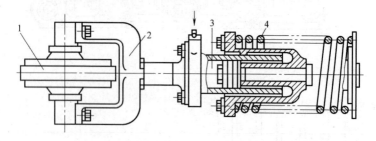

图 4-5　履带液压张紧装置
1—引导轮；2—连接叉；3—液压缸；4—缓冲弹簧

4.5.6　履带式起重机的安全装置

（1）起重量限制器

重量显示器主要由三滑轮装置、传感器、多芯插头及多芯线、仪表显示装置等组成。当吊重物已达到性能的 90% 时，重量限制器会发出警灯和警告声，提醒司机操作小心。当吊重物达到超载 100%～110% 时，起升机构会自动停止运转。为了得到正确的重量幅度数值和灵敏可靠的动作，每次臂架长度变化后应立即调试重量、幅度和力矩等仪表指示装置和报警指示装置。

（2）其他安全装置

其他安全装置有：幅度显示器、角度表、变幅限位、防臂架后倾装置（臂架变幅保险）、力矩限制器、超高限位、吊钩保险等安全装置、风速仪（>50m）、水平仪等。

4.6 流动式起重机的安全使用要求

4.6.1 起重吊装机械

（1）操作人员在作业前必须对工作现场环境、行驶道路、架空电线、构筑物以及构件重量和分布情况进行全面了解。

（2）现场施工负责人应为起重机作业提供足够的工作场地，清除或避开起重臂起落及回转半径内的障碍物。

（3）起重机不得靠近架空输电线路作业。起重机的任何部位与架空线路边线的最小安全距离应符合《施工现场临时用电安全技术规范》JGJ 46—2005 的规定。

（4）各类起重机应装有音响清晰的喇叭或电铃等信号装置。在起重臂、吊钩、平衡重等转动体上应标以鲜明的色彩标志。

（5）起重吊装的指挥人员必须持证上岗，作业时应与操作人员密切配合，执行规定的指挥信号。操作人员应按照指挥人员的信号进行作业，当信号不清或错误时，操作人员可拒绝执行。

（6）司机室远离作业层的起重机，在正常指挥发生困难时，作业层的指挥人员均应采用对讲机等有效的通信联络进行指挥。

（7）在露天有 12.0m/s 及以上大风或大雨、大雪、大雾等恶劣天气时，应停止起重吊装作业。雨雪过后作业前，应先试吊，确认制动器灵敏可靠后方可进行作业。

（8）起重机的变幅指示器、力矩限制器、起重量限制器以及各种行程限位开关等安全保护装置，应完好齐全、灵敏可靠，不得随意调整或拆除。严禁利用限制器和限位装置代替操纵机构。

（9）操作人员进行起重机回转、变幅、行走和吊钩升降等动作前，应发出音响信号示意。

（10）起重机作业时，起重臂和重物下方严禁有人停留、工作或通过。重物吊运时，严禁从人上方通过。严禁用起重机载运人员。

（11）操作人员应按规定的起重性能作业，不得超载。

（12）严禁使用起重机进行斜拉、斜吊和起吊地下埋设或凝固在地面上的重物以及其他不明重量的物体。现场浇注的混凝土构件或模板，必须全部松动后方可起吊。

（13）起吊重物应绑扎平稳、牢固，不得在重物上再堆放或悬挂零星物件。易散落物件应使用吊笼栅栏固定后方可起吊。标有绑扎位置的物件，应按标记绑扎后起吊。吊索与物件的夹角宜采用 45°～60°，且不得小于 30°，吊索与物件棱角之间应加垫块。

（14）起吊载荷达到起重机额定起重量的 90% 及以上时，应先将重物吊离地面 200～500mm 后，检查起重机的稳定性，制动器的可靠性，重物的平稳性，绑扎的牢固性，确认无误后方可继续起吊。对易晃动的重物应拴好拉绳。

（15）重物起升和下降速度应平稳、均匀，不得突然制动。左右回转应平稳，当回转未停稳前不得作反向动作。非重力下降式起重机，不得带载自由下降。

（16）严禁起吊重物长时间悬挂在空中，作业中遇突发故障，应采取措施将重物降落到安全地方，并关闭发动机或切断电源后进行检修。在突然停电时，应立即把所有控制器按到零位，断开电源总开关，并采取措施使重物降到地面。

4.6.2 履带式起重机

（1）起重机应在平坦坚实的地面上作业、行走和停放。在正常作业时，坡度不得大于 3°，并应与沟渠、基坑保持安全距离。

（2）起重机启动前重点检查项目应符合下列要求：

1）各安全防护装置及各指示仪表齐全完好；

2）钢丝绳及连接部位符合规定；

3）燃油、润滑油、液压油、冷却水等添加充足；

4）各连接件无松动。

（3）内燃机启动后，应检查各仪表指示值，待运转正常再接合主离合器，进行空载运转，顺序检查各工作机构及其制动器，确认正常后，方可作业。

（4）作业时，起重臂的最大仰角不得超过出厂规定。当无资料可查时，不得超过78°。

（5）起重机变幅应缓慢平稳，严禁在起重臂未停稳前变换挡位；起重机载荷达到额定起重量的90％及以上时，严禁下降起重臂。

（6）在起吊载荷达到额定起重量的90％及以上时，升降动作应慢速进行，并严禁同时进行两种及以上动作。

（7）起吊重物时应先稍离地面试吊，当确认重物已挂牢，起重机的稳定性和制动器的可靠性均良好，再继续起吊。

（8）采用双机抬吊作业时，应选用起重性能相似的起重机进行。抬吊时应统一指挥，动作应配合协调，载荷应分配合理。起吊重量不得超过两台起重机在该工况下允许起重量总和的75％，单机的起吊载荷不得超过允许载荷的80％。在吊装过程中，两台起重机的吊钩滑轮组应保持垂直状态。

（9）当起重机如需负载行走时，载荷不得超过允许起重量的70％，行走道路应坚实平整，重物应在起重机正前方向，重物离地面不得大于500mm，并应拴好拉绳，缓慢行驶。严禁长距离带载行驶。

（10）起重机行走时，转弯不应过急，当转弯半径过小时，应分次转弯；当路面凹凸不平时，不得转弯。

（11）起重机上下坡道时应无载行走，上坡时应将起重臂仰角适当放小，下坡时应将起重臂仰角适当放大。严禁下坡空挡滑行。

（12）作业后，起重臂应转至顺风方向，并降至40°～60°之间，吊钩应提升到接近顶端的位置，应关停内燃机，将各操纵杆放在空挡位置，各制动器加保险固定，操纵室和机棚应关门加锁。

（13）起重机通过桥梁、水坝、排水沟等构筑物时，必须先查明允许载荷后再通过。必要时应对构筑物采取加固措施。通过铁路、地下水管、电缆等设施时，应铺设垫板保护，并不得在上面转弯。

4.6.3 汽车式起重机和轮胎式起重机

(1) 起重机行驶和工作的场地应保持平坦坚实，并应与沟渠、基坑保持安全距离。

(2) 作业前，应全部伸出支腿，并在撑脚板下垫方木，调整机体使回转支承面的倾斜度在无载荷时不大于 1/1000（水准泡居中）。支腿有定位销的必须插上。

(3) 作业中严禁扳动支腿操纵阀。调整支腿必须在无载荷时进行，并将起重臂转至正前或正后方可再行调整。

(4) 应根据所吊重物的重量和提升高度，调整起重臂长度和仰角，并应估计吊索和重物本身的高度，留出适当空间。

(5) 起重机在伸臂时应下降吊钩。当限制器发出警报时，应立即停止伸臂。起重臂缩回时，仰角不宜太小。

(6) 起重臂伸出后，或主副臂全部伸出后，变幅时不得小于各长度所规定的仰角。

(7) 汽车式起重机起吊作业时，汽车驾驶室内不得有人，重物不得超越驾驶室上方，且不得在车的前方起吊。

(8) 起吊重物达到额定起重量的 50% 及以上时，应使用低速挡。

(9) 作业中发现起重机倾斜、支腿不稳等异常现象时，应立即使重物下降落在安全的地方，下降中严禁制动。

(10) 重物在空中需较长时间停留时，应将起升卷筒制动锁住，操作人员不得离开司机室。

(11) 起吊重物达到额定起重量的 90% 以上时，严禁同时进行两种及以上的操作动作。

(12) 起重机带载回转时，操作应平稳，避免快速回转或急停，换向应在停稳后进行。

(13) 当轮胎式起重机带载行走时，道路必须平坦坚实，载荷必须符合出厂规定，重物离地面不得超过 500mm，并应拴好拉绳，缓慢行驶。

（14）作业后，应将起重臂全部缩回放在支架上，再收回支腿。吊钩应用专用钢丝绳挂牢。

（15）行驶前，应检查各支腿的收存无松动，轮胎气压应符合规定。行驶时水温应在 80~90℃范围内，水温未达到 80℃时，不得高速行驶。

（16）行驶时应保持中速，不得紧急制动，过铁道口或起伏路面时应减速，下坡时严禁空挡滑行，倒车时应有人监护。

（17）行驶时，严禁人员在底盘走台上站立或蹲坐，并不得堆放物件。

5 桅杆起重机

5.1 桅杆起重机的结构

桅杆起重机由桅杆、动臂、支撑装置和起升、变幅、回转机构组成。桅杆起重机按支撑方式分斜撑式桅杆起重机和纤缆式桅杆起重机。斜撑式桅杆起重机用两根刚性斜撑支持桅杆，动臂比桅杆长，只能在 270°以内回转，其特点是起重机占地面积小。纤缆式桅杆起重机用多根缆绳稳定桅杆，并在桅杆底部安装转盘，动臂比桅杆短，能作 360°回转，该类桅杆式起重机是施工现场常用的类型。

桅杆起重机是一种常用的起重机械。它配合卷扬机、滑轮组和绳索等进行起吊作业。这种起重机械由于结构比较简单，安装和拆除方便，对安装地点要求不高、适应性强等特点，在设备和大型构件吊装中被广泛使用。

桅杆起重机为立柱式，用绳索（缆风绳）绷紧立于地面。绷紧一端固定在起重桅杆的顶部，另一端固定在地面锚桩上。拉索一般不少于 3 根，通常用 4～6 根。每根拉索初拉力约为 10～20kN，拉索与地面成 30°～45°夹角，各拉索在水平投影面夹角不得大于 120°。

起重桅杆可直立地面，也可倾斜于地面（与地面夹角一般不小于 80°）。起重桅杆底部垫以枕木垛。起重桅杆上部装有起吊用的滑轮组，用来起吊重物。绳索从滑轮组引出，通过桅杆下部导向滑轮引至卷扬机。

5.2 桅杆的分类

起重桅杆按其材质不同，可分为木桅杆和金属桅杆。木桅杆起重高度一般在 15m 以内，起重量在 20t 以下。木桅杆又可分为独脚、人字和三脚式三种。金属桅杆可分为钢管式和格构式。钢管式桅杆起重高度在 25m 以内，起重量在 20t 以下。格构式桅杆起重高度可达 70m，起重量高达 100t 以上。按形式可分为：人字桅杆、牵引式桅杆、龙门桅杆。

5.3 桅杆的安全使用要求

各种桅杆的设计、组装、使用应符合下列安全要求：

（1）新桅杆组装时，中心线偏差不大于总支承长度的 1/1000；

（2）多次使用过的桅杆，在重新组装时，每 5m 长度内中心线偏差和局部塑性变形不应大于 20mm；

（3）在桅杆全长内，中心偏差不应大于总支承长度 1/200；

（4）组装桅杆的连接螺栓，必须紧固可靠；

（5）各种桅杆的基础都必须平整坚实，不得积水。

5.4 地 锚

5.4.1 地锚的分类

地锚是桅杆起重机的重要组成部分，地锚制作的质量直接影响桅杆起重机的使用安全。地锚可分为锚桩、锚点、锚链和拖拉坑。起重作业中常用地锚来固定拖拉绳、缆风绳、卷扬机、导向滑轮等。地锚一般用钢丝绳、钢管、钢筋混凝土预制件、圆木等作埋件埋入地下做成。

地锚常用的形式有桩式地锚、平衡重法和坑式地锚。

5.4.2 地锚制作的要求

（1）起重吊装使用的地锚，应严格按设计要求进行制作，并做好隐蔽工程验收，使用时不得超载。

（2）地锚坑宜挖成直角梯形状，坡度与垂线的夹角以15°为宜。地锚深度根据设计要求和现场情况决定。

（3）拖拉绳与水平面的夹角一般以30°以下为宜，地锚基坑出线点（即钢丝绳穿过土层后露出地面处）前方坑深2.5倍范围及基坑两侧2m以内，不得有地沟、电缆、地下管道等构筑物以及临时挖沟等。

（4）地锚周围不得积水。

（5）地锚不允许沿埋件顺向设置。

5.5 桅杆起重机的安装及拆卸

5.5.1 安装前准备工作

安装前应组织有关人员认真研究，熟悉图纸，依据《起重设备安装工程施工及验收规范》GB 50278—2010等标准编制专项吊装方案。参加安装、架设的人员必须取得相应岗位上岗资格证。

（1）依据吊装方案选择起重杆、绳索、锚桩和卷扬机等安装设备。然后将它们布置在预定的位置上。布置地锚的位置用石灰粉标出，再进行挖掘和埋设。

（2）基础设置。在桅杆起重机安装位置上铺设30cm厚的块石，在块石上铺设10cm的小石子，形成起重机的基础。然后，在基础上搭设搁置底盘的枕木架，枕木截面积必须满足图纸及安装使用说明书的规定。枕木架的面积应根据立柱和地面的最大垂直压力及地面的承压能力进行计算后确定。枕木、基础一定要结实。如果起重机需要移动，还要考虑安放千斤顶的位置。

（3）起重机安装前要对整机的结构件、机件做全面认真检查，包括对转动部分的磨损情况、结构情况及钢丝绳是否符合要求，电气装置是否符合安全规范等的检查。

（4）工具及起吊设备的准备。根据所安装桅杆起重机的实际情况配备合适的起重设备及安装所需的各种工具。各工种施工人员必须带齐相应的作业工具，并要求各自集中在工具包中存放。

5.5.2 桅杆安装

（1）底盘安装

选择合适起重量的汽车式起重机作为桅杆起重机的起吊设备。在安装现场，用汽车式起重机将桅杆起重机的底盘吊在安装位置进行组装。

（2）安装起重机桅杆

1）安装时，吊索牢固的系在桅杆指定的吊点上，在桅杆上部规定的位置拴结好缆风绳。提升桅杆离开地面旋转到安装位置并安装在底盘上。吊点选择在立柱侧面，提升时将桅杆预先稍向后和两外侧倾斜，同时缆风绳一定要拉紧；

2）桅杆安好后应对称地先在桅杆顶上拉好四根永久缆风绳，待桅杆头部基本稳定才能将所有永久缆风绳系挂到桅杆的顶部；

3）固定缆风绳，缆风绳应与地面成 30°角，最大不超过 45°；

4）永久缆风绳系挂完后，将起重臂变幅滑车组钢丝绳穿好，并用卷扬机拉紧变幅滑车组，使桅杆向起重臂方向略倾斜。再将桅杆上的永久缆风绳以变幅滑车组的中心线为对称中心线，两边对称地拉紧，防止造成桅杆过大的倾斜。

（3）安装臂架

1）臂架组装。利用汽车式起重机将臂架最下一节吊放并支承在支架上方，使臂架下铰点与底盘上的铰链支座妥善的用销轴连接。再逐节向上按序在支架上组装。穿绕好主吊钩、副吊钩、小吊钩起升滑轮组、摇臂绳滑轮组、变幅滑轮组的钢丝绳。

2）扳立起重臂。臂架组装及钢丝绳缠绕后，进行一次严格检查，包括机件坚固、钢丝绳缠绕顺序、润滑及安全措施。对桅杆起重机控制和动力系统供电，调整好各卷扬机制动器，一次将臂架扳立竖起。永久缆风绳系挂后，待臂架变幅滑轮组钢丝绳穿绕并用卷扬机拉紧变幅滑轮组，桅杆稍倾向臂架侧，以变幅滑轮组的中心为对称中心线，对称地收紧臂架垂直平面的永久缆风绳，保证桅杆有两个互相垂直的平面内的垂直度。

臂架扳立时因起重臂架对底盘产生水平向后的推力为最大，因此必须将底盘前面固定底盘的滑车组穿好拉紧。

（4）起重杆的中心线应与被吊物体就位的基础中心线在一条直线上，以保证重物就位时的中心线能和基础中心线重合。用两组桅杆起吊重物时，两起重杆的中心与基础中心的距离应相等，并尽可能小，以保证起重杆受力情况良好。起吊前，设备的中心线应尽可能与两根起重杆中心线相垂直，以保证起吊时两杆受力均衡。

（5）锚桩的埋设。锚桩的尺寸和插入土中的深度，应根据拉索中的最大拉力来选择。水平地锚和锚坑的尺寸，应根据计算来决定，然后按尺寸在指定的地点挖坑，并埋好、夯实。最后，应对地锚进行拔出力的试验，可架设一个人字木起重架，并悬挂一个链式起重机，用人工拉动的方法进行试验。

（6）卷扬机的固定，一般采用钢丝绳绑结在预先埋好的锚桩上，或用平衡重物和木桩来固定，有时也可利用建筑物来固定。

5.5.3 桅杆起重机的拆卸

（1）施工前严格检查桅杆起重机各部位状况，了解现场布局；

（2）拆除过程与安装过程相反；

（3）安全方面的要求遵从安装安全要求。

5.6 桅杆式起重机的卷扬机使用时的安全要点

（1）桅杆式起重机的卷扬机应符合下列要求：

1）安装时，基座应平稳牢固、周围排水畅通、地锚设置可靠，搭设工作棚的位置应能看清指挥人员和拖动或起吊的物件；

2）作业前，应检查卷扬机与地面的固定，弹性联轴器不得松旷。并应检查安全装置、防护设施、电气线路、接零或接地线、制动装置和钢丝绳等，全部合格后方可使用；

3）使用皮带或开式齿轮传动的部分，均应设防护罩，导向滑轮不得用开口拉板式滑轮；

4）以动力正反转的卷扬机，卷筒旋转方向应与操纵开关上指示的方向一致；

5）从卷筒中心线到第一个导向滑轮的距离，带槽卷筒应大于卷筒宽度的 15 倍；无槽卷筒应大于卷筒宽度的 20 倍。当钢丝绳在卷筒中间位置时，滑轮的位置应与卷筒轴线垂直，其垂直度允许偏差为 6°；

6）钢丝绳应与卷筒及吊笼连接牢固，不得与机架或地面摩擦，通过道路时，应设过路保护装置；

7）在卷扬机制动操作杆的行程范围内，不得有障碍物或阻卡现象；

8）卷筒上的钢丝绳应排列整齐，当重叠或斜绕时，应停机重新排列，严禁在转动中用手拉脚踩钢丝绳；

9）作业中，任何人不得跨越正在作业的卷扬钢丝绳。物件提升后，操作人员不得离开卷扬机，物件或吊笼下面严禁人员停留或通过。休息时应将物件或吊笼降至地面；

10）作业中如发现异响、制动不灵、制动带或轴承等温度剧烈上升等异常情况时，应立即停机检查，排除故障后方可使用；

11）作业中停电时，应切断电源，将提升物件或吊笼降至地面；

12）作业完毕，应将提升吊笼或物件降至地面，并应切断电源，锁好开关箱。

（2）起重机的安装和拆卸应划出警戒区，清除周围的障碍物，在专人统一指挥下，按照出厂说明书或制定的拆装技术方案进行。

（3）安装起重机的地基应平整夯实，底座与地面之间应垫两层枕木，并应采用木块楔紧缝隙，使起重机所承受的全部力量能均匀地传给地面，以防在吊装中发生沉陷和偏斜。

（4）缆风绳的规格、数量及地锚的拉力、埋设深度等，按照起重机性能经过计算确定。桅杆式起重机缆风绳与地面的夹角关系到起重机的稳定性能，夹角小，缆风绳受力小，起重机稳定性好，但要增加缆风绳长度和占地面积。因此，缆风绳与地面的夹角应在30°～45°之间，缆绳与桅杆和地锚的连接应牢固。

（5）缆风绳的架设应避开架空电线。在靠近电线的附近，应装有绝缘材料制作的护线架。

（6）提升重物时，吊钩钢丝绳应垂直，操作应平稳，当重物吊起刚离开支承面时，应检查并确认各部无异常时，方可继续起吊。

（7）桅杆式起重机结构简单，起重能力大，完全是依靠各根缆风绳均匀地拉牢主杆使之保持垂直。只要有一个地锚稍有松动，就能造成主杆倾斜而发生重大事故。因此，在起吊满载重物前，应有专人检查各地锚的牢固程度。各缆风绳都应均匀受力，主杆应保持直立状态。

（8）作业时，起重机的回转钢丝绳应处于拉紧状态。回转装置应有安全制动控制器。

（9）起重作业在小范围移动时，可以采用调整缆绳长度的方法使主杆在直立情况下稳定移动。起重机移动时，其底座应垫以足够承重的枕木排和滚杠，并将起重臂收紧处于移动方向的前方。移动时，主杆不得倾斜，缆风绳的松紧应配合一致。如距离较远时，由于缆风绳的限制，只能采用拆卸转运后重新安装。

5.7 桅杆起重机的应用

5.7.1 桅杆滑移法吊装

桅杆滑移法吊装是利用桅杆起重机提升滑轮组能够向上提升这一动作，设置尾排及其他索具配合，将立式静置工件吊装就位。

（1）技术特点与适用范围

桅杆滑移法吊装技术有以下特点：

1）工机具简单；

2）桅杆系统地锚分散，其承载力较小；

3）滑移法吊装时工件承受的轴向力较小；

4）滑移法吊装一般不会对设备基础产生水平推力；

5）作业覆盖面广；

6）桅杆可灵活布置。

（2）桅杆滑移法吊装技术分类

在长期的生产实践中，桅杆滑移法吊装技术应该是发展最悠久、体系较完善的大型构件和设备吊装技术。桅杆滑移法的技术分类如下：

1）倾斜单桅杆滑移法

吊装机具为一根单金属桅杆及其配套系统。主桅杆倾斜布置，吊钩在空载情况下自然下垂，基本对正设备的基础中心（预留加载后桅杆的顶部挠度）。在吊装过程中，主桅杆吊钩提升设备上升，设备下部放于尾排上，通过牵引索具水平前行逐渐使设备直立。设备脱排后，由主桅杆提升索具将设备吊悬空，由溜尾索具等辅助设施调整，将工件就位，见图5-1。

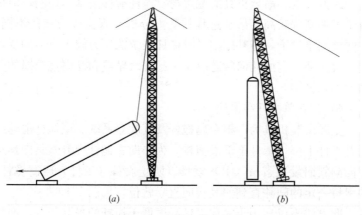

图 5-1　单桅杆滑移吊装

（a）侧面图；（b）正面图

2）双桅杆滑移法

主要吊装机具为两根金属桅杆及其配套系统。两根主桅杆应处于直立状态，对称布置在设备的基础两侧。在吊装过程中，两根主桅杆的提升滑轮组抬吊设备的上部，设备下部放于尾排上，同时通过牵引索具拽拉使设备逐步直立到就位，见图5-2。

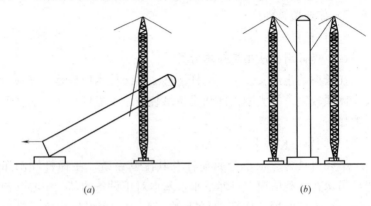

(a)   (b)

图 5-2　双桅杆滑移吊装

(a) 侧面图；(b) 正面图

3）双桅杆高基础抬吊法

此方法主要吊装机具的配置与双桅杆滑移法基本相同，但是由于工件基础较高，吊装过程的受力分析与双桅杆滑移法不同。在同样的重量下，高基础抬吊时桅杆系统的受力较大，力的变化也比较复杂，它的几何状态决定了起升滑轮组和溜尾拖拉绳的受力大小，见图5-3。

4）直立单桅杆夺吊法

主要吊装机具为一根金属桅杆及其配套系统。主桅杆滑轮组提升工件上部，工件下部设拖排。为协助主桅杆提升索具向预定方向倾斜而设置索吊（引）索具以防止设备（工件）碰撞桅杆，并保持一定的间隙直到使其转向直立就位，见图5-4。

此方法不仅适用于完成工件高度低于桅杆的吊装任务，而且也能完成工件高度高于桅杆的吊装任务。当工件高度比桅杆低许

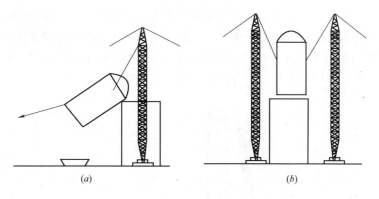

图 5-3　双桅杆高基础吊装

（a）侧面图；（b）正面图

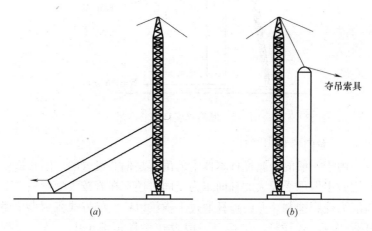

图 5-4　直立桅杆夺吊

（a）正面图；（b）侧面图

多时，一般设一套夺吊索具，夺吊点宜布置在动滑轮组上。当工件高度接近或超过桅杆高度时，吊装较困难，一般需设两套夺吊索具方能使工件就位。一套宜布置在动滑轮组部位，另一套宜布置在工件底部。

　　5）倾斜单桅杆偏吊法

　　主要吊装机具为一根金属桅杆及其配套系统。主桅杆倾斜一定的角度布置，并且主吊钩应该预先偏离基础中心一定的距离。工件吊耳偏心并稍高于重心。工件在主桅杆提升滑轮组与尾排的共同作用下起吊悬空，呈自然倾斜状态，然后在工件底部加一水平夺吊（引）索具将工件拉正就位，见图5-5。

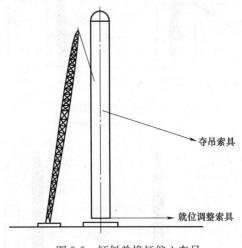

夺吊索具

就位调整索具

图 5-5　倾斜单桅杆偏心夺吊

6）龙门桅杆滑移法

由于一般的金属桅杆本体上的吊耳是偏心设置的，因此桅杆作用时不但承受较大的轴向压力，同时还存在着较大的弯矩，吊装能力受到抑制。龙门桅杆通过上横梁以铰接的方式将两根单桅杆联结成门式桅杆，铰接点一般设在桅杆顶部正中。吊装过程中，工件设一个或两个吊耳，通过绑扎在龙门桅杆横梁上的滑轮组提升，工件底部设尾排配合提升，其运动方式与双桅杆滑移法相似，见图5-6。

（3）桅杆滑移法吊装安全技术要求

1）吊装系统索具应处于受力合理的工作状态，否则应有可靠的安全措施；

2）当提升索具、牵引索具、溜尾索具、夺吊索具或其他辅助索具不得不相交时，应在适当位置用垫木将其隔开；

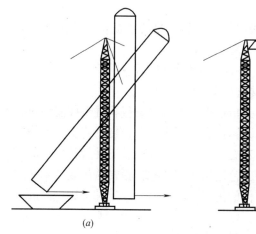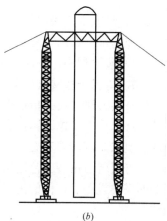

图 5-6 龙门桅杆滑移吊法

(a) 侧面图；(b) 正面图

3）试吊过程中，发现有下列现象时，应立即停止吊装或者使工件复位，判明原因妥善处理，经有关人员确认安全后，方可进行试吊：

① 地锚冒顶、位移；

② 钢丝绳抖动；

③ 设备或机具有异常声响、变形、裂纹；

④ 桅杆地基下沉；

⑤ 其他异常情况。

4）工件吊装抬斗前，如果需要，后溜索具应处于受力状态；

5）工件超越基础时，应与基础或地脚螺栓顶部保持 200mm 以上的安全距离；

6）吊装过程中，应监测桅杆垂直度和重点部位（主风绳及地锚、后侧风绳及地锚、吊点处、工件本体、提升索具、跑绳、导向滑轮、主卷扬机等）的变化情况；

7）采用低桅杆偏心提吊法，并且设备为双吊点、桅杆为双吊耳时，应及时调整两套提升滑轮组的工作长度并注意监测，以防设备滚下尾排；

8）桅杆底部应采取封固措施，以防止桅杆底部因桅杆倾斜或者跑绳的水平作用而发生移动；

9）吊装过程中，工件绝对禁止碰撞桅杆。

5.7.2 桅杆扳转法吊装

桅杆扳转法吊装是指在立式静置设备或构件整体安装时，在工件的底部设置支撑回转铰链，用于配合桅杆，将工件围绕其铰轴从躺倒状态旋转至直立状态，以达到吊装工件就位的目的。

桅杆扳转法吊装工艺适用范围：桅杆扳转法吊装技术适用于重型的塔类设备和构件的吊装，但不适用于工件基础过高的工件吊装。

（1）桅杆扳转法吊装技术分类

桅杆扳转法吊装的方法很多，但有以下几个共同点：使用桅杆作为主要机具，工件底部设回转铰链，吊装受力分析基本一致。下面对桅杆扳转法吊装技术做一个简单分类。

1）按工件和桅杆的运动形式划分

① 单转法：吊装过程中，工件绕其铰轴旋转至直立而桅杆一直保持不动，见图 5-7。

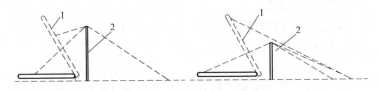

图 5-7　单转法吊装示意图

1—工件；2—桅杆

② 双转法：吊装过程中，工件绕其铰轴旋转而桅杆也绕本身底铰旋转，当工件回转至直立状态时桅杆基本旋转至躺倒状态；因此有些文献将双转法也称为扳倒法。在双转法中，桅杆的旋转方向可以离开工件基础也可倒向工件基础，见图 5-8。

2）按桅杆的形式划分

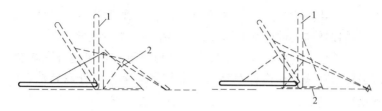

图 5-8　双转法吊装示意图

1—工件；2—桅杆

① 单桅杆扳转法；

② 双桅杆扳转法；

③ 人字（A字）桅杆扳转法；

④ 门式桅杆扳转法。

3）按工件上设置的扳吊点的数量划分

① 单吊点扳吊：工件上设一个或一对吊点。当工件本体强度和刚度较大时适用；

② 多吊点扳吊：当工件柔度过大或强度不足时，可在工件上设置多组吊点，采取分散受力点的方法保证工件吊装强度，控制工件不变形，而无须对工件采取加固措施，见图5-9。

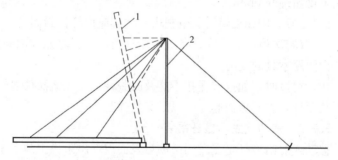

图 5-9　多吊点板吊示意图

1—工件；2—桅杆

4）按桅杆底部机构划分

① 立基础扳转法：用于扳立工件的桅杆具有独立的基础，吊装过程中对基础产生的水平分力由专门的锚点予以平衡；

② 共用底铰扳转法：在采用双转法扳吊工件时，桅杆底部的回转铰链与工件底部的回转铰链共用同一个铰支座。

目前成熟的桅杆扳法吊装方法有以下五种：单桅杆单转法、双桅杆单转法、单桅杆双转法、人字（A 字）桅杆双转法、门式桅杆双转法。

(2) 桅杆扳法吊装安全技术要求

1) 避免工件在扳转时产生偏移，地锚应用经纬仪定位；

2) 单转法吊装时，桅杆宜保持前倾 1°±0.5°的工作状态；双转法吊装时，桅杆与工件间宜保持 89°±0.5°的初始工作状态；

3) 重要滑轮组宜串入拉力表监测其受力情况；

4) 前扳起滑轮组及索具与后扳起滑轮组及索具预拉力（主缆风绳预拉力）应同时进行调整；

5) 桅杆竖立时，应采取措施防止桅杆顶部扳起绳扣脱落，吊装前必须解除该固定措施；

6) 为保证两根桅杆的扳起索具受力均匀，应采用平衡装置；

7) 应在工件与桅杆扳转主轴线上设置经纬仪，监测其顶部偏移和转动情况；顶部横向偏差不得大于其高度的 1/1000，且最大不得超过 600mm；

8) 塔架（例如火炬塔、电视塔）柱脚应用杆件封固；

9) 双转法吊装时，在设备扳至脱杆角之后，宜先放倒桅杆，以减少溜尾索具的受力；

10) 对接时，如扳起绳扣不能及时脱杆，可收紧溜放滑轮组强制其脱杆，以避免扳起绳扣以后突然弹起。

5.7.3 移动式龙门桅杆吊装

移动式龙门桅杆是受龙门吊的启发而设计出来供工地上使用的一种吊装机具。吊装时，将移动龙门桅杆竖立在安装现场指定位置，确定龙门上横梁吊点的纵向投影线与工件就位时的纵轴线重合，然后在龙门架上拴挂起升用滑轮组，或在上横梁上安装起重小车。一切就绪后，将工件起吊到指定高度，通过大车行走或移动，将工件吊装到指定位置后降落直至就位。

（1）移动式龙门桅杆的组成

移动式龙门桅杆一般都是由自行设计且满足一定功能的标准杆件和特殊构件构成，具体包括：

1）上横梁。大型龙门架的上横梁一般为箱形梁或桁架梁；

2）立柱或支腿。在安装工程中，为了简化制造和安装，立柱（支腿）为格构式桅杆标准节；

3）行走机构。龙门架可采用卷扬机牵引或设置电动机自行控制其行走；

4）轨道。行走轨道分为单轨和双轨，当大车带载行走时，最好是在每侧设双轨，以保证龙门架的稳定性；单轨一般仅供龙门架空载行走，当吊装作业时须将龙门架底部垫实或在龙门架顶部设置缆风绳；

5）节点。龙门架立柱与上横梁之间的节点按照刚性对称设计，两侧底座按照不能侧移的铰接点考虑；

6）小车。上横梁上可以设置起重小车，也可以直接绑扎起升滑轮组，不设小车。

（2）技术特点与适用范围

移动式龙门桅杆适合于安装高度不高的重型工件吊装，尤其是在厂房已经建好、设备布局紧凑、场地狭窄等不能使用大型吊车吊装的情况下，能完成卸车、水平移动、吊装就位的连续作业。该方法工艺简单，操作灵活，指挥方便；施工机具因地制宜选择，结构简单，制造组装方便。

（3）移动式龙门桅杆吊装安全技术要求

1）龙门架的制作与验收必须遵守《钢结构工程施工及验收规范》GB 50205—2001的要求；

2）在施工现场，应标出龙门架的组对位置、工件就位时龙门架所到达的位置以及行走路线的刻度，以监测龙门架两侧移动的同步性，要求误差小于跨度的1/2000；

3）如果龙门架上设置两组以上起吊滑轮组，要求滑轮组的规格型号相同，并且选择相同的卷扬机。成对滑轮组应该位于与大梁轴线平行的直线上，前后误差不得大于两组滑轮组间距的1/3000；

4）如果需要四套起吊滑轮组吊装大型工件，应该采用平衡梁；

5）如果龙门架采用卷扬机牵引行走，卷扬机的型号应该相同，同一侧的牵引索具选用一根钢丝绳做串绕绳，这样有利于两侧底座受力均匀，保证龙门架行走平衡、同步，其行走速度一般为0.05m/s以下；

6）轨道平行度误差小于1/2000；跨度误差小于1/5000且不大于10mm，两侧标高误差小于10mm；

7）轨道基础要夯实处理，满足承载力的要求，跨越管沟的部位需要采取有效的加固措施；

8）如果工件吊装需要龙门架的高度很大，应该对龙门架采取缆风绳加固措施；

9）就位过程中，工件下落的速度要缓慢，且不得使工件在空中晃动，对位准确方可就位，不得强行就位。

5.8　桅杆起重机的安全使用要求

（1）桅杆起重机应按《起重机设计规范》GB/T 3811—2008进行设计，并确定其使用范围和工作环境。

（2）桅杆起重机安装前必须编制专项方案，专项方案按规定程序审批，并经专家论证后方可实施。

（3）地锚必须按设计要求进行制作。地锚不得使用膨胀螺栓、定滑轮。安装前做好地锚等隐蔽工程的验收，并做好相应的记录。地锚若用混凝土制作，混凝土强度必须达到设计强度方可安装。

（4）安装前对桅杆起重机的主要结构件、钢丝绳、缆风绳等进行检查，对卷扬机、滑轮组、制动器等进行保养、检查。

（5）缆风绳安全系数不应小于3.5，起升、锚固、吊索钢丝绳安全系数不应小于 8。

（6）桅杆起重机的安装和拆卸应划出警戒区，警戒区内不得有任何障碍物。安装拆卸应由专人指挥，并按专项方案的要求进行安装拆卸。

（7）缆风绳的架设应避开高压线。桅杆起重机的任何部分与高压线的安全距离应符合《塔式起重机安全规程》GB 5144—2006 相关规定。

（8）缆风绳的规格、数量应按照起重机性能经过计算确定，缆风绳与地面的夹角不得大于 60°。缆风绳与桅杆和地锚的连接应牢固。

（9）安装完毕后应由检测机构对桅杆起重机进行检测，并由总承包单位组织验收。正式投入使用前应进行试吊，确认桅杆起重机正常后方可投入使用。

（10）桅杆起重机操作前应对操作人员进行相应的安全技术交底，并持证上岗。

（11）桅杆起重机使用过程中必须定期检查，发现隐患要及时排除，严禁带病作业。

6 门式起重机

6.1 门式起重机的用途及分类

6.1.1 用途

门式起重机是桥式起重机的一种变形。适用于一般露天堆场、铁路车站、港口码头等对物料的装卸和搬运，也适用于建筑行业的管道工程专业施工，如地铁隧道施工、电力隧道施工、城市雨（污）水管道施工、自来水厂取水管道施工、发电厂的取排水管道施工等。它是依靠沿地面轨道的纵向移动，门架上小车的横向移动以及吊钩的升降运动，来实现对物料的搬运。

6.1.2 分类

（1）门框结构

按照门框结构可以分为全门式起重机、半门式起重机、单悬臂门式起重机和双悬臂门式起重机。

（2）主梁形式

按照主梁形式可以分为单主梁和双主梁式。双主梁门式起重机承载能力较强，整体稳定性好。

（3）金属结构

按金属结构组成可分为实腹箱型梁式和桁架式两种。

6.1.3 结构

门式起重机由门架、小车（装有起升机构和小车运行机构）、起重机运行机构和电气设备四大部分组成，见图 6-1 和图 6-2。

单梁门式起重机门架由金属结构、起重机运行机构、小车单主梁起重机等组成，见图 6-1。

双梁门式起重机门架由金属结构、起重小车、大车运行机

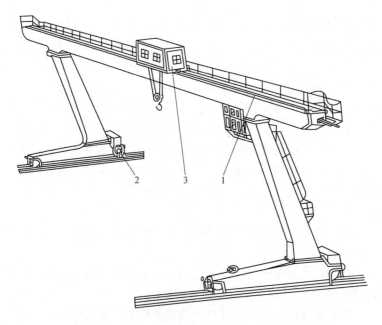

图 6-1　单梁门式起重机

1—金属结构；2—起重机运行机构；3—小车单主梁起重机

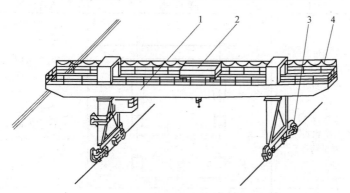

图 6-2　双梁门式起重机

1—金属结构；2—起重小车；3—大车运行机构；4—电气设备

构、电气设备等组成，见图 6-2。

　　根据不同的吊装要求，门式起重机可配置如吊钩、抓斗、电磁吸盘以及其他特殊吊具。通用的门式起重机一般只配备吊钩，分单吊钩和双吊钩两种。单吊钩仅有一套起升机构，双吊钩有主副两套独立的起升机构。双吊钩门式起重机其主钩用来提升较重的物件，副钩除了可以提升较轻的物件外，也可以在它额定的负载范围内来协同主钩倾转或翻倒工件。必须注意的是，不允许两个吊钩同时提升两个物件。每个吊钩在单独工作时均只能起吊重量不超过其额定起重量的物件，当两个吊钩一起工作时，物件的重量不允许超过主钩的额定起重量。对于配置其他吊具的门式起重机，根据不同的情况设置不同的起升机构。

6.2 门式起重机安装、检查及安全使用要求

（1）门式起重机主要金属结构不应有裂纹和明显变形，腐蚀超过原厚度 10% 的应予报废，不得使用。

（2）通用门式起重机跨度允许偏差应为（见表 6-1）：

跨度及主梁上拱度允许偏差   表 6-1

项 目	简 图	允许偏差
由车轮量出的起重机跨度误差 Δs 跨度相对差 $S_1 - S_2$ （$S_1 - S_2$ 分别为两对行走轮实际测量的跨度）		$S \leqslant 26m$ 时 $\Delta s \leqslant 8mm$ $|S_1 - S_2| \leqslant 8mm$ $S > 26m$ 时 $\Delta s \leqslant 10mm$ $|S_1 - S_2| \leqslant 10mm$
主梁上拱度及悬臂上翘度（在承轨架上盖板上测量）		$F_1 = \left(\frac{0.9}{350} \sim \frac{1.4}{350} S_3\right)$ $F = \left(\frac{0.9}{1000} \sim \frac{1.4}{1000} S\right)$

148

1) 当跨度 $S \leqslant 26\text{m}$ 时，$\Delta s = \pm 8\text{mm}$，相对差不应大于 8mm；

2) 当跨度 $S > 26\text{m}$ 时，$\Delta s = \pm 10\text{mm}$，相对差不应大于 10mm。

（3）主梁跨中上拱度应为：（0.09%～0.14%）S，且最大上拱度应控制在 $S/10$ 范围内；主梁跨中的下挠值应控制在 $S/700$ 的范围内；有效悬臂处的上翘度应为：（0.9/350～1.4/350）S_3，S_3 表示有效悬臂长度（见表 6-1）。门式起重机的主梁挠度超过规定值时，必须修复后方可使用。

（4）刚性支腿与主梁在跨度方向的垂直度应为 $h_1 \leqslant H_1/2000$，其中 h_1 表示下沉深度，H_1 表示起升高度。

（5）门式起重机行走机构应符合下列规定：

1) 在轨道接头未焊为一体的情况下，应满足以下要求：

① 接头处的高低差不应大于 1mm；

② 接头处的头部间隙不应大于 2mm；

③ 接头处的侧向错位不应大于 1mm；

④ 对正轨箱形梁及半偏轨箱形梁，轨道接缝应放在筋板上，允许误差不应大于 15mm；

⑤ 两端最短一段轨道长度应放在不小于 1.5m 处设置止挡；

⑥ 轨道纵向坡度不应超过 0.5%；

⑦ 固定轨道的螺栓和压板不应缺少，垫片不应窜动，压板应固定牢固；

⑧ 轨道不应有裂纹或严重磨损等影响安全运行的缺陷；

⑨ 当大车运行出现啃轨或大车轨距：$S \leqslant 10\text{m}$ 时，$\Delta s = \pm 3\text{mm}$；$S > 10\text{m}$ 时，$\Delta s = \pm[3 + 0.25(S - 10)]\text{mm}$，且最大不应超过 $\pm 15\text{mm}$。

2) 大车运行出现啃轨时，跨度极限偏差应符合下列要求：

① 采用可分离式端梁并镗孔直接装车轮结构的跨度极限偏差应为：

a. $S \leqslant 10\text{m}$ 时，$\Delta s = \pm 2\text{mm}$；

b. $S>10m$ 时，$\Delta s=\pm[2+0.1(S-10)]mm$。

② 采用焊接连接的端梁及角型轴承箱装车轮的跨度极限偏差：$\Delta s=\pm5mm$，每对车轮测出的跨度相对差不应大于 5mm。

(6) 传动系统的驱动轮应同向同步转动。

(7) 制动及安全装置应符合下列规定：

1）运行终点应各设置一套（共四套）独立机构的终点止挡和灵敏、有效的行程限位装置；

2）各限位器应齐全、灵敏、有效；

3）排绳器移动应灵活，自动限位应灵敏可靠；

4）外露传动部分防护罩（盖）应完好齐全；应装有防雨罩；

5）进入起重机的门和司机室到桥架上的门，应设有电气连锁保护装置，当任何一个门打开时，起重机所有机构均应停止工作；

6）大车轨道铺设在工作面或地面时，起重机应设置扫轨板；扫轨板距轨面不应大于 10mm；

7）应设置非自动复位型的紧急断电开关，并保证司机操作方便；

8）应安装起重量限制器。起重量限制器的综合误差不应大于 8%，当载荷达到额定载荷的 90% 时，应能发出报警信号。当载荷超过额定起重量时，能自动切断起升动力源，并发出禁止性报警信号。

(8) 电气系统应符合下列规定：

1）供电电源总开关应设在靠近起重机地面易操作的安全位置，并加锁；

2）电气设备及电器元件应齐全、完好，绝缘性能应良好，并固定牢固；动作应灵敏、有效，符合说明书的要求；额定电压不大于 500V 时，电气线路对地的绝缘电阻，一般环境下不应低于 0.8MΩ；潮湿环境下不应低于 0.14MΩ；

3）总电源回路至少应设置一级短路保护，应由自动断路器或熔断器来实现；自动断路器每相均应有瞬时动作的过流脱扣器，其整定值应随自动开关的类型来定；熔断器熔体的额定电流应按起重机尖峰电流的 1/2～1/1.6 选取；

4）总电源应设置非自动复位型失压保护装置；

5）每个机构应单独设置过流保护装置：

① 交流绕线式异步电机应采用电流继电器；在两相中设置的过电流继电器的整定值不应大于电机额定电流的 2.5 倍，在第三相中的总过电流继电器的整定值不应大于电机额定电流的 2.25 倍加上其余各机构电机额定电流之和；

② 鼠笼型交流电机应采用热继电器或带热脱扣器的自动断路器作过载保护，其整定值不应大于电机额定电流的 1.1 倍。

6）主起升机构应设有超速保护装置；

7）大、小车的馈电装置应符合说明书要求。

（9）起重机路基和轨道的铺设应符合出厂规定，应在相邻两根轨道的连接板上跨接导电线缆，轨道接地电阻不应大于 4Ω。

（10）使用电缆的门式起重机，应设有电缆卷筒，配电箱应设置在轨道中部。

（11）轨道应平直，鱼尾板连接螺栓应无松动，轨道和起重机运行范围内应无障碍物。

（12）操作室内应垫木板或绝缘板，接通电源后应采用试电笔测试金属结构部分，确认无漏电方可上机；上、下操纵室应使用专用扶梯。

（13）安装完毕试车前的准备和检查：

1）按图纸要求严格检查各机构部件、金属结构件安装架设是否符合要求，结构件的连接是否牢固可靠，传动件转动是否灵活，钢丝绳的缠绕是否正确，检查搭车轨道有无障碍物。

2）电气系统接线必须进行全面检测，同一运行机构的电动机的转向必须一致，各限位开关、紧急开关、安全开关、制动器等保护装置必须位置准确、工作可靠，电路系统所有各部分绝缘情况良好。

（14）空载试验：

1）空载小车沿桥架轨道全长来回运行三次，此时启动和制动应正常可靠，不应有卡轨现象。主动轮必须沿全长与轨道接触，从动轮允许在局部地方与轨道脱空 1mm，但最大长度不大于 1m，全部累计长度不大于 3m。限位开关动作准确无误，小车上的缓冲器与桥架止挡的相碰应在正确的位置上。

2）开动起升机构，使空钩上升、下降各三次，此时起升机构运行平稳，限位开关动作准确可靠。

3）把小车开到跨中，起重机以慢速沿地面轨道全程往返行走三次，看路轨铺设是否正确。然后以额定速度往返行走三次，此时运行应平稳，制动应可靠，限位开关动作应准确。在启动、制动时走轮应无严重打滑，否则应恰当地调整制动力矩，延缓启动过渡时间，以改善打滑状态，但这一切以确保最大工作风压下仍能可靠启动和制动为限。

（15）静载试验：

在起重机的空载试验通过后方可进行静载试验。

1）小车起升额定载荷，在桥架全长上来回运行数次，然后卸去载荷，使小车分别停在跨中或悬臂端位置，测量主梁的上拱和上翘值，作为测定的初始值。

2）小车分别在跨中和悬臂端部时，提升额定负载，离地 100mm，悬吊 10min，然后测量桥架中部和悬臂端的下挠度，此时跨中下挠自初始值算起不得大于跨度的 1‰，悬臂下挠自初始值算起不得大于有效悬臂的 1/350，如此试验三次，在第三次起卸载后不得有残余变形。

3）在上述试验通过后，可做超载试验（超载试车时，可适当调整起升机构制动器）。对于工作级别在 A7 以上的起重机，试验载荷为额定载荷的 1.4 倍，工作级别在 A6 或 A6 以下的起重机，试验载荷为额定载荷的 1.25 倍，对于抓斗或电磁吸盘起重机，额定载荷包括抓斗和吸盘的重量。

试验在跨中和悬臂分别进行，各自最多重复三次，不得有永久变形。试验后，跨中的上拱度不小于 0.7S/1000（S 表示跨度），悬臂端上翘度不小于 $0.7S_1/350$（S_1 表示有效悬臂）。

（16）动载试验：

在起重机静载试验通过后方可进行动载试验。

1）提升额定载荷，作反复地起升和下降制动试验，此时制动器工作可靠，机构运转平稳，电机电器温升正常。

2）开动满载小车，以额定速度沿轨道全程来回运行三次，并作启动和制动，此时制动器、限位开关、小车缓冲器工作正确可靠，车轮不打滑，机构运转平稳。

3）将满载小车开到跨中，让起重机以额定速度沿轨道全程来回运行三次，并反复启动和制动，此时各制动器、限位开关工作应准确、灵敏可靠，车轮打滑不严重，桥架振动正常，机构运转平稳，电机电器发热正常，卸载后机构和桥架无残余变形。

4）上述试验结果良好时，可做额定载荷 110% 的试验，动载试验时应同时开动两个机构，反复运行一小时，试车后检查机构有无损坏，连接有无松动和损坏。无松动和损坏为合格。

（17）空载、静载、动载试验应在安装单位、使用单位代表共同参与下进行，在符合要求后办理有关的交接签字手续。

6.3 门式起重机的安全使用要求

（1）门式起重机司机必须年满 18 周岁，具有良好的视力与听力、身体健康、经过门式起重机的操作及电气、机械设备方面维修保养的学习和培训，考试合格取得建设行政主管部门颁发的操作证，方可持证上岗；

（2）门式起重机两个侧面和吊具上必须悬挂铭牌，注明起重机的最大起重量；

（3）门式起重机司机应严格遵守安全技术规程和操作、维护保养规则；

（4）门式起重机司机作业前不得饮酒，作业时要思想集中，头脑清醒。服用过某些特定药物后，也不能操作门式起重机；

（5）在主开关接电以前，所有控制器必须处在零位，检查机上有无非工作人员；

（6）门式起重机每次开动以前，必须发出警告信号。司机必须经常注意被吊起的货物重量是否超过额定起重量；

（7）在风速达到 10.8m/s 及以上大风或大雨、大雪、大雾等恶劣天气时，应停止露天的起重吊装作业。重新作业前，应先试吊，确认各种安全装置灵敏可靠后方可进行作业。在风速达到 8.0m/s 及以上大风时，禁止起重机械的安装拆卸作业，禁止吊运大模板等大体积物件；

（8）门式起重机起重小车开到悬臂时，应以缓慢的运行速度逐步靠近端点。正常工作时，禁止使用极限开关；

（9）门式起重机的控制器应逐步开动，在机械完全停止运转前，禁止将控制器从顺转位置直接转到逆转位置进行制动，但在发生事故的情况下例外；

（10）吊起重物后应慢速行驶，行驶中不得突然变速或倒退。两台起重机同时作业时，应保持 5m 距离。严禁用一台起重机顶推另一台起重机；

（11）门式起重机工作时禁止进行检查、加油和修理，禁止有人停留在上部主梁、小车上；

（12）门式起重机空车运行时，吊钩必须提起，吊钩应离地面 2m 以上；带货物运行时，货物必须提起，高出移动线路上最高障碍物 0.5m 以上，重物的吊运路线严禁从人上方通过，亦不得从设备上面通过；

（13）司机通常只听从当班起重指挥所发出的信号，但在紧急情况下，"停车"信号不论由谁发出，司机都应立即停车；

（14）起升机构禁止提升人。禁止将易燃品存放在起重机上。吊运易燃、易爆等危险品时，应经安全主管部门批准，并应有相应的安全措施，且事先必须检查制动器的动作是否安全可靠；

（15）操作人员进入桥架前应切断电源；

（16）起重机行走时，两侧驱动轮应同步，发现偏移应停止作业，调整好后方可继续使用；

（17）为了预防有故障的门式起重机被开动操作，必须在起重机上及操纵控制室内挂上"故障"的警告牌，把保护盘操作柄锁闭；

（18）当门式起重机作业完毕以后，司机必须将起重机停在指定地点，吊钩升到最高位置，小车停于刚性腿侧极限位置。控制器处在零位，并切断主闸刀开关，锁紧夹轨器，将锚定块放入锚定座内。如有大风或台风，必须增设强制性锚定装置；

（19）检修工具及备件必须放在专门的柜子里，禁止放在上部主梁、走台或小车上。

7 物料提升机

7.1 物料提升机概述

物料提升机是施工现场用来进行物料垂直运输的一种简易设备，按架体结构外形，一般分为龙门架式和井架式。

井架的架体结构是由四个立杆，多个水平及倾斜杆件组成整个架体。水平及倾斜杆件（缀杆）将立杆联系在一起，从水平截面上看似一个"井"字，因此得名为井架，也称井字架，见图7-1 (*a*)。

龙门架的架体结构是由两个立柱，一根横梁（天梁）组成，横梁架设在立柱的顶部，与立柱组成形如"门框"的架体，习惯称之为"龙门架"，见图7-1 (*b*)。

龙门架及井架物料提升机是在上述架体中，加设载物起重的承载部件，如吊笼、吊篮、吊斗等；设置起重动力装置，如卷扬机、曳引机等；配置传动部件，如钢丝绳、滑轮、导轨等，以及必要的辅助装置（设施）等组成一套完整的起重设备。

按《龙门架及井架物料提升机安全技术规范》JGJ 88—2010的要求，龙门架及井架物料提升机是额定起重量在1600kg以下，提升高度一般在30m以下，以地面卷扬机为动力、沿导轨做垂直运行的起重机械设备。

用于建筑施工的物料提升机，经过几十年的发展，其结构性能有了较大提高，应用范围越来越广，但产品质量参差不齐，安装、使用以及维修保养均存在诸多问题。随着建筑业的飞速发展，对物料提升机的可靠性和安全性提出了越来越高的要求，整机产品的标准化、提升运行的快速化、架体组装的规范化和安全

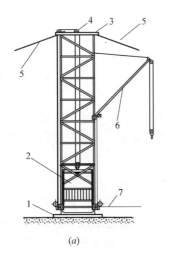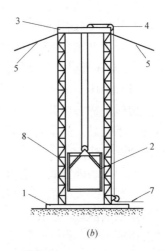

(a)   (b)

图 7-1　单笼物料提升机

(a) 单笼井架物料提升机；(b) 单笼龙门架物料提升机

1—基础；2—吊笼；3—天梁；4—滑轮；5—缆风绳；

6—摇臂拔杆；7—卷扬钢丝绳；8—立柱

装置的完善性成为今后的发展方向。

  物料提升机的类型较多，如图 7-1 所示为单笼物料提升机。单笼井架物料提升机，吊笼位于井架架体的内部；单笼龙门架物料提升机由两根立柱和一根天梁组成，吊笼在两立柱间上下运行；也有三个柱两个笼的，叫三柱两笼。物料提升机大多是卷扬式，也有齿轮齿条式的。本文主要以单笼物料提升机为例进行介绍。

  由于物料提升机只能载货不可载人。一般只用于高度相对较低的多层和仓库厂房等建筑工程，解决施工所需的物料垂直运输。安装高度超过 30m 的物料提升机须增加限制条件。

7.2　物料提升机的构造

物料提升机一般由钢结构件、动力和传动机构、电气系统、安全装置、辅助部件等五大部分组成。

7.2.1 钢结构件

物料提升机主要部件包括架体（立柱）、底架、吊笼（吊篮）、导轨和天梁、摇臂把杆等。

（1）架体

架体是物料提升机最重要的钢结构件，是支承天梁载荷的结构件，承载吊笼的垂直荷载，承担着载物重量，兼有运行导向和整体稳固的功能。

龙门架和外置式井架的立柱，其截面可呈矩形、正方形或三角形，截面的大小根据吊笼的布置和受力，经设计计算确定，常采用角钢或钢管，制作成可拼装的杆件，在施工现场用螺栓或销轴连接成一体，也常焊接成格构式标准节，标准节之间用螺栓或销轴连接，可以互相调换。

使用角钢或钢管杆件拼装连接方式的架体，其安装较为复杂，安装的质量控制难度也较高，但加工难度和运输成本较低，适合单机或小批量生产、适用于常见的内置吊笼机型。

（2）底架

架体的底部设有底架（地梁），用于架体（立柱）与基础的连接。

（3）天梁

天梁是安装在架体顶部的横梁，支承顶端滑轮的结构件。

天梁是主要受力构件，承受吊笼自重及物料重量，常用型钢制作，其构件形状和断面大小须经计算确定。当使用槽钢作天梁时，宜使用2根，其规格一般不小于⊏14。天梁的中间一般装有滑轮和固定钢丝绳尾端的销轴。

（4）吊笼

用于放置运输物件，可上下运行的笼状或篮状结构件，统称为吊笼。

吊笼是供装载物料作上下运行的部件，也是物料提升机中唯一以移动状态工作的钢结构件。吊笼由横梁、侧柱、底板、两侧挡板（围网）、斜拉杆、进出料安全门等组成。常见以型钢和钢板焊接成框架，再铺 50mm 厚木板或焊有防滑钢板作载物底板。安全门及两侧围挡一般用钢网片或钢栅栏制成，有的安全门在吊笼运行至高处停靠时，具有高处临边作业的防护作用。吊笼顶部还应设防护顶板，形成吊笼状。吊笼横梁上一般装有提升滑轮，笼体侧面装有导靴。

（5）导靴

安装在吊笼上沿导轨运行的装置，可防止吊笼运行中偏斜和摆动，其型式有滚轮导靴和滑动导靴。

（6）导轨

导轨是为吊笼上下运行提供导向的部件。

导轨按滑道的数量和位置，可分为单滑道、双滑道及四角滑道。单滑道即左右各有一根滑道，对称设置于架体两侧；双滑道一般用于龙门架上，左右各设置二根滑道，并间隔相当于立柱单肢间距的宽度，可减少吊笼运行中的晃动；四角滑道用于内置式井架，设置在架体内的四角，可使吊笼较平稳地运行。导轨可采用槽钢、角钢或钢管。

（7）摇臂把杆

摇臂把杆是附设在提升机架体上的起重臂杆。

为解决一些过长、过宽材料物件的垂直运输，摇臂把杆可作为物料提升机附加起重机构安装在提升机架体的一侧。在单肢立杆与水平缀条交接处，安装一根起重臂杆和起重滑轮，并用另一台卷扬机作动力，控制吊钩的升降，由人工拉动溜绳操作转向定位，形成简易的起重机构。摇臂把杆的起重量一般不应超过 600kg，摇臂把杆的长度一般不大于 6m；可选用无缝钢管，其外径一般不小于 121mm；也可用角钢焊接成格构型式，如图 7-2 所示，其断面尺寸一般不小于 240mm×240mm，单肢角钢不小于 L30mm×30mm×4mm。

7.2.2 动力及传动机构

（1）卷扬机

159

卷扬机是提升物料的动力装置，一般由电动机、制动器、减速机和钢丝绳卷筒组成，配以联轴器、轴承座等，固定在底架上，如图 7-3 所示。

按现行国家标准，建筑卷扬机有慢速（M）、中速（Z）、快速（K）三个系列，建筑施工用物料提升机配套的卷扬机多为快速系列，卷扬机的卷绳线速度或曳引机的节径线速度一般为 30～40m/min，钢丝绳端的牵引力一般在 2000kg 以下。

1）电动机

建筑施工用的物料提升机绝大多数都采用三相交流电动机，功率一般在 2.0～15kW 之间，额定转速 730～1460r/min。当牵引绳速需要变化时，常采

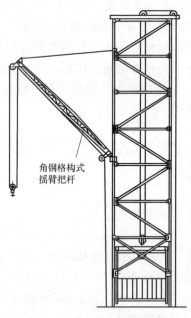

角钢格构式摇臂把杆

图 7-2　角钢格构式摇臂把杆

图 7-3　卷扬机

用绕线式转子的可变速电动机,否则均使用鼠笼式转子定速电动机。

2)制动器

根据卷扬机的工作特点,在电动机停止时必须同时使工作机构卷筒也立即停止转动。也就是在失电时制动器须处于制动状态,只有通电时才能松闸,让电动机转动。因此,物料提升机的卷扬机均应采用常闭式制动器。

如图 7-4 所示,用于卷扬机的常闭式闸瓦制动器,又称为抱鼓制动器或抱闸制动器。不通电时,磁铁无吸力,在主弹簧 4 张力作用下,通过推杆 5 拉紧制动臂 1,推动制动瓦块 2 紧压制动轮 9,处于制动状态;通电时在电磁铁 7 作用下,衔铁 8 顶动推杆 5,克服弹簧 4 的张力,使制动臂拉动制动瓦块 2 松开制动轮 9,处于松闸运行状态。

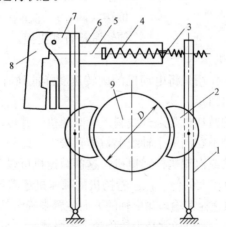

图 7-4 电磁抱闸制动器

1—制动臂;2—制动瓦块;3—副弹簧;4—主弹簧;5—推杆;
6—拉板;7—电磁铁;8—衔铁;9—制动轮

为了减小结构尺寸和较好的制动效果,一般制动器应装设在快速轴(输入端)处,因为此端的扭矩最小,制动器可以较小尺寸取得较好的制动效果。

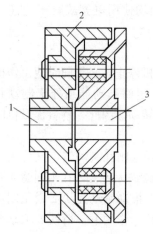

图 7-5　联轴器
1—减速机轴；2—制动轮；
3—电机轴

3）联轴器

在卷扬机上普遍采用了带制动轮弹性套柱销联轴器，由二个半联轴节、橡胶弹性套及带螺帽的锥形柱销组成。由于其中的一个半联轴节即为制动轮，故结构紧凑，并具有一定的位移补偿及缓冲性能；当超载或位移过大时，弹性套和柱销会破坏，同时避免了传动轴及半联轴节的破坏，起到了一定的安全保护作用，对中小功率的电动机和减速机连接，有良好效果，如图 7-5 所示。该联轴器的弹性套，在补偿位移（调心）过程中极易磨损，必须经常检查和更换。

4）减速机

减速机的作用是将电动机的旋转速度降低到所需要的转速，同时提高输出扭矩。

最常用的减速机是渐开线斜齿轮减速机，其传动效率高，输入轴和输出轴不在同一个轴线上，体积较大。此外也有用行星齿轮、摆线齿轮或涡轮蜗杆减速机，这类减速机可以在体积较小的空间时，获得较大的传动比。卷扬机的减速机还需要根据输出功率、转速、减速比和输入输出轴的方向位置来确定其型式和规格。物料提升机的减速机通常是齿轮传动，多级减速，如图 7-6 所示。

5）钢丝绳卷筒

卷扬机的钢丝绳卷筒（驱动轮）是供缠绕钢丝绳的部件，它的作用是卷绕缠放钢丝绳，传递动力，把旋转运动变为直线运动，也就是将电动机产生的动力传递到钢丝绳产生牵引力的受力结构件上。

① 卷筒分类

图 7-6　减速机

卷筒材料一般采用铸铁、铸钢制成，重要的卷筒可采用球墨铸铁，也有用钢板弯卷焊接而成。卷筒表面有光面和开槽两种形式。槽面的卷筒可使钢丝绳排绕整齐，但仅适用于单层卷绕；光面卷筒上的钢丝绳可用于多层卷绕，容绳量增加。

② 卷筒容绳量

卷筒容绳量是卷筒容纳钢丝绳长度的数值，它不包括钢丝绳安全圈的长度。如图 7-7 所示，对于单层缠绕光面卷筒，卷筒容量（L）见式（7-1）。

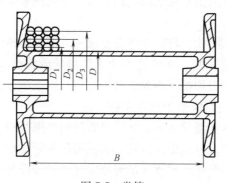

图 7-7　卷筒

$$L = \pi(D+d)(z-z_0) \tag{7-1}$$

式中　d——钢丝绳直径，mm；

　　　D——光面卷筒直径，mm；

　　　z——卷绕钢丝绳的总圈数；

z_0——安全圈数。

对于多层绕卷筒，若每层绕的圈数为 z，则绕到 n 层时，卷筒容绳量计算见式（7-2）：

$$L=\pi nZ(D+nd) \tag{7-2}$$

（2）钢丝绳

钢丝绳是物料提升机的重要传动部件，物料提升机使用的钢丝绳一般是圆股交互捻钢丝绳，即先由一定数量的钢丝按一定螺旋方向（右或左螺旋）绕成股，再由多股围绕着绳芯拧成绳。常用的钢丝绳为 6×19 或 6×37 钢丝绳。

（3）滑轮

通常在物料提升机的底部和天梁上装有导向定滑轮，吊笼顶部装有动滑轮。

物料提升机采用的滑轮通常是铸铁或铸钢制造的。铸铁滑轮的绳槽硬度低，对钢丝绳的磨损小，但脆性大且强度较低，不宜在强烈冲击振动的情况下使用。铸钢滑轮的强度和冲击韧性都较高。滑轮通常支承在固定的心轴上，简单的滑轮可用滑动轴承，大多数起重机的滑轮都采用滚动轴承，滚动轴承的效率较高，装配维修也方便。

滑轮除了结构、材料应符合要求外，滑轮和轮槽的直径，必须与钢丝绳相匹配，直径过小的滑轮将导致钢丝绳弯曲疲劳加剧、断丝、变形加快等现象。滑轮直径与钢丝绳直径的比率不应小于 30，使用时应给予充分注意。

滑轮的钢丝绳导入导出处应设置防钢丝绳跳槽装置。物料提升机不得使用开口拉板式滑轮。选用滑轮时应注意卷扬机的额定牵引力、钢丝绳运动速度、吊笼额定载重量和提升速度间正确选择滑轮和钢丝绳的规格。

7.2.3 电气系统

物料提升机的电气系统包括电气控制箱、电器元件、电缆电线及保护系统四个部分，前三部分组成了电气控制系统。

施工现场配电系统将电源输送到物料提升机的电控箱，电控箱内的电路元器件按照控制要求,将电送达卷扬电动机,指令电动机通电运转,将电能转换成所需要的机械能。如图 7-8 所示,为典型的物料提升机卷扬电气系统控制方框图。

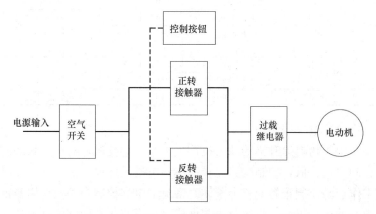

图 7-8　控制方框图

如图 7-9 所示,为一典型的物料提升机电气原理图,电气原理图中各符号名称见表 7-1。

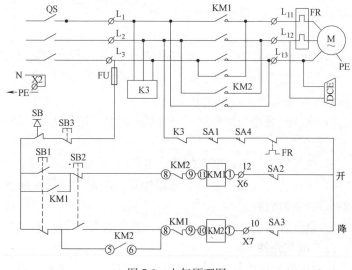

图 7-9　电气原理图

物料提升机电器符号名称 表 7-1

序号	符号	名　　称	序号	符号	名　　称
1	SB	紧急断电开关	9	FU	熔断器
2	SB1	上行按钮	10	XB	制动器
3	SB2	下行按钮	11	M	电动机
4	SB3	停止按钮	12	SA1	超载保护装置
5	K3	相序保护器	13	SA2	上限位开关
6	FR	热继电器	14	SA3	下限位开关
7	KM1	上行交流继电器	15	SA4	门限位开关
8	KM2	下行交流继电器	16	QS	电路总开关

（1）电气控制箱

由于物料提升机的动力机构大多采用卷扬机，对运行状态的控制要求较低，控制线路比较简单，电气元件也较少，许多操纵工作台与控制箱做成一个整体。常见的电气控制箱外壳是用薄钢板经冲压、折卷、封边等工艺做成，也有使用玻璃钢等材料塑造成形的。箱体上有可开启的检修门，箱体内装有各种电器元件，整体式控制箱的面板上设有控制按钮。使用便携操纵盒的，其连接电缆从控制箱引出。有的控制箱还装有摄像监视装置的显示器台架，方便操作人员的观察和控制。电气控制箱应满足以下要求：

1）如因双笼载物或摇臂把杆吊物的需要配置多台卷扬机的，则应分立设置控制电路，实施"一机一闸一漏"，即每台卷扬机必须单独设置电闸开关和漏电保护开关；

2）电气控制箱壳体必须完好无损，符合防雨、防晒、防砸、防尘等密封要求；

3）电气控制箱的高度、位置、方向应方便司机的操作；

4）固定式电气控制箱必须安装牢靠，电器元件的安装基板必须采用绝缘材料；

5）电气控制箱必须装有安全锁，避免闲杂人员触摸开启。

（2）电气元件

物料提升机的电气元件可分为功能元件、控制操作元件、保护元件三类。

1）功能元件

功能元件是将电源送递执行动作的器件。如声光信号器件、制动电磁铁等。

2）控制操作元件

控制操作元件是提供适当送电方式经功能元件，指令其动作的器件。如继电器（交流接触器）、操纵按钮、紧急断电开关、各类行程开关（上下极限、超载限制器）等。物料提升机禁止使用倒顺开关控制；携带式控制装置应密封、绝缘，控制回路电压不应大于36V，其引线长度不得超过5m。

3）保护元件

保护元件是保障各元件在电器系统有异常时不受损或停止工作的器件。如短路保护器（熔断器、断路器）、失压保护器、过电流保护器、漏电保护器等。漏电保护器的额定漏电动作电流应不大于30mA，动作时间应小于0.1s。

（3）电缆、电线及接地

1）接入电源应使用电缆线，宜使用五芯电缆线。架空导线不得直接固定在金属支架上，也不得使用金属裸线绑扎。

2）电控箱内的接线柱应固定牢靠，连线应排列整齐，保持适当间隔；各电器元件、导线与箱壳间以及对地绝缘电阻值，应不小于0.5MΩ。

3）如采用便携式操纵装置，应使用有橡胶护套绝缘的多股铜芯电缆线，操纵装置的壳体应完好无损，有一定的强度，能耐受跌落等不利的使用条件，电缆引线的长度不得大于5m。

4）电缆、电线不得有破损、老化，否则应及时更换。

5）物料提升机的金属结构及所有电气设备的金属外壳应接地，其接地电阻不应大于4Ω。

7.2.4　安全装置

物料提升机的安全装置主要包括：安全停靠装置、断绳保护装置、上限位、下限位、起重量限制器等。

（1）安全停靠装置

安全停靠装置的主要作用是当吊笼运行到位，出料门打开后，如突然发生钢丝绳断裂，吊笼将可靠地悬挂在架体上，从而起到避免发生吊笼坠落、保护施工人员安全的作用。该安全装置能使吊笼可靠定位，并能承受吊笼自重、额定载荷、装卸物料人员重量及装卸时的工作载荷。停靠装置有各种形式，有手动机械式，也有弹簧自动式及联动式等；挂靠吊笼的部件可以是挂钩、楔块，也可以是弹闸、销轴。不论采用何种形式，在吊笼停靠时，都必须保证与架体可靠连接。

1）插销式楼层安全停靠装置

如图 7-10 所示，为一吊笼内置式井架物料提升机插销式楼层停靠装置。其主要由安装在吊笼两侧的吊笼上部对角线上的悬挂插销、连杆、转动臂和吊笼出料门碰撞块以及安装在井架架体两侧的三角形悬挂支架等组成。其工作原理是：当吊笼在某一楼层停靠，打开吊笼出料门时，出料门上的碰撞块推动停靠装置的转动臂，并通过连杆使得插销伸出，悬挂在井架架体上的三角形

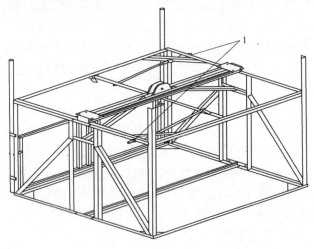

图 7-10　插销式楼层停靠装置示意

1—插销

悬挂支撑架的上方，吊笼能可靠搁置在上面。当出料门关闭时，连杆驱动插销缩回，从三角形悬挂支撑架上方缩回，吊笼可正常升降工作。上述停靠装置，也可不与门联动，在靠近出料门一侧，设置把手，在人上吊笼前，拨动把手，把手推动连杆，使插销伸出，悬挂在架体支撑架的上方。当人员出来，恢复把手位置，插销缩进。

该装置在使用中应注意：吊笼下降时，必须完全将出料门关闭后才能下降；吊笼停靠时，必须将门完全打开后，才能保证停靠装置插销完全伸出，起到安全停靠作用。

2）连锁式楼层安全停靠装置

如图7-11所示，为一连锁式楼层安全停靠装置示意图，其工作原理是当吊笼到达指定楼层，工作人员进入吊笼之前，要开启上下推拉的出料门。吊笼出料门向上提升时，吊笼门平衡重1下降，拐臂杆2随之向下摆，带动拐臂4绕转轴3顺时针旋转，随之放松拉线5，插销6在压簧7的作用下伸出，挂靠在架体的停靠横担8上。吊笼升降之前，必须关闭出料门，门向下运动，吊笼门平衡重1上升，顶起拐臂杆2，带动拐臂4绕转轴3逆时针旋转，随之拉紧拉线5，拉线将插销从横担8上抽回并压缩压簧7，吊笼便可自由升降。

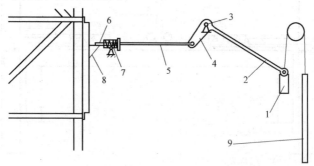

图7-11　连锁式楼层安全停靠装置示意图

1—吊笼门平衡重；2—拐臂杆；3—转轴；4—拐臂；
5—拉线；6—插销；7—压簧；8—横担；9—吊笼门

（2）断绳保护装置

断绳保护装置又称防坠安全装置。

当钢丝绳突然断裂或钢丝绳端部的固定松脱，该装置能立刻动作，使吊笼可靠停住并固定在架体上，阻止吊笼坠落。防坠安全装置的形式较多，从简易到复杂有一个逐步完善的发展过程。

任何形式的防坠安全装置，当断绳或固定松脱时，吊笼锁住前的最大滑行距离，在满载情况下，通常要求不得超过1m。

1）弹闸式防坠装置

如图7-12所示，为一弹闸式防坠装置，其工作原理是：当起升钢丝绳4断裂，弹闸拉索5失去张力，弹簧3推动弹闸销轴2向外移动，使销轴2卡在架体缀杆6上，瞬间阻止吊笼坠落。该装置在作用时对架体缀杆和吊笼产生较大的冲击力，易造成架体缀杆和吊笼损伤。

2）夹钳式断绳保护装置

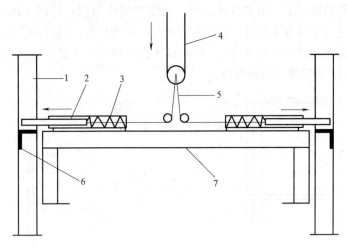

图7-12　弹闸式防坠装置示意图

1—架体；2—弹闸；3—弹簧；4—起升钢丝绳；

5—弹闸拉索；6—架体横缀杆；7—吊笼横梁

夹钳式断绳保护装置的防坠制动工作原理是：当起升钢丝绳突然发生断裂，吊笼处于坠落状态时，吊笼顶部带有滑轮的平衡梁在吊笼两端长孔耳板内在自重作用下移时，此时防坠装置的一对制动夹钳在弹簧力的推动下，迅速夹紧在导轨架上，从而避免了吊笼坠落。当吊笼在正常升降时，由于滑轮平衡梁在吊笼两侧长孔耳板内抬升上移并通过拉环使得防坠装置的弹簧受到压缩，制动夹钳脱离导轨，工作原理参见图7-13。

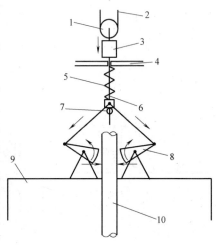

图7-13　夹钳式断绳保护装置
1—提升滑轮；2—提升钢丝绳；3—平衡梁；
4—防坠器架体（固定在吊篮上）；5—弹簧；
6—拉索；7—拉环；8—制动夹钳；
9—吊篮；10—导轨

3）惯性楔块断绳保护装置

该装置主要由悬挂弹簧、导向轮悬挂板、楔形制动块、制动架和调节螺栓、支座等组成。防坠装置分别安装在吊篮顶部两侧。该断绳保护装置的制动工作原理主要是通过利用惯性原理来使得防坠装置的制动块在吊笼突然发生钢丝绳断裂下坠时能紧紧夹紧在导轨架上。当吊篮在正常升降时，导向轮悬挂板悬挂在悬挂弹簧上，此时弹簧于压缩状态，同时楔形制动块与导轨架自动处于脱离状态。当吊篮起升钢丝绳突然断裂时，由于导向轮悬挂板突然发生失重，原来受压的弹簧突然释放，导向轮悬挂板在弹簧力的推动作用下向上运动，带动楔形制动块紧紧夹在导轨架上，从而避免发生吊篮的坠落，工作原理和外观，参见图7-14。

（3）上、下限位

171

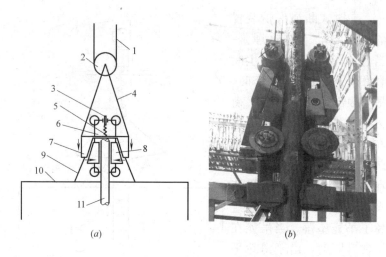

图 7-14　惯性楔块断绳保护装置

(a) 防坠工作原理；(b) 外观实物照片

1—提升钢丝绳；2—吊篮提升动滑轮；3—调节螺栓；4—拉索；

5—悬挂弹簧；6—导向轮悬挂板；7—制动架；8—楔形

制动块；9—支座；10—吊篮；11—导轨

为防止操作人员误操作或机电故障引起的吊笼上升时的失控，应在吊笼允许提升的最高工作位置，设置限位装置，一般由可自动复位的行程开关和撞铁组成；也可以在卷扬机的钢丝绳卷筒轴端设置限位开关。当吊笼达到极限位置时即自行切断电源，此时吊笼只能下降，不能上升。该极限位置应在吊笼顶的最高处离天梁最低处距离不小于 3m 的地方，该距离称为吊笼的越程距离。

为防止吊笼下降时超越最低的极限位置，造成松绳甚至更严重的意外事故，在吊笼允许达到的最低规定位置处设置该装置，和上限位类同，一般也由可自动复位的行程开关和撞铁组成，当吊笼达到极限位置时，应在吊笼碰到缓冲器前即动作并自行切断电源，此时吊笼只能上升，不能下降。

（4）起重量限制器

当起升载荷超过额定载荷设定量时，该装置能输出电信号，发出警报，切断起升控制回路，达到防止物料提升机超载的目的。常用的起重量限制器有机械式和电控式二种。机械式起重量限制器的主要传感元件为触板和弹簧，触板随载荷增大而变形，达到一定程度时克服弹簧的弹力，触动行程开关切断起升电源，吊笼不能上升，只有卸载到额定载重量后才能通电启动；电控式起重量限制器通过限载传感

图 7-15　起重量限位器

器和传输电缆，将载重量变换成电信号，超载时切断起升控制回路电源，在卸荷到额定值时才恢复通电，方能启动。起重量限制器一般设定为达到额定荷载的 90％时发出警报，以引起司机和运料人员的注意，超过额定荷载时切断起升电源。图 7-15 是一种机械式的起重量限位器。

（5）缓冲器

为缓解吊笼超过最低极限位置或意外下坠时产生的冲击，在架体底部设置的一种弹性装置，可采用螺旋弹簧、钢板锥卷弹簧或弹性实体如橡胶等。该装置应在吊笼以额定载荷和速度作用其上时，承受并吸收所产生的冲击力。

（6）防护设施

为防止物料提升机的作业区周围闲杂人员进入，或散落物坠落伤人，在底层应设置不低于 1.8m 高的围栏，并在进料口设置安全门。

为避免施工作业人员进入运料通道时不慎坠落，宜在每层楼通道口设置常闭状态的安全门，只有在吊笼运行到位时才能打开。

物料提升机的进料口是运料人员经常出入和停留的地方，吊笼在运行过程中有可能发生坠物伤人事故，因此在地面进料口搭设防护棚十分必要。应根据吊笼运行高度、坠物坠落范围，搭设防护棚。

物料提升机进料口应悬挂严禁乘人标志和限载警示标志。

7.2.5 辅助部件

（1）附墙架

为保证物料提升机架体不倾倒，有条件附墙的提升机都应采用附墙架稳固架体，附墙架应按产品说明书的规定设置，满足强度和稳定性的要求。

附墙架与架体的连接点，应设置在架体主杆与腹杆的节点处，不得随意向上或向下移位。连接点应使用紧固件将附墙架牢靠固定，不得使用现场焊接等不易控制连接强度和损伤架体的方法。

如图 7-16 所示为常见的井架物料提升机的连接方法。

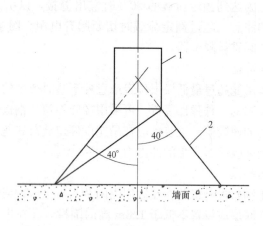

图 7-16 井架附墙连接示意图

1—井架的架体；2—附墙杆

附墙架与建筑连接应采用预埋件、穿墙螺栓或穿墙管件等方式。采用紧固件的，应保证有足够的连接强度。如图 7-17 所示

174

为常见的附墙架与建筑连接点的构造形式。

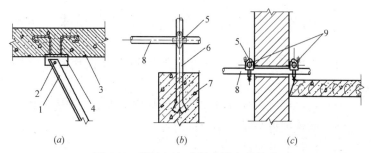

图 7-17 附墙杆与建筑连接点的构造

（a）节点详图；（b）钢管与预埋钢管连接；（c）架体钢管伸入墙内用横管夹住墙体
1—附墙架杆件；2—连接螺栓；3—建筑物结构；4—预埋铁件；5—扣件；
6—预埋短管；7—钢筋混凝土梁；8—附墙架杆；9—横管

由于使用过程中连接点承受动荷载的作用，采用扣件等形式往往会导致连接松动失效，所以一定要定期检查和紧固。

（2）缆风绳

受施工现场的条件限制，物料提升机无法设置附墙架时，可采用缆风绳稳固架体。缆风绳的上端与架体连接，下端一般与地锚连接，通过闭环螺旋扣适当张紧缆风绳，保持架体垂直和稳定。

缆风绳应使用钢丝绳，不得用铁丝、钢筋和麻绳等代替。钢丝绳应能承受足够的拉力，选用时应根据现场实际情况计算确定。缆风钢丝绳的直径一般不得小于 8mm，安全系数不得小于 3.5。

缆风绳与架体的连接应设置在主肢杆与腹杆节点的加强处，应设置专用的连接耳板。

（3）地锚

地锚是提供给架体缆风绳和卷扬机的锚索钢丝绳的拴固物件。采用缆风绳稳固架体时，应拴固在地锚上，不得拴固在树木、电杆、脚手架和堆放的材料设备上。地锚的形式通常有水平式地笼、桩式和压重式等，建议对地锚的承载能力进行必要的测试。

7.3 物料提升机的安全使用要求

（1）物料提升机的司机应取得特种作业操作资格，持证上岗；

（2）物料提升机的驾驶室所处的位置应安全，视野清晰；

（3）摇臂把杆与吊篮不得同时使用；

（4）物料提升机严禁载人；

（5）开机前应进行例行保养工作，做好清洁、润滑、紧固、调整工作；

（6）作业前，要进行试运转。检查卷扬机与地面的固定，弹性联轴器不得松旷。并检查安全装置、防护设施、楼层安全门、上限位、电气线路、接零或接地线、制动装置和钢丝绳等，全部合格后方可使用；

（7）钢丝绳应经常进行检查、保养、涂润滑脂，如果断丝数超过规定值应进行更换；

（8）卷扬机卷筒的旋转方向应与操纵开关上指示的方向一致；

（9）从卷筒中心线到第一导向滑轮的距离，带槽卷筒应大于卷筒宽度的 15 倍；无槽卷筒应大于卷筒宽度的 20 倍；

（10）钢丝绳应与卷筒及吊笼连接牢固，不得与机架或地面摩擦，通过道路时，应设过路保护装置；

（11）卷筒上的钢丝绳应排列整齐，当重叠或斜绕时，应停机重新排列，严禁在转动中用手拉脚踩钢丝绳；

（12）作业中，任何人不得跨越正在作业的卷扬钢丝绳。物件提升后，物件或吊笼下面严禁人员停留或通过；

（13）卷扬机卷筒上的钢丝绳不得全部放完，至少应保留 3 圈；

（14）作业中如发现异响、制动不灵、制动带或轴承等温度剧烈上升等异常情况时，应立即停机检查，排除故障后方可使用；

（15）工作中突然断电时，应将控制器手柄或按钮置于零位，司机不得擅自离开操纵位置；

（16）不得超载作业。作业完毕，应将提升吊笼或物件降至地面，并应切断电源，锁好开关箱。

8 高处作业吊篮

8.1 高处作业吊篮的概念及分类

高处作业吊篮是悬挂机构架设于建筑物或构筑物上，提升机驱动悬吊平台通过钢丝绳沿立面上下运行的一种非常设悬挂设备，其特点有：

（1）高处作业吊篮悬吊平台由柔性的钢丝绳吊挂，与墙体或地面没有固定的连接。它不同于脚手架靠附墙拉结和立柱支撑，也不同于升降平台靠固定于地面的下部结构支撑。高处作业吊篮对建筑物墙面无承载要求，且拆除后无需再对墙面进行修补。

（2）高处作业吊篮适用于施工人员就位安装和暂时堆放必要的工具及少量材料，它不同于施工升降机或物料提升机，施工时不能把高处作业吊篮作为运送建筑材料和人员的垂直运输设备。

（3）高处作业吊篮配有提升机构，驱动悬吊平台上下运动达到所需的工作高度，其架设比较方便，省时省力，施工成本较低。

（4）由于高处作业吊篮是由钢丝绳悬挂牵引，施工过程中悬吊平台会有摆动。

常见的高处作业吊篮为电动爬升式如图 8-1 所示。

高处作业吊篮型号由类、组、型代号、特性代号和主参数代号及更新型代号组成，见图 8-2。

标记示例：

1）高处作业吊篮 ZLP500，是指额定载重量 500kg，电动、

图 8-1　电动爬升式吊篮

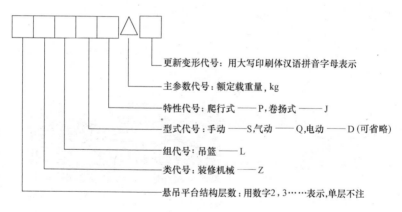

更新变形代号：用大写印刷体汉语拼音字母表示

主参数代号：额定载重量，kg

特性代号：爬行式——P，卷扬式——J

型式代号：手动——S，气动——Q，电动——D(可省略)

组代号：吊篮——L

类代号：装修机械——Z

悬吊平台结构层数：用数字2，3……表示，单层不注

图 8-2　高处作业吊篮型号

单层、爬升式高处作业吊篮。

2）高处作业吊篮 2ZLP800A，是指额定载重量 800kg，电动、双层、爬升式高处作业吊篮第一次变型产品。

国内几种常见的高处作业吊篮性能参数如表 8-1：

参数	ZLP300	ZLP630	ZLP800	ZLP1000
额定载重量(kg)	300	630	800	1000
升降速度(m/min)	8～10	8～10	8～10	8～10
悬吊平台尺寸(m)	≤5	≤6	≤8	≤10
钢丝绳直径(mm)	8	8.3	8.6	9.1
电机功率(kW)	0.5×2	1.5×2	2.2×2	3.0×2
锁绳角度(摆臂式)	—	3°～8°	3°～8°	3°～8°
整机自重(kg)	800	950	1000	1020

常见高处作业吊篮性能参数表　　　　　表 8-1

8.2 高处作业吊篮的构造

高处作业吊篮,一般由悬吊平台、提升机、悬挂机构、安全锁、钢丝绳、绳坠铁等部件组成。高处作业吊篮还有限位止挡、电缆、电气控制箱等部件,如图 8-3 所示。

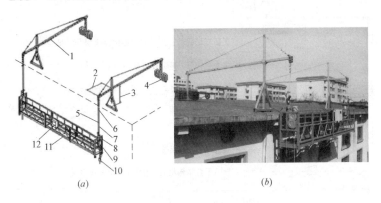

(a)　　　　　　　　　　　　(b)

图 8-3　电动式高处作业吊篮

(a)示意图;(b)实物图

1—悬挂机构;2—前梁伸出长度;3—调节高度;4—配重;5—工作钢丝绳;

6—上限位挡块;7—安全钢丝绳;8—安全锁;9—提升机;

10—重锤;11—悬吊平台;12—电器控制箱

8.2.1 高处作业吊篮的主要部件组成

（1）悬吊平台

四周装有护栏，用于搭载作业人员、工具和材料进行高处作业的悬挂装置。

（2）悬挂机构

架设于建筑物或构筑物上，通过钢丝绳悬挂悬吊平台的机构，如图 8-4 所示。

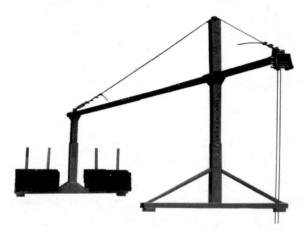

图 8-4　悬挂机构

（3）提升机

使悬吊平台上下运行的装置，如图 8-5 所示。

（4）安全锁

当悬吊平台由于提升钢丝绳断绳或松动导致倾斜角度达到锁绳角度时，能自动锁住安全钢丝绳，使悬吊平台停止坠落或倾斜的装置，如图 8-6 所示。

（5）安全绳

独立悬挂在建筑物顶部，通过自锁钩、安全带与作业人员连在一起，防止作业人员坠落的绳索。

（6）限位装置

图 8-5 提升机

图 8-6 安全锁

限制悬吊平台超过预设极限位置的装置。

8.2.2 悬挂平台的安全使用要求

（1）悬吊平台四周应装有固定式的安全护栏，护栏应设有腹杆，工作面的护栏高度不应低于 0.8m，其余部位不应低于 1.1m，护栏应能承受 1kN 的水平集中载荷；

（2）悬吊平台内工作宽度不应小于 0.4m，并应设置防滑底板；

（3）悬吊平台底部四周应设有高度不小于 150mm 挡板，挡板与底板间隙不大于 5mm；

（4）悬吊平台在工作中的倾斜角度不应大于 8°；

（5）悬吊平台上应醒目地注明额定载重量及注意事项；

（6）悬吊平台的操纵系统应灵敏可靠；

（7）悬吊平台应设有导向装置或缓冲装置。

8.2.3 提升机的结构及工作原理

提升机一般由电动机、制动器、减速器、绳轮和压绳机构等构成。由于高处作业吊篮高空作业的特点，又经常需要横向移位，因此提升机在设计上一般都追求自重尽可能轻，以提高悬吊平台有效载重量，并减轻在搬运、安装时的劳动强度。

爬升式提升机按钢丝绳的缠绕方式不同分为"α"式绕法和"S"式绕法两种主要型式，如图8-7、图8-8所示。两种缠绕方式的主要区别有：一是钢丝绳在提升机内运行的轨迹不同；二是钢丝绳在提升机内的受力不同。前者只向一侧弯曲，后者向两侧弯曲，承受交变载荷。

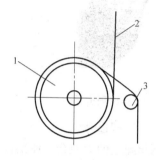 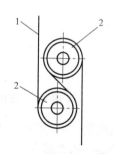

图8-7　"α"式绕法示意图　　　图8-8　"S"式绕法示意图
1—绳轮；2—钢丝绳；3—导绳轮　　　　1—钢丝绳；2—绳轮

（1）工作原理

爬升式提升机的工作原理是利用绳轮与钢丝绳之间产生的摩擦力作为悬吊平台爬升的动力，悬吊平台升降时钢丝绳静止不动，绳轮在其上爬行，从而带动提升机及悬吊平台整体提升。其原理就如同铅笔上缠绕线绳，线绳具有一定张紧力，铅笔和线绳间有足够的摩擦力时，转动铅笔，铅笔就可沿绳子上升，如图8-9所示。

（2）常用爬升式提升机

1）采用多级齿轮减速系统和出绳点压绳方式的"α"型提升机

如图8-10所示，钢丝绳从上方入绳口穿入后，经过摆杆1右方的导轮穿入绳轮，绕行近1周后，又经过压绳杆2下方的一组压绳轮及摆杆1左端的另一组压绳轮，最后排出提升机。钢丝

图 8-9 爬升式提升机的工作原理示意图

绳在机内呈"α"形状，故命名为"α"型提升机。

当提升机有载荷时，作用在钢丝绳上的力便会迫使摆杆 1 绕其上方的铰轴逆时针转动，从而用左端的一组压绳轮将钢丝绳压紧在绳轮轮槽内，再结合另一组由弹簧提供作用力的压绳轮，取得提升机所需的初始拉力。

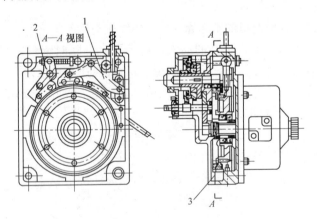

图 8-10 采用多级齿轮减速系统
和出绳点压绳方式的"α"型提升机
1—摆杆；2—压绳杆；3—驱动绳轮

提升机的辅助制动采用"载荷自制式"制动系统，其作用是提升机电机停止后，自动制动住载荷，使悬吊平台停止在工作位置；而电机转动则可打开制动，当电机反转时悬吊平台自重使之以控制的方式下降。在停电情况下也可以手动松开制动，使悬吊平台下降至安全地点。

提升机的驱动电机采用盘式制动电机，其制动工作原理：当电机接通电源后，定子产生轴向旋转磁场，在转子导条中感应出电流，两者相作用产生了电磁转矩，与此同时，由定子产生的磁吸力将转子轴向吸引，使转子上的盘式制动器的摩擦片与静止摩擦片相互脱离，电机在电磁转矩作用下开始转动。当电机切断电流，旋转磁场及磁吸引力同时消失，转子在制动弹簧的压力下与盘式制动器的摩擦面接触产生了摩擦力矩，使电动机停止转动，如图 8-11 所示。

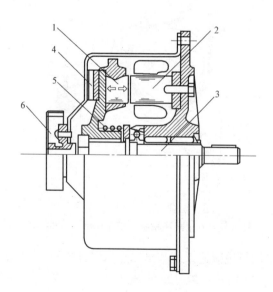

图 8-11　盘式制动电机
1—转子；2—定子；3—轴；4—摩擦片；
5—制动弹簧；6—手动释放装置

盘式电机的后部设有手动释放装置，以备停电情况下，手动松开制动，利用悬吊平台自重下降。

2）采用多级齿轮减速系统和链条压绳方式的"α"型提升机

如图 8-12 所示。其减速机构及制动系统与采用多级齿轮减速系统和出绳点压绳方式的"α"型提升机基本相似，区别在于其压绳的方式与之不同，是采用链条压紧的方式，将钢丝绳压紧在绳轮与链轮之间，从而取得工作所需的提升力。其链条对钢丝绳的压紧力取自载荷的分力，当提升机下端连接环上施加向下的载荷时，与连接环连接的摆块便会绕其中部的铰轴如图示方向转动，从而将链轮的端部拉紧，链条上的链轮便会产生对钢丝绳的压紧力，并且随载荷大小的变化自动变化。

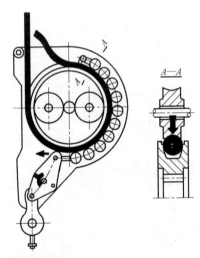

图 8-12　采用多级齿轮减速系统和链条压绳方式的"α"型提升机

3）采用行星减速系统和出绳点压绳方式的"S"型提升机

如图 8-13 所示，提升机的减速系统由少齿差行星传动加一级直齿传动构成。电机输出轴通过偏心套 9 驱动行星轮 7 使之运动，再将动力传递给轴 8，轴 8 上小齿轮带动大齿轮（与绳轮合为一体的结构）运转。

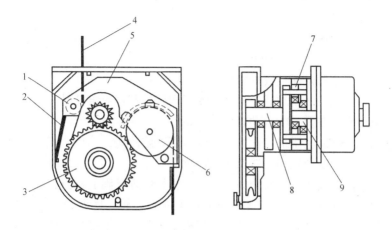

图 8-13　采用行星减速系统和出绳点压绳方式的"S"型提升机

1—小滑轮；2—弹簧；3—大齿轮；4—钢丝绳；5—连接板；

6—大滑轮；7—行星轮；8—轴；9—偏心套

　　压绳机构由连接板 5、小滑轮 1、大滑轮 6 及下部的铰轴组成。钢丝绳 4 分别经过小滑轮 1、大齿轮 3（绳轮）及大滑轮 6 呈"S"形在提升机内缠绕，当钢丝绳 4 上有载荷时，由于钢丝绳给予小滑轮一个较小包角的作用，整个压绳机构被迫绕其下方的铰轴逆时针转动，从而带动大滑轮 6 将钢丝绳压紧在绳轮（大齿轮 3）的绳槽内，从上述可知，其压绳机构对钢丝绳压绳力完全取决于载荷的分力，并且能随载荷大小的变化而自动变化，结构简单可靠。提升机的制动系统也采用盘式制动电机。

　　（3）爬升式提升机的安全使用要求

　　1）提升机传动系统在绳轮之前禁止采用离合器和摩擦传动；

　　2）提升机绳轮直径与钢丝绳直径之比值不应小于 20；

　　3）提升机必须设有制动器，其制动力矩应大于额定提升力矩的 1.5 倍。制动器必须设有手动释放装置，动作应灵敏可靠；

　　4）提升机应能承受 125％额定提升力；

　　5）提升机应具有良好的穿绳性能，不得卡绳和堵绳；

　　6）提升机与悬吊平台应连接可靠，其连接强度不应小于 2

倍允许冲击力。

8.2.4 安全锁

（1）安全锁的分类

安全锁是保证高处作业吊篮安全工作的重要部件，当提升机构钢丝绳突然断裂或悬吊平台倾斜角度达到锁绳角度时，它应迅速动作，在瞬时能自动锁住安全钢丝绳，使悬吊平台停止下落或倾斜。目前应用最广泛的安全锁为摆臂防倾式。

（2）安全锁的构造及工作原理

摆臂式防倾斜安全锁是建立在杠杆原理基础上，由控制部分和锁绳部分组成，控制部分主要零件有滚轮、摆臂、转动组件等，锁绳部分有锁夹、弹簧、套板等。防倾斜锁打开和锁紧的动作控制由工作钢丝绳的状态决定，如图 8-14 所示。当吊篮发生倾斜或工作钢丝绳断裂、松弛时，锁绳装置发生角度位置变化，从而带动执行元件使锁绳机构动作，将锁块锁紧在安全钢丝绳上。

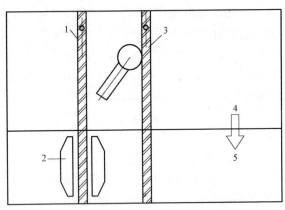

图 8-14　摆臂式防倾斜安全锁工作原理示意图

1—安全钢丝绳；2—锁块；3—工作钢丝绳；

4—角度探测机构及执行机构；5—锁绳机构

如图 8-15 所示，为一种常用的摆臂式防倾斜安全锁，由摆臂、拨叉、锁身、绳夹、套板、弹簧、滚轮等组成。其工作原理是：吊篮正常工作时，工作钢丝绳通过防倾斜锁滚轮与限位之间穿入提升机，并处于绷紧状态，使得滚轮和摆臂向上抬起，拨叉压下套板，锁夹处于张开状态，安全钢丝绳得以自由通过防倾斜锁。当悬吊平台发生倾斜或工作钢丝绳断裂（悬吊平台倾斜角度达到锁绳角度）时，低端或断裂处工作钢丝绳对安全锁滚轮的压力消失，锁夹在弹簧和套板的作用下夹紧安全钢丝绳，悬吊平台就停止下滑。

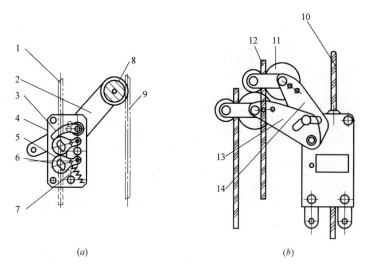

图 8-15　摆臂式防倾斜安全锁

（a）结构示意图；（b）工作状态示意图

1—安全钢丝绳；2—摆臂；3—拨叉；4—锁身；5—绳夹；

6—套板；7—弹簧；8—滚轮；9—工作绳；10—安全钢

丝绳；11—滚轮；12—工作钢丝绳；

13—闭锁状态；14—开锁状态

（3）安全锁的安全使用要求

1）对摆臂式防倾斜安全锁，悬吊平台工作时纵向倾斜角度大于8°时，能自动锁住并停止运行；

2）在锁绳状态下应不能自动复位；

3) 安全锁与悬吊平台应连接可靠，其连接强度不应小于 2 倍的允许冲击力；

4) 安全锁必须在有效标定期限内使用，有效标定期限不大于一年。

8.2.5 电气控制系统

（1）电气控制柜

高处作业吊篮的电气控制柜有集中式和分离式两种。集中式电气控制柜在国内比较常用，所有提升机的电机电源线及行程限位的控制线全都接入一个电气控制柜，所有动作在该电气控制柜上操作，如图 8-16 所示。而分离式的则是每个提升机一个电气箱，可单机操作，也可通过集线盒并机操作。

图 8-16　电气控制柜外观

（2）电气控制原理

吊篮电气系统只有升降动作而且电机功率较小，因而电控部分比较简单，一般由一些常规的电气元器件组成。如图 8-17 所示为一种常见的吊篮电气控制原理图，其控制原理是：

1）双机动作：将转换开关 QC 的手柄放在中间位置，让电动机 M1 和 M2 在合闸的情况下同时带电，按下控制按钮 SB1 使交流接触器 KM1 合闸，再按下控制按钮 SB2 使交流接触器 KM2 合闸，让电动机 M1 和 M2 同时转动，吊篮上升；反之，按下控制按钮 SB3 使交流接触器 KM3 合闸，让电动机 M1 和 M2 同时转动，吊篮下降或上升。

2）单机动作：将转换开关 QC 的手柄放在一侧，让电动机 M1 和 M2 只能一个合闸，按下控制按钮 SB2 或 SB3，让电动机

M1 或 M2 带动悬吊平台一端上升或下降。

3）限位开关动作：当限位开关 SL1 或 SL2 碰到顶端的模块时，使交流接触器 KM1 跳闸，吊篮断电停止上升，同时电铃 HA 通电，报警电铃响。

4）紧急停机：启动紧急按钮 STP，使交流接触器 KM1 跳闸，吊篮断电停止运动。

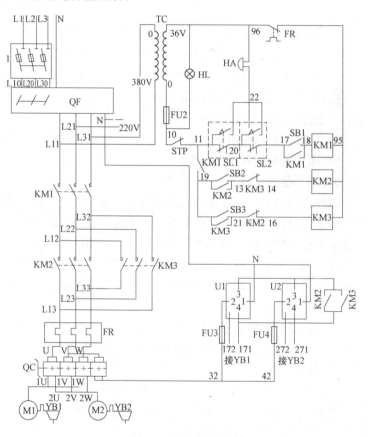

图 8-17　电气控制原理图

（3）电气控制系统的安全使用要求

1）电气控制系统供电应采用三相五线制。接零、接地线应始终分开，接地线应采用黄绿相间线。

2）吊篮的电气系统应可靠的接地，接地电阻不应大于 4Ω，在接地装置处应有接地标志。电气控制部分应有防水、防震、防尘措施。其元件应排列整齐，连接牢固，绝缘可靠。

3）控制用按钮开关动作应准确可靠，其外露部分由绝缘材料制成，应能承受 50Hz 正弦波形、1250V 电压为时 1min 的耐压试验。

4）带电零件与机体间的绝缘电阻不应低于 2MΩ。

5）电气系统必须设置过热、短路、漏电保护等装置。

6）悬吊平台上必须设置紧急状态下切断主电源控制回路的急停按钮，该电路独立于各控制电路。急停按钮为红色，并有明显的"急停"标记，不能自动复位。

7）电气控制箱按钮应动作可靠，标识清晰、准确。

8）随行电缆应有保护措施。

8.2.6 悬挂机构

悬挂机构是架设于建筑物或构筑物上，通过钢丝绳悬挂悬吊平台的装置总称。它有多种结构型式。安装时要按照使用说明书的技术要求和建筑物或构筑物支承处能够承受的荷载，以及其结构形式、施工环境选择一种形式或多种形式组合的悬挂机构。一般常用的有杠杆式悬挂机构和依托建筑物女儿墙的悬挂机构。

（1）杠杆式悬挂机构

杠杆式悬挂机构类似杠杆，由后部配重来平衡悬吊部分的工作载荷，每台吊篮使用两套悬挂机构，如图 8-18 所示。

1）结构

一般悬挂机构由前梁、中梁、后梁、前支架、后支架、上支柱、配重、加强钢丝绳、插杆、连接套等组成，前、后梁插在中梁内，可伸缩调节。为适应作业环境的要求，可通过调节插杆的高度来调节前后梁的高度。

2）系统的抗倾覆系数

系统的抗倾覆系数等于配重抗倾覆力矩与倾覆力矩的比值不

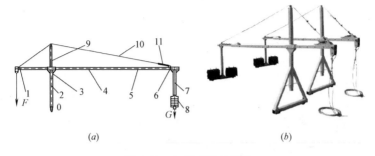

图 8-18 杠杆式悬挂机构

(a) 示意图；(b) 实物图

1—前梁；2—前支架；3—插杆；4—中梁；5—后梁；6—后连接套；

7—后支架；8—配重；9—上支柱；10—加强钢丝绳；11—索具螺旋扣

得小于 2。

（2）依托建筑物女儿墙的悬挂机构

由于屋面空间小无法安装杠杆式悬挂机构，在女儿墙承载能力允许的情况下，可以将悬挂机构夹持在女儿墙上。这种悬挂机构特点是体积小、重量轻，但对女儿墙有强度要求，如图 8-19 所示。载荷由女儿墙或檐口、外墙面承担。使用时必须注意按设计要求安装、紧固所有的辅助安全部件，并要核实悬挂机构施加入女儿墙、檐口等上面的作用力应符合建筑结构的承载要求，能够承受吊篮系统全部载荷。

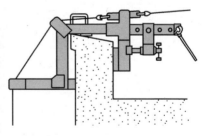

图 8-19　夹持女儿墙式悬挂机构

（3）悬挂机构的安全使用要求

1）悬挂机构应有足够的强度和刚度。单边悬挂悬吊平台时，应能承受平台自重、额定载重量及钢丝绳的自重；

2）配重标有质量标记；

3）配重应准确、牢固地安装在配重点上；

4）吊篮每天首次使用前必须检查配重的数量和固定情况。

8.2.7 高处作业吊篮用钢丝绳

（1）钢丝绳的分类

高处作业吊篮用钢丝绳分为工作钢丝绳、安全钢丝绳和加强钢丝绳，如图 8-20 所示。钢丝绳采用专用镀锌钢丝绳。不同型号的高空作业吊篮采用的钢丝绳也不同，通常选用结构为 $6 \times 19W + IWS$ 和 $4 \times 31SW + FC$ 的钢丝绳。

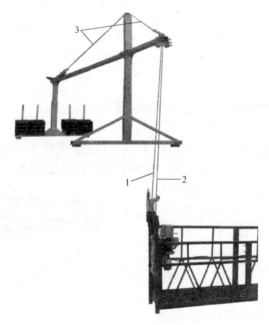

图 8-20 吊篮用钢丝绳

1—安全钢丝绳；2—工作钢丝绳；3—加强钢丝绳

（2）钢丝绳的安全技术要求

1）爬升式高处作业吊篮是靠绳轮和钢丝绳之间的摩擦力提升，钢丝绳受到强烈的挤压、弯曲，对钢丝绳的质量要求很高且钢丝绳表面应无油；

2）采用高强度、镀锌、柔度好的钢丝绳，并应符合使用说明书的要求，其安全系数不应小于9；

3）工作钢丝绳最小直径不应小于6mm，安全钢丝绳宜选用与工作钢丝绳相同的型号、规格，在正常运行时，安全钢丝绳应处于悬垂状态；

4）安全钢丝绳必须独立于工作钢丝绳另行悬挂；

5）钢丝绳绳端的固定及钢丝绳的检查和报废应符合有关规定；

6）禁止使用以任何方式连接加长的钢丝绳。

8.2.8　安全限位装置

（1）上限位与下限位

限位开关的作用是将吊篮的工作状态限定在安全范围之内。吊篮系统中必设的限位装置为上限位开关，其作用是防止悬吊平台向上提升时发生冲顶现象。一般安装在悬吊平台两端结构顶部、悬吊平台两端提升机安装架上部，通过碰触上限位止挡而起

图8-21　上限位止挡

作用。限位止挡形状如一圆盘，与钢丝绳间用夹块夹紧，如图8-21所示。

根据需要吊篮可设置下限位，其作用是当吊篮下降至设置位置时，自动切断下降电气控制回路。

（2）超载保护装置

超载保护装置的作用是防止吊篮超载运行。当载荷超过其限定值时，可切断上升的电气控制回路，卸去多余载荷后方可正常运行。

8.3　高处作业吊篮的安全使用要求

（1）操作人员应经过培训考核合格，方可持证上岗；

（2）操作人员无不适应高处作业的疾病和生理缺陷；

（3）操作人员不得酒后上岗；

（4）操作人员应佩戴安全带、穿防滑鞋上岗；

（5）在操作前，司机应首先按要求进行班前检查，检查悬臂结构、平衡重、安全绳；

（6）送电后，进行空载试运转，无异常后，方可正常作业；

（7）夜间无充足的照明，不得操作吊篮；

（8）吊篮的任何部位与输电线的安全距离小于 10m 时，不得作业；

（9）操作人员必须有二人，不允许单独一人进行作业；

（10）操作人员必须在地面进出悬吊平台，严禁在空中攀爬窗口出入，严禁从一个悬吊平台跨入另一个悬吊平台；

（11）物料在悬吊平台内应均匀分布，不得超出悬吊平台围栏；

（12）吊篮严禁超载或带故障使用，吊篮的安装、升降、拆除、维修必须由专人进行；

（13）悬吊平台严禁斜拉使用；

（14）作业中无论任何人发出紧急停车信号，应立即执行；

（15）利用吊篮进行电焊作业时，严禁用悬吊平台做电焊接线回路，悬吊平台内严禁放置氧气瓶、乙炔瓶等易燃易爆品；

（16）严禁将高处作业吊篮作为垂直运输机械使用；

（17）悬吊平台倾斜应及时调平。单程运行倾斜超过两次，必须落到地面进行检修；

（18）悬吊平台在运行时，操作人员应密切注意上下有无障碍物，以免引起碰撞或其他事故；

（19）在正常工作中，严禁触动手动释放装置或用安全锁刹车；

（20）不得在安全钢丝绳绷紧情况下，硬性扳动安全锁开启手柄；不得在安全锁锁闭后开动机器下降；

（21）严禁砂浆、胶水、废纸、油漆等异物进入提升机、安全锁；

（22）工作处阵风风速大于 8.3m/s（相当于 5 级风力）时，操作人员不准上吊篮操作。严禁在大雾、大雨、大雪等恶劣气候条件下进行作业；

（23）每班使用结束后，应将悬吊平台降至地面，放松工作钢丝绳，使安全锁摆臂处于松弛状态。关闭电源开关，锁好电气控制箱。

9 桩 工 机 械

在各种桩基础施工中，用来钻孔、打桩、沉桩的机械统称为桩工机械。它包括桩架、柴油打桩锤、振动桩锤、锤式打桩机、静力压桩机、转盘钻孔机、螺旋钻孔机、全套管钻机、旋挖钻机、深层搅拌机、冲孔桩机械等。桩工机械一般由桩锤与桩架两部分组成。除专用桩架外，也可以在挖掘机或者履带式起重机上设置桩架，完成打桩任务。

9.1 桩 架

桩架是打桩专用工作装置配套使用的基本设备，俗称主机，其作用主要承载工作装置、桩及其他机具的重量，承担吊桩、吊送桩器、料斗等工作，并能行走和回转，桩架和柴油锤配套后，

图 9-1 多功能桩架
1—立柱；2—斜撑

即为柴油打桩机，桩架与振动桩锤配套后即为振动沉拔桩机。常用的桩架有多功能桩架和履带式桩架，如图 9-1、9-2 所示。

图 9-2 履带式桩架
1—桩锤；2—桩帽；3—桩；4—立柱；5—斜撑；6—车体

桩架形式多种多样，不论何种类型的桩架，其结构主要由底盘、导向杆、后斜撑、动力装置、传动机构、制动机构、行走机构和回转机构等组成。

桩架按照行走方式的不同分为履带式、滚筒式、步履式、轨道式等，桩架的高度可按实际工作需要分节拼装，通常每节长度为 4～6m。

桩架高度：桩长＋工作装置高度＋附件高度＋安全距离＋工作余量。

例：桩长 18m，锤高 5m，桩帽 1m，安全距离 1m，工作余量 0.5m 则桩架有效高度：18＋5＋1＋1＋0.5＝25.5m。

9.2 预制桩施工机械

预制桩施工机械包括柴油锤打桩机、振动桩锤、静力压桩机等，如图 9-3 所示。

9.2.1 柴油打桩锤

柴油打桩锤是打预制桩的专用冲击设备，与桩架配套组成柴

图 9-3 预制桩施工机械

(a) 柴油锤打桩机；(b) 振动桩锤；(c) 静力压桩机

油打桩机。柴油打桩锤是以柴油为燃料，利用燃油爆炸，推动活塞，靠爆炸力冲击桩头，使桩沉入地下，适宜打各类预制桩。从构造上看，实际上就是一种庞大的单缸二冲程内燃机。柴油锤的冲击体是活塞或者缸套，具有结构简单，施工效率高，适应性广的特点，应用范围广泛。但随着人们环保意识的加强，以及城市建筑物密度的增加，柴油打桩锤噪声大，废气污染严重，振动大，对周边建筑物有破坏作用的缺点显现出来，因此，该机械在城区桩基础施工中的使用受到一定限制。

（1）导杆式柴油锤的构造

导杆式柴油锤由活塞、缸锤、导杆、顶部横梁、起落架、燃油系统和基座等组成。

（2）筒式柴油锤的构造

筒式柴油锤依靠活塞上下跳动来锤击桩体，由锤体、燃料供给系统、润滑系统、冷却系统和启动系统等构成。

9.2.2 振动桩锤

振动桩锤的工作原理是利用电机的高速旋转，通过皮带带动振动箱体内的偏心块高速旋转，产生正弦波规律变化的激振力，桩在激振力的作用下，以一定的频率和振幅发生振动，使桩周围的土壤处于"液化"状态，从而大大降低了土壤对桩的摩擦阻力。该桩锤具有效率高、速度快、便于施工等优点，适用于承载较小的预制混凝土桩、钢板桩等，在桩基工程的施工中得到广泛的应用。

振动锤的主要组成部分是原动机、振动器、夹桩器和减振装置。

9.2.3 静力压桩机

静力压桩机是依靠静压力将桩压入地层的施工机械。当静压力大于沉桩阻力时，桩就沉入土中。静力压桩机施工时无振动、噪声和废气污染，对地基及周围建筑物影响较小。能避免冲击式打桩机因连续打击桩而引起桩头和桩身的破坏。适用于软土地层及沿海和沿江淤泥地层中施工。在城市中应用对周围的环境影响较小。

静力压桩机主要由支腿平台结构、长船行走机构、短船行走机构、夹持机构、导向压桩机构、起重机构、液压系统、电气系统和操作室等部分组成。

9.3 钻孔施工机械

9.3.1 转盘式钻孔机

转盘式钻孔机（如图 9-4）采用机械或液压传动方式，使平行于地面的磨盘转动，驱动钻杆和钻头进行回转，同时向下施压，钻头旋转中切下的土壤，混入泥浆中排出孔外。因此，钻孔机的底架必须设有驱转钻杆的回转机构。钻头是钻孔的主要工具，它安装在钻杆的下端。钻头视钻孔的土质及施工方法的不同而有不同的形状，其切削刃也有许多不同的形式，便于在钻孔时合理选用。在回转钻孔的作业中，需要将孔中的渣浆不断排出孔外。根据钻孔时泥浆循环运动方向的不同，可分为正循环和反循环两种方法。适用各类大、中口径的灌注桩，是钻孔灌注桩施工中最常见的成孔和施工设备。

（1）正循环施工

泥浆流动的方向顺着钻孔的方向形成正向循环。即将清水从胶管顺着钻杆和钻头的中心孔送向孔底。冲起的渣浆沿孔壁向孔口溢出，然后流进沉淀池。沉淀后的清水再用水泵

图9-4　转盘式钻孔机

吸出，送入钻杆和钻头的中心孔。泥浆就这样顺着钻孔方向形成反复的正向循环。

（2）反循环施工

泥浆流动的方向逆于钻孔方向，即水从泥浆池经流槽流进钻杆外面的钻孔中，冲起的渣浆用泥浆泵由钻杆的中心孔吸出，经胶管排入沉淀池内。沉淀后的水流入泥浆池继续使用。泥浆就这样逆着钻孔方向形成反复的反向循环。

以上两种循环施工法所用的全套设备除水泵形式（清水泵和泥浆泵）不同外，其他都基本相同。它们都适用于黏土、软土、硬黏土、粉砂、粗砂，甚至在砂砾和卵石中也可应用。但当卵石粒径超过钻杆内腔孔径且含量很高时由于管路致使反循环发生困难。

9.3.2　长螺旋钻孔机

长螺旋钻孔机（如图9-5）包括液压步履桩架和钻进系统两部分。桩架采用液压步履式底盘，自动化程度高，可自行行走及

360°回转，设有四条液压支腿及一条行走油缸以辅助行走及回转，同时增加施工时的整机稳定性，可整机进行转运。立柱为可折叠式箱型立柱，法兰连接方式，立柱采用两块高厚度蒙板并且用大型折弯机折弯技术，经焊接而成。同时立柱内部每隔60cm加焊四根加强筋固定，增加立柱抗扭抗弯性。立柱由两条变幅液压油缸控制其起降。钻进系统包括动力头与钻具，动力头的输出轴与螺旋钻具为中空式，桩机采

图9-5　长螺旋钻孔机

用长螺旋成孔，可通过钻杆中心管将混凝土（或泥浆）进行泵送混凝土 CFG（Cement Fly-ash Gravel pile 水泥粉煤灰碎石桩）桩施工，即能钻孔成孔一次完成，也可用于干法成孔、注浆置换，更换钻具后还可采取深层搅拌等多种工法进行施工。

9.3.3　全套管钻机

全套管施工法是由法国贝诺特公司在 40 多年前发明的一种施工方法，也称为贝诺特工法。配合这个施工工艺的设备称为全套管设备或全套管钻机，它主要用于在桥梁等大型建筑基础钻孔桩施工时使用，施工时在成孔过程中一面下沉钢质套管，一面在钢管中抓挖黏土或砂石，直至钢管下沉至设计深度，成孔后灌注混凝土，同时逐步将钢管拔出，以便重复使用。

（1）结构构造

全套管钻机按结构形式分为两大类：整机式和分体式。

整机式是以履带式或步履式底盘为行走系统，同时将动力系统、钻机作业系统等集成于一体。其结构（如图 9-6 所示），由

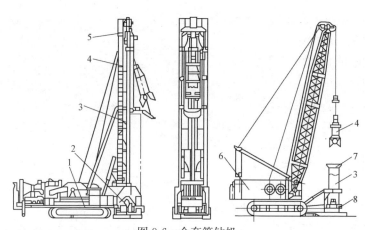

图 9-6 全套管钻机

1—主机；2—钻机；3—套管；4—锤式抓斗；5—钻架；

6—起重机；7—导向口；8—钻机

主机、钻机、套管、锤式抓斗、钻架等组成。主机主要由驱动全套管钻机短距离移动的底盘和动力系统，卷扬系统等组成；钻机主要由压拔管、晃管、夹管机构、液压系统及相应的管路控制系统组成。套管是一种标准的钢制套管，采用螺栓连接，要求有严格的互换性；锤式抓斗由单绳控制，靠自由落体冲击落入孔内取土，提上地面卸土；钻架主要是为锤式抓斗取土服务，设置有卸土外摆机构和配合锤式抓斗卸土的开启锤式抓斗机构。

分体式全套管钻机是以压拔管机构做为一个独立系统，施工时必须配备其他形式的机架（如履带式起重机），方能进行钻孔作业。分体式全套管钻机是由起重机、锤式抓斗、锤式抓斗导向口、套管、钻机等组成。起重机为通用起重机，锤式抓斗、导向口、套管均与整机式全套管钻机的相应机构相同；钻机是整套机组中的工作机，它由导向及纠偏机构、晃管装置、压拔管液压缸、摆动臂和底架等组成。

（2）工作原理

全套管钻机一般均装有液压驱动的抱管、晃管、压拔管机构。成孔过程（如图 9-7 所示）是将套管边晃边压，进入土壤之

204

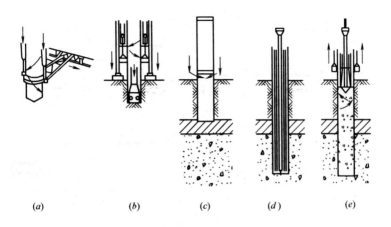

图 9-7　全套管钻机工作原理

(a) 用套管工作装置将套管一面沿圆周方向往复晃动，一面压入地层中；
(b) 用落锤式抓斗取土；(c) 接长套管；(d) 当套管达到预定标高后，
清孔，并插入钢筋笼及混凝土；(e) 随注混凝土，
灌注的同时拔套管，直到灌注完毕

中，并使用锤式抓斗在套管中取土。抓斗用自重插入土中，用钢丝绳收拢抓瓣。这一特殊的单索抓斗可在提升过程中完成向外摆动、开瓣卸土、复位、并开瓣下落等过程。成孔后，在灌注混凝土的同时逐节拔出并拆除套管，最后将套管全部取出。

9.3.4　360°全回转套管钻机

360°全回转套管钻机是能够驱动钢套管进行 360°回转，并将钢套管压入和拔除的施工机械。它可以在不破坏周边土体的情况下，将地下废旧混凝土结构清除、桩基无遗留拔除或置换，也

图 9-8　360°全回转套管钻机

可进行钻孔灌注咬合桩硬咬合的围护施工，具有速度快、使用方便、安全、高效、环保等特点，广泛应用于旧城区改造、轨道交通、大型越江隧道施工处理地下深层障碍物和各类咬合桩基础。

（1）结构构造

360°全回转套管钻机（如图 9-8 所示），包括全回转驱动装置、钢套管、液压冲抓斗，为了实现对切割后的大体积混凝土进行破碎，有些情况下还配有专用钻头。另外，还配备了履带式起重机，进行液压冲抓斗的使用，同时为套筒扭矩提供平衡反力。

全回转动力设备主要是为套管 360°回转以及刀头切割障碍物提供动力，包括上下抱箍夹紧系统和一套竖向顶升系统。

上抱箍夹紧系统为主要紧锁系统，在液压驱动下将套管卡紧，便于给套管提供驱动扭矩和向下的压入力。标准套管的管径为 1000～3000mm，如果当套管的管径较小时，可以在抱箍系统的内侧加钢垫块。

下抱箍夹紧系统为辅助紧锁系统，在套管顶拔过程中上、下夹紧装置交替对套管紧锁，以防止套管出现下落的情况。

竖向顶升系统主要用于对套管进行顶拔。

驱动系统所能提供的最大压入力为机身的自重，当压入力不够的情况下可以额外增加配重块。

在套管回转过程中，为防止机身跟着套管一起回转，配备专用的反扭矩锁将机身卡紧。

在设备的工作能力范围内驱动装置可以任意调节套管的回转扭矩、回转速度、压入力以及夹紧力。

回转速度设高、中、低三挡速度，可以根据套管直径、地质条件以及扭矩的变化情况等选择最适宜的回转速度。

水平调整油缸采用专用的液压回路，所以在套管回转时也可以调整其垂直度。

（2）工作原理

360°全回转套管钻机在作业时产生下压力和扭矩，驱动钢套管转动，利用管口的高强刀头对土体、岩层及钢筋混凝土等障碍物进行切削，利用套管的护壁作用，然后用液压冲抓斗将钢套管内物体抓出，在套管内进行清障拔桩作业。清障完成后，进行钢套筒内回填水泥土施工。回填土可采用塑性较好的盾构施工的出土，并掺入7%～10%水泥。在回填过程中，注意保持钢套筒低于回填水泥土顶标高2m以上；当钢套管全部拔除后，水泥土也同时填到地面。由于回填土较为松散，为避免后期沉降给周围环境带来不利的影响，在回填完成后立即对回填土进行填充注浆，以确保回填土的强度。

9.3.5 旋挖钻机

（1）结构构造

旋挖钻机（如图9-9所示）一般采用液压履带式伸缩底盘、自行起落可折叠钻桅、伸缩式钻杆、带有垂直度自动检测调整、孔深数码显示等，整机操纵一般采用液压先导控制、负荷传感，具有操作轻便、舒适等特点。主、副两个卷扬可适用于工地多种情况的需要。该类钻机配合不同钻具，适用于干式（短螺旋）或湿式（回转斗）及岩层

图9-9　旋挖钻机

（岩心钻）的成孔作业，还可配挂长螺旋钻、地下连续墙抓斗、振动桩锤等，实现多种功能，主要用于市政建设、公路桥梁、工业和民用建筑、地下连续墙、水利、防渗护坡等基础施工。

（2）工作原理

旋挖钻机又称钻斗钻成孔法，它是利用钻杆和钻头的旋转及重力使土屑进入钻斗，土屑装满钻斗后，提升钻头出土，这样通过钻斗的旋转、削土、提升和出土，多次反复而成孔。

9.3.6 潜水钻孔机

潜水钻孔机是钻孔桩施工的成孔机械。该机动力和减速机构

均潜入孔内，直接带动钻头旋转切削地层，钻渣由潜水砂石泵抽吸排出孔外。它与冲击成孔和其他旋转成孔法相比，具有钻孔速度快，成孔质量好，劳动强度低等显著优点。

（1）结构构造

潜水钻机由动力系统、齿轮传动系统、起重移位系统、排渣系统与钻具系统等五大部分组成，具体构造如图9-10所示。

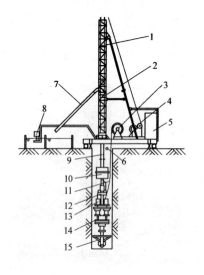

图9-10　潜水钻孔机工况示意图

1—钻架；2—平衡架；3—电缆卷筒；4—卷扬机；5—控制柜；6—孔口水位；7—排渣胶管；8—泥浆泵；9—钻杆；10—配重块；11—电缆；12—潜水砂石泵；13—双速潜水电动机；14—减速器；15—钻头

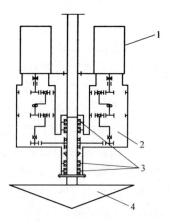

图9-11　潜水钻孔机传动系统示意图

1—双速潜水电动机；2—减速器；3—浮动密封；4—钻头

（2）工作原理

两台双速潜水电动机分别与减速器相连，通过两级行星齿轮减速，第二级行星输出轴各带动一个小直齿轮，两个小直齿轮共同带动一个大直齿轮，构成第三级减速，大直齿轮的输出轴与钻头相连，带动钻头旋转并切削地层成孔，如图9-11所示。电动机和钻头在结构上连接在一起，工作时电机随钻头能潜至孔底。

9.3.7 其他桩工机械

（1）冲击+钻机

适用于各种土层：黏性土、风化层、砾砂石、砂卵石、基岩、漂石和密实卵石层等。冲击钻机成孔施工速度较慢，一根钻孔桩平均七天可以成孔，机械自身只能配合混凝土浇筑，需要有吊车、塔吊配合安装钢筋笼；需要泥浆泵、泥浆池。

（2）插板机

插板机，又称塑料排水板打桩机，是一种新型打桩机械，主要用于沿海软土基处理、围海造地施工领域。

其主架高度一般为 $20\sim30m$，打设深度为 $20\sim25m$。顶部配有滑轮头用于振动锤的起降。底盘有履带式、钢轨式、液压步履式等形式。其中钢轨式插板机用于较软地质，履带式用于偏硬地质，液压步履式行走方便灵活，可 $360°$ 回转。

动力系统配 $11\sim33kW$ 振动锤，通电后产生激振力将插管插入土中。整机行走也有电动机或者液压系统控制。

插板机在世界流行围海造地的今天，越来越能发挥它的优势，软土基必须经过处理才能使用，所以插板机在今后的建筑行业中仍占有一席之地。

（3）夯扩桩机

夯扩桩机是用来打制夯扩桩的专用机械。它主要由支架及其固定装置、夯盘、桩筒、桩筒保持架、重锤和提升机构组成，桩筒限置于支架的轨道和夯盘的中心孔内，要求能精确对准桩位，保证桩身垂直角度要求，具有成桩速度快，结构简单，使用方便，移动灵活等特点。夯扩桩也叫爆扩桩（在岩石里面爆扩），是将桩打到指定深度后，灌入干硬性混凝土，用夯锤夯击（或用爆炸方式扩大桩头），形成扩大头，再灌注上部的混凝土。

夯扩桩通常分两种：

1）建新桩，它与一般的冲孔灌注桩不同，将打桩锤放入套管内，击实套管底部的石塞，通过石塞与套管的摩擦力带动套管，将石塞夯出套管外，在桩管内浇入干硬性混凝土，继续锤击形成扩大桩头，安放钢筋笼后再浇入坍落度较大的混凝土，拔除套管并用附着式振捣器，使桩身混凝土密实。

2）端夯扩灌注桩，端夯扩灌注桩以桩端扩大头承载为主，桩身侧摩阻力为辅，是以冲击震动夯扩灌注桩及爆扩桩的桩型为基础发展起来的一种新型桩基。其工艺特点是：在用冲击震动锤法浇好桩尖部分混凝土后，用一根内夯管将柴油锤的锤击力，直接传给桩端现浇混凝土，在内夯管的作用下，夯扩挤密桩尖混凝土，使之夯之钢管下形成平底大头桩。既增加桩端截面积，又改善地基土密度。

9.4 桩工机械的安全使用要求

9.4.1 一般规定

（1）基本要求

1）桩工机械类型应根据桩的类型、桩长、桩径、地质条件、施工工艺等综合考虑选择；

2）编制施工组织设计，作业前应由施工技术人员向机组人员作详细的安全技术交底，保证施工安全；

3）进入施工现场的桩工机械必须经过使用单位、总包单位验收，并经专业检测机构检测，合格后挂牌方能使用；

4）桩工机械操作人员必须经过专门培训，了解所操作的桩工机械的构造、原理、操作和维护保养方法，并持有操作证，方可操作；

5）桩机上装设的起重机、卷扬机、钢丝绳应执行起重机械安全使用的规定。打桩机卷扬钢丝绳应经常润滑，不得干摩擦；

6）桩机的安装、试机、拆除应由专业人员严格按设备使用说明书的要求进行。安装桩锤时，应将桩锤运到立柱正前方 2m 以内，并不得斜吊。

（2）作业条件

1）施工现场应按桩机使用说明书的要求进行整平压实，地基承载力应满足桩机的使用要求。在基坑和围堰内打桩，应配置足够的排水设备；

2）桩机作业区内应无妨碍作业的高压线路、地下管道和埋设电缆。作业区应有明显标志或围栏，非工作人员不得进入；

3）电力驱动的桩机，作业场地至电源变压器或供电主干线的距离应在 200m 以内，工作电源电压的允许偏差为其公称值的 ±5%。电源容量与导线截面应符合设备使用说明书的规定；

4）水上打桩时，应选择排水量比桩机重量大四倍以上的作业船或牢固排架，打桩机与船体或排架应可靠固定，并采取有效的锚固措施。当打桩船或排架的偏斜度超过 3° 时，应停止作业；

5）遇风速 12.0m/s 及以上大风和雷雨、大雾、大雪等恶劣气候时，应停止一切作业。当风速超过 13.9m/s 及以上时，应将桩机顺风向停置，并应增加缆风绳，必要时应将桩架放倒。桩机应有防雷措施，遇雷电时人员应远离桩机。冬季应清除机上积雪，工作平台应有防滑措施。

（3）作业前检查

作业前，应检查并确认桩机各部件连接牢靠，各传动机构、齿轮箱、防护罩、吊具、钢丝绳、制动器等良好，起重机起升、变幅机构正常，电缆表面无损伤，有接零和漏电保护措施，电源频率一致、电压正常，旋转方向正确，润滑油、液压油的油位符合规定，液压系统无泄漏，液压缸动作灵敏，作业范围内无人或障碍物。

（4）安全使用要求

1）桩机吊桩、吊锤、回转或行走等动作不应同时进行。桩机在吊桩后不应全程回转或行走。吊桩时，应在桩上拴好拉绳，避免桩与桩锤或机架碰撞。桩机在吊有桩和锤的情况下，操作人员不得离开岗位；

2）桩锤在施打过程中，操作人员应在距离桩锤中心 5m 以外监视；

3）插桩后，应及时校正桩的垂直度。桩入土 3m 以上时，不应用桩机行走或回转动作来纠正桩的倾斜度；

4）拔送桩时，不得超过桩机起重能力；起拔载荷应符合以下规定：

① 打桩机为电动卷扬机时，起拔载荷不得超过电动机满载电流；

② 打桩机卷扬机以内燃机为动力，拔桩时发现内燃机明显降速，应立即停止起拔；

③ 每米送桩深度的起拔载荷可按 40kN 计算。

5）作业过程中，应经常检查设备的运转情况，当发生异响、吊索具破损、紧固螺栓松动、漏气、漏油、停电以及其他不正常情况时，应立即停机检查，排除故障后，方可重新开机；

6）桩孔应及时浇注，暂不浇注的，孔口必须及时封盖；

7）在有坡度的场地上及软硬边际作业时，应沿纵坡方向作业和行走；

8）作业中，当停机时间较长时，应将桩锤落下垫好。检修时不得悬吊桩锤；

9）桩机运转时，不应进行润滑和保养工作。设备检修时，应停机并切断电源；

10）桩机安装、转移和拆运过程中，不得强行弯曲液压管路，以防液压油泄漏。

（5）作业后注意事项

作业后，应将桩机停放在坚实平整的地面上，将桩锤落下垫实，并切断动力电源。冬季应放尽各种可能冻结的液体。

9.4.2 柴油打桩锤

（1）作业前检查

1）作业前应检查导向板的固定与磨损情况，导向板不得在松动及缺件情况下作业，导向面磨损大于 7mm 时，应予更换；

2）作业前应检查并确认起落架各工作机构安全可靠，起动钩与上活塞接触线在 5～10mm 之间；

3）作业前应检查桩锤与桩帽的连接，提起桩锤脱出砧座后，其下滑长度不应超过使用说明书的规定值，超过时应调整桩帽连接钢丝绳的长度；

4）作业前应检查缓冲胶垫，当砧座和橡胶垫的接触面小于原面积三分之二时，或下汽缸法兰与砧座间隙小于使用说明书的规定值时，均应更换橡胶垫；

5）对水冷式桩锤，应将水箱内的水加满，并应保证桩锤连续工作时有足够的冷却水。冷却水应使用清洁的软水。冬季应加温水；

6）桩帽上应有足够厚度的缓冲垫木，垫木不得偏斜，以保证作业时锤击桩帽中心。对金属桩，垫木厚度应为 100～150mm；对混凝土桩，垫木厚度应为 200～250mm。作业中应观察垫木的损坏情况，损坏严重时应予更换；

7）桩锤启动前，应使桩锤、桩帽和桩在同一轴线上，不应偏心打桩。

（2）安全使用要求

1）桩架必须安放平稳坚实。桩锤起动时，应注意桩锤、桩帽在同一直线上，防止偏心打桩；

2）打桩过程中，严禁任何人进入以桩轴线为中心的 4m 半径范围内；

3）在软土打桩时，应先关闭油门冷打，待每击贯入度小于100mm 时，方可启动桩锤；

4）桩锤运转时，冲击部分跳起的高度应符合使用说明书的相关规定，达到规定高度时，应减小油门，控制落距；

5）上活塞起跳高度不得超过 2.5m；

6）打桩过程中，应经常用线锤及水平尺检查打桩架。如垂直度偏差超过 1%，必须及时纠正，以免把桩打斜；

7）当上活塞下落而柴油锤未燃爆时，上活塞可发生短时间的起伏，此时起落架不得落下，以防撞击碰块；

8）打桩过程中，应有专人负责拉好曲臂上的控制绳；在意外情况下，可使用控制绳紧急停锤；

9）桩锤启动后，应提升起落架，在锤击过程中起落架与上汽缸顶部之间的距离不应小于 2m；

10）作业中，应重点观察上活塞的润滑油是否从油孔中泄出。下活塞的润滑油应按使用说明书的要求加注；

11）作业中，最终十击的贯入度应符合使用说明书的规定，当每十击贯入度小于 20mm 时，宜停止锤击或更换桩锤；

12）柴油锤出现早燃时，应停止工作，按使用说明书的要求进行处理。

（3）作业后注意事项

1）作业后，应将桩锤放到最低位置，盖上汽缸盖和吸排气孔塞子，关闭燃料阀，将操作杆置于停机位置，起落架升至高于桩锤 1m 处，锁住安全限位装置；

2）长期停用的桩锤，应从桩机上卸下，放掉冷却水、燃油及润滑油，将燃烧室及上、下活塞打击面清洗干净，并应做好防腐措施，盖上保护套，入库保存。

9.4.3　振动桩锤

（1）作业前检查

1）在作业前，应对桩锤进行检查。检查的主要内容为：电动机及电动机电缆的绝缘值是否符合要求，电气箱内各元件是否完好，传动带的松紧度，各部位螺栓和销轴的连接是否紧固，减震装置的弹簧、轴和导向套是否完好；

2）应检查各传动胶带的松紧度，过松或过紧时应进行调整；

3）应检查夹持片的齿形。当齿形磨损超过 4mm 时，应更换或用堆焊修复。使用前，应在夹持片中间放一块 10～15mm 厚的钢板进行试夹。试夹中液压油缸应无渗漏，系统压力应正常，不得在夹持片之间无钢板时试夹；

4）应检查振动桩锤的导向装置是否牢靠，与立柱导轨的配合间隙应符合使用说明书的规定；

5）悬挂振动桩锤的起重机，其吊钩上必须有防松脱的保护装置。振动桩锤悬挂钢架的耳环上应加装保险钢丝绳。

（2）安全使用要求

1）启动振动桩锤应监视启动电流和电压，一次启动时间不应超过10s。当启动困难时，应查明原因，排除故障后，方可继续启动。启动后，应待电流降到正常值时，方转到运转位置；

2）当桩插入夹桩器内后，将操纵杆扳到夹紧位置，使夹桩器将桩慢慢夹紧，直至听到油压卸载声为止。在整个作业过程中，操纵杆应始终放在夹紧位置，液压系统压力不能下降；

3）当夹桩器将桩夹持后，须待压力表显示压力达到额定值后，方可指挥起拔。当拔桩离地面1～1.5m时，应停止振动，将吊桩用钢丝绳拴好，然后继续起动桩锤进行拔桩；

4）夹持器工作时，夹持器和桩的头部之间不应有空隙，待液压系统压力稳定在工作压力后才能启动桩锤，振幅达到规定值时，方可指挥起重机作业；

5）悬挂桩锤的起重机，吊钩必须有保险装置；

6）沉桩前，应以桩的前端定位，调整导轨与桩的垂直度，倾斜度不应超过2°；

7）沉桩时，吊桩的钢丝绳应紧跟桩下沉速度而放松，并应注意控制沉桩速度，以防止电流过大损坏电机。当电流急剧上升时，应停止运转，待查明原因和排除故障后，方可继续作业；沉桩速度过慢时，可在振动桩锤上加一定量的配重；

8）拔桩时，必须注意起重机额定起重量，通常用估算法，即起重机的回转半径应以桩长1m对1t的比率来确定；

9）拔桩时，当桩身埋入部分被拔起1.0～1.5m时，应停止振动，拴好吊桩用钢丝绳，再起振拔桩。当桩尖在地下只有1～2m时，应停止振动，由起重机直接拔桩。待桩完全拔出后，在吊桩钢丝绳未吊紧前，不得松开夹持器；

10）拔钢板桩时，应按沉入顺序的相反方向起拔，夹持器在夹持板桩时，应靠近相邻一根，对工字桩应夹紧腹板的中央。如钢板桩和工字桩的头部有钻孔时，应将钻孔焊平或将钻孔以上割掉，亦可在钻孔处焊加强板，应严防拔断钢板桩；

11）振动桩锤启动运转后，当振幅正常后仍不能拔桩时，应停止作业，改用功率较大的振动桩锤。拔桩时，拔桩力不应大于桩架的负荷能力；

12）作业中，应保持振动桩锤减振装置各摩擦部位具有良好的润滑；

13）作业中不应松开夹持器。停止作业时，应先停止振动桩锤，待完全停止运转后再松开夹持器；

14）作业过程中，当振动桩锤减振器横梁的振幅时间过长，应停机查明原因；

15）作业中，当遇液压软管破损、液压操纵箱失灵或停电时，应立即停机，并应采取安全措施，不得让桩从夹持器中脱落；

16）桩被完全拔出后，在吊桩钢丝绳未吊紧前，不得将夹桩器松掉。

（3）作业后注意事项

1）作业后，应将振动桩锤沿导杆放至低处，并采用木块垫实，带桩管的振动桩锤可将桩管沉入土中 3m 以上；

2）长期停用时，应卸下振动桩锤，并应采取防雨措施。

9.4.4 锤式打桩机

（1）作业前检查

作业前，打桩机应先空载运行，确认运转正常。

（2）安全使用要求

1）打桩机不允许侧面吊桩和远距离拖桩。正前方吊桩时，对混凝土预制桩的水平距离不应大于 4m；对钢桩不应大于 7m，并应防止桩与立柱碰撞；

2）打桩机吊锤（桩）时，锤（桩）的最高点离立柱顶部的最小距离应确保安全；

3）轨道式打桩机吊桩时应夹紧夹轨器；

4）使用双向立柱时，应待立柱转向到位，并用锁销将立柱与基杆锁住后，方可起吊；

5）施打斜桩时，应先将桩锤提升到预定位置，并将桩吊起，套入桩帽，桩尖插入桩位后再后仰立柱。履带三支点式桩架在后倾打斜桩时，应使用后支撑杆顶紧；轨道式桩架应在平台后增加支撑，并夹紧夹轨器。立柱后仰时打桩机不得回转及行走；

6）打桩机带锤行走时，应将桩锤放至最低位；

7）在斜坡上行走时，应将打桩机重心置于斜坡的上方，坡度要符合使用说明书的规定。自行式打桩机行走时，应注意地面的平整度与坚实度，并应有专人指挥，履带式打桩机驱动轮应置于尾部位置；走管式打桩机横移时，距滚管终端的距离不应小于1m。打桩机在斜坡上不得回转；

8）桩架回转时，制动应缓慢，轨道式和步履式桩架同向连续回转不应大于360°。

（3）作业后注意事项

1）作业后，应将桩锤放在已打入地下的桩头或地面垫板上，将操纵杆置于停机位置，起落架升至比桩锤高1m的位置，锁住安全限位装置，并应使全部制动生效；

2）轨道式桩架不工作时应夹紧夹轨器。

9.4.5 静力压桩机

（1）作业前检查

1）作业前应检查并确认各传动机构、齿轮箱、防护罩等良好，各部件连接牢固；

2）作业前应检查并确认起重机起升、变幅机构正常，吊具、钢丝绳、制动器等良好；

3）作业前应检查并确认电缆表面无损伤，保护接地电阻符合规定，电源电压正常，旋转方向正确；

4）作业前应检查并确认润滑油、液压油的油位符合规定，液压系统无泄漏，液压缸动作灵活。

（2）安全使用要求

1）压桩机行走时，长、短船与水平坡度不应超出使用说明书的允许值。纵向行走时，不得单向操作一个手柄，应二个手柄一起动作。短船回转或横向行走时，不应碰触长船边缘；

2）压桩机爬坡或在松软场地与坚硬场地之间过渡时，应正向纵向行走，严禁横向行走；

3）压桩机升降过程中，四个顶升油缸应二个一组交替动作，每次行程不得超过 100mm。当单个顶升油缸动作时，行程不得超过 50mm。压桩机在顶升过程中，船形轨道不应压在已入土的单一桩顶上；

4）压桩作业时，应有统一指挥，压桩人员和吊桩人员应密切联系，相互配合；

5）起重机吊桩进入夹持机构进行接桩或插桩作业时，应确认在压桩开始前吊钩已安全脱离桩体；

6）压桩时，应按桩机技术性能表作业，不得超载运行。操作时动作不应过快，避免冲击；

7）桩机发生浮机时，严禁起重机吊物，若起重机已起吊物体，应立即将起吊物卸下，暂停压桩，待查明原因，采取相应措施后，方可继续施工；

8）压桩时，非工作人员应离机 10m 以外。起重机的起重臂及桩机配重下方严禁站人；

9）压桩时，操作人员的手足不得伸入压桩台与机身的间隙之中；

10）压桩施工中，插正桩位。如遇地下障碍使桩在压入过程中倾斜时，不能用桩机行走的方式强行纠偏，应将桩拔起，待地下阻碍清除后，重新插桩；

11）桩在压入过程中，夹持机构与桩侧打滑时，不能任意提高液压油压力，强行操作，而应找出打滑原因，采取有效措施后方能继续进行压桩；

12）桩贯入阻力过大，使桩不能压至标高时，不能任意增加配重，否则将会引起液压元件和构件损坏；

13）桩顶不能压到设计标高时，必须将桩凿去，严禁用桩机行走的方式，将桩强行推断；

14）压桩过程中，如遇周围土体隆起，影响桩机行走时，应将桩机前方隆起的土铲去，不应强行通过，以免损坏桩机构件；

15）桩机在顶升过程中，应尽可能避免任一船形轨道压在已入土的单一桩顶上，否则将使船形轨道变形；

16）桩机的电气系统，必须有效接地。施工中，电缆须专人看护，每天下班时，将电源总开关切断；

17）接桩时，上一级应提升350～400mm，此时，不得松开夹持板。

（3）作业后注意事项

1）作业完毕，应将短船运行至中间位置，停放在平整地面上，其余液压油缸应全部回程缩进，起重机吊钩应升至最上部，并应使各部制动生效，最后应将外露活塞杆擦干净；

2）作业后，应将控制器放在"零位"，并依次切断各部电源，锁闭门窗，冬季应放尽各部积水；

3）转移工地时，应按规定程序拆卸后，用汽车装运。所有油管接头处应加闷头螺栓，不得让尘土进入。

9.4.6 转盘钻孔机

（1）作业前检查

1）钻机作业范围内无障碍物；

2）各部件安装紧固，转动部位和传动带有防护罩，钢丝绳完好，离合器、制动带功能良好；

3）润滑油符合规定，各管路接头密封良好，无漏油、漏气、漏水现象；

4）电气设备齐全，电路配置完好；

5）作业前，应将各部操纵手柄先置于空挡位置，用人力盘动转盘无卡阻，再启动电动机空载运转，确认一切正常后，方可作业。

（2）安全使用要求

1) 安装钻孔机前，应掌握勘探资料，并确认地质条件符合该钻机的要求，地下无埋设物，作业范围内无障碍物，施工现场与架空输电线路的安全距离符合规定；

2) 安装钻孔机时，钻机钻架基础应夯实、整平。轮胎式钻机的钻架下应铺设枕木，垫起轮胎，钻机垫起后应保持整机处于水平位置；

3) 钻机的安装和钻头的组装应按照使用说明书规定进行，竖立或放倒钻架时，应有熟练的专业人员进行操作；

4) 钻架的吊重中心、钻机的卡孔和护进管中心应在同一垂直线上，钻杆中心允许偏差为20mm；

5) 钻头和钻杆连接螺纹应良好，滑扣时不得使用。钻头焊接应牢固，不得有裂纹。钻杆连接处应设置便于拆卸的厚垫圈；

6) 开机时，应先送浆后开钻；停机时，应先停钻后停浆。泥浆泵应有专人看管，对泥浆质量和浆面高度应随时测量和调整，随时清除沉淀池中杂物，出现漏浆应及时补充，保持泥浆合适浓度和循环不中断。防止塌孔和埋钻；

7) 开钻时，钻压应轻，转速应慢。在钻进过程中，应根据地质情况和钻进深度，选择合适的钻压和钻速，均匀给进；

8) 换挡时，应先停机，挂上挡后再开机；

9) 加接钻杆时，应使用特制的连接螺栓均匀紧固，保证连接处的密封性，并做好连接处的清洁工作；

10) 提钻、下钻时，应轻提轻放。钻机下和钻孔周围2m以内及高压胶管下，不得站人。钻杆不应在旋转时提升；

11) 发生提钻受阻时，应先设法使钻具活动后再慢慢提升，不得强行提升。如钻进受阻时，应采用缓冲击法解除，并查明原因，采取措施后，方可施钻；

12) 钻架、钻台平车、封口平车等的承载部位不得超载；

13) 使用空气反循环时，其喷浆口应遮拦，并应固定管端；

14) 施钻结束时，应根据钻杆长度换算孔底标高，确认无误后，再把钻头略微提起，降低转速，空转5~20min后再停钻。

停钻时，应先停钻后停风；

15）钻机的移位和拆卸，应按照使用说明书规定进行，在转移和拆运过程中，应防止碰撞机架。

（3）作业后注意事项

作业后，应对钻机进行清洗和润滑，并应将主要部位遮盖妥当。

9.4.7 螺旋钻孔机

（1）作业前检查

1）启动前应检查并确认钻机各部件连接牢固，传动带的松紧度适当，减速箱内油位符合规定，钻深限位报警装置有效；

2）启动前，应将操纵杆放在空挡位置。启动后，应作空载运转试验，检查仪表、温度、制动等各项工作正常，方可作业。

（2）安全使用要求

1）施钻时，应先将钻杆缓慢放下，使钻头对准孔位，当电流表指针偏向无负荷状态时即可下钻。在钻孔过程中，当电流表超过额定电流时，应放慢下钻速度；

2）钻机发出下钻限位报警信号时，应停钻，并将钻杆稍稍提升，待解除报警信号后，方可继续下钻；

3）卡钻时，应立即切断电源，停止下钻。查明原因前，不得强行启动；

4）作业中，当需改变钻杆回转方向时，应待钻杆完全停稳后再进行；

5）作业中，当发现阻力过大、施钻困难、钻头发出异响或机架出现摇晃、移动、偏斜时，应立即停钻，经处理后，方可继续施钻；

6）钻机运转时，应有专人看护，防止电缆线被缠入钻杆；

7）钻孔时，严禁用手清除螺旋片中的泥土。成孔后，若不浇注混凝土的，应将孔口封盖；

8）钻孔过程中，应经常检查钻头的磨损情况，当钻头磨损量达 20mm 时，应予更换；

9) 作业中停电时，应将各控制器放置零位，切断电源，并及时将钻杆全部从孔内拔出，使钻头接触地面。

(3) 作业后注意事项

作业后，应将钻杆及钻头全部提升至孔外，先清除钻杆和螺旋叶片上的泥土，再将钻头按下接触地面，各部制动住，操纵杆放到空挡位置，切断电源。

9.4.8　全套管钻机

(1) 作业前检查

作业前应检查并确认套管和浇注管内侧无明显变形和损伤，未被混凝土粘结。

(2) 安全使用要求

1) 全面检查钻机确认无误后，方可启动内燃机，并怠速运转逐步加速至额定转速，按照指定的桩位对位，通过试调，使钻机纵横向达到水平、位正，再进行作业；

2) 机组人员应监视各仪表指示数据，倾听运转声音，发现异状或异响，应立即停机处理；

3) 第一节套管入土后，应随时调整套管的垂直度。当套管入土深度大于 5m 时，不得强行纠偏；

4) 在套管内挖掘土层中，碰到坚硬土岩时，不得用锤式抓斗冲击硬层，应采用十字凿锤将硬层有效的破碎后，方可继续挖掘；

5) 用锤式抓斗挖掘管内土层时，应在套管上加装保护套管接头的喇叭口；

6) 套管在对接时，接头螺栓应按出厂说明书规定的扭矩对称拧紧。接头螺栓拆下时，应立即洗净后浸入油中；

7) 起吊套管时，应使用专用工具吊装，不得用卡环直接吊在螺纹孔内，亦不得使用其他损坏套管螺纹的起吊方法；

8) 挖掘过程中，应保持套管的摆动。当发现套管不能摆动时，应采用拔出液压油缸将套管上提，再用起重机助拔，直至拔起部分套管能摆动为止；

9）浇注混凝土时，钻机操作应和灌注作业密切配合，应根据孔深、桩长适当配管，套管与浇注管保持同心，在浇注管埋入混凝土 2～4m 之间时，应同步拔管和拆管，以确保成桩质量；

10）上拔套管需左右摆动。套管分离时，下节套管头应用卡环保险以防套管下滑。

（3）作业后注意事项

作业后，应就地清除机体、锤式抓斗及套管等外表的混凝土和泥砂，将机架放回行走的原位，将机组转移至安全场所。

9.4.9 旋挖钻机

（1）作业前检查

1）清除钻机运行通道上的所有障碍物；

2）与钻机操作的无关人员离开钻机和附近地区；

3）要掌握电缆沟、回填土等危险场地和其他复杂地形；

4）调整后视镜的最佳视野，着重钻机侧方或后方的可视性；

5）启动发动机，预热发动机和液压油；

6）在移动钻机前，检查行走装置的位置，正常行驶方向是：张紧轮在驾驶室下的前面，驱动链轮在后面。当行走装置在相反方向时，方向操纵杆必须以相反的方向操作；

7）检查控制器和安全设备的运行是否正常。

（2）安全使用要求

1）开始钻孔时，应使钻杆保持垂直，位置正确，以慢速开始钻进，待钻头进入土层后再加快钻进。当钻头穿过软硬土层交界处时，应放慢钻进。提钻时，不得转动钻头；

2）作业中，如钻机发生浮机现象，应立即停止作业，查明原因后及时处理；

3）钻机移位时，应将钻桅及钻具提升到一定高度，并注意检查钻杆，防止钻杆脱落；

4）作业中，钻机工作范围内不得有闲人进入；

5）钻机短时停机，可不放下钻桅，将动力头与钻具下放，使其尽量接近地面。长时停机，应将钻桅放至规定位置。

（3）作业后注意事项

1）作业后，应将机器停放在平地上，清理污物；

2）钻机使用一定时间后，应按设备使用说明书的要求进行保养。维修、保养时，应将钻机支撑好。

9.4.10 冲孔桩机械

（1）作业前检查

作业前应重点检查以下项目，并应符合下列要求：

1）各连接部分是否牢固，传动部分、离合器、制动器、棘轮停止器、导向轮是否灵活可靠；

2）卷筒不得有裂纹，钢丝绳缠绕正确，绳头压紧，钢丝绳断丝、磨损不得超过规定；

3）安全信号和安全装置齐全良好；

4）桩机有可靠的接零或接地，电气部分绝缘良好；

5）开关灵敏可靠。

（2）安全使用要求

1）卷扬机启动、停止或到达终点时，速度要平缓，严禁超负荷工作；

2）卷扬机卷筒上的钢丝绳，不得全部放完，最少保留 3 圈，严禁手拉钢丝绳卷绕；

3）经常检查卷扬机钢丝绳的磨损程度，钢丝绳的保养及更换按相关规定；

4）冲孔作业时，应防止碰撞护筒、孔壁和钩挂护筒底缘；提升时，应缓慢平稳；

5）外露传动系统必须有防护罩，转盘万向轴必须设有安全警示牌；

6）必须在重锤停稳后卷扬机才能换向操作，减少对钢丝绳的损坏；

7）当重锤没有完全落在地面时，司机不得离岗。作业结束后，应切断电源，关好电闸箱；

8）禁止使用倒顺开关，防止发生碰撞误操作。

（3）作业后注意事项

1）作业后，必须拉闸断电，锁好开关箱。对钻机进行清洗和润滑，并应将主要部位遮盖妥当；

2）泥浆池要防止过满，应按当地规定，及时运走，不得污染道路，不得将泥浆直接排入污水管道。

10　成　槽　机　械

10.1　成槽机械的定义

地下连续墙施工时由地表向下开挖成槽的机械装备。

10.2　成槽机械的分类

常见的成槽机主要分为抓斗式（见图 10-1）、冲击式、多头

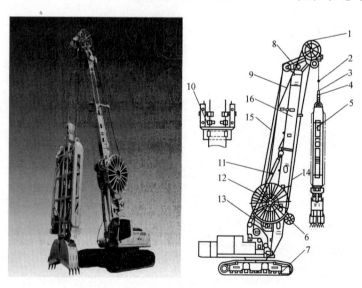

图 10-1　液压抓斗式成槽机示意图

1—胶管导轮；2—提升限位装置；3—回转接头；4—提升滑轮组；5—抓斗；
6—电缆绞盘；7—底盘；8—天车；9—胶管；10—绞盘支座；11—油缸；
12—胶管绞盘；13—卷扬机；14—电缆；15—钢丝绳；16—桅杆

钻（见图 10-2）以及轮铣式（又称铣槽机，见图 10-3、图 10-4）等。成槽厚度可为 300～1500mm，一次施工成槽长度可为 2500～2700mm。为了保证成槽的垂直度，成槽机设有随机监测纠偏装置。

抓斗式成槽机结构简单，易于操作维修，运行费用低，广泛应用在较软的冲积地层，遇有大块石、漂石、基岩等不适用。当地基的标准贯入度值大于 40h，效率很低。

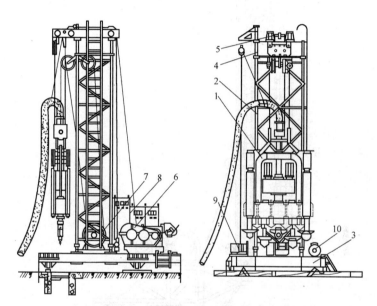

图 10-2　多头钻成槽机

1—多头钻土机；2—支架；3—底盘；4—圈梁；5—顶梁；
6、9—卷扬机；7—电缆盘；8—配电箱；10—空压机

冲击式成槽设备对地基适应性强，适用一般软土地层，也可适用于砂砾石、卵石、基岩等，设备价格低廉，缺点是效率较低。

多头钻成槽机实际是几台回转钻机（潜水钻机）的组合，一次成槽。其特点是挖掘速度快，机械化程度高，但设备体积、自

重大。不适用卵石、漂石地层，更不能用于基岩。

铫槽机是目前最为先进的成槽机械，工效快，适用于包括基岩在内的不同地质条件。缺点是设备昂贵，成本高，不适用于漂石、大孤石地层。

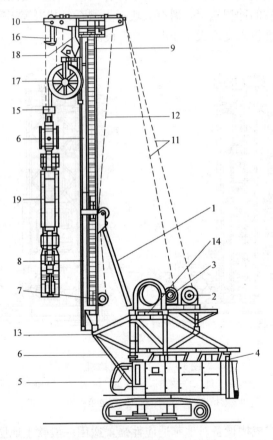

图 10-3　双轮铫槽机示意图

1—桅杆调节汽缸；2—第一切挖机绞盘；3—第二切挖机绞盘；4—连杆；
5—链接架；6—支杆；7—滑车绞盘；8—桅杆（上段/下段）；9—软管引导滑车；
10—桅顶；11—切挖机吊升钢丝绳；12—滑车吊升钢丝绳；13—桅杆连接；
14—底架；15—吊升限位开关；16—吊升限位开关；
17—软管引导轮；18—固定接点；19—轮铫机构

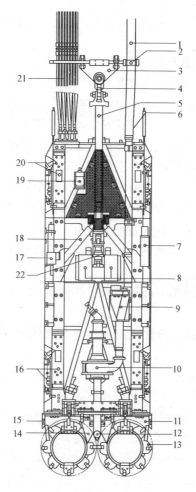

图 10-4　双轮铣槽机轮铣机构示意图

1—泥浆软管；2—固定装置；3—摇杆；4—连接点；5—支撑；6—恢复眼孔；
7—压力补偿装置；8—液压油箱；9—下部电气箱；10—泥浆泵；11—传动防护罩；
12—抽吸箱；13—切挖轮；14—铰刀板；15—跟随式切挖板；16—下部转向翼片；
17—压力补偿装置；18—切挖机架；19—上部电气箱；20—上部转向翼片；
21—液压软管包；22—旋转马达

10.3 成槽机械的安全使用要求

（1）成槽机操作人员上岗前，必须经过专业培训，持证上岗。应确保只有接受过足够的培训且已阅读并理解设备随机操作手册的人员才能操作和维护设备。操作人员必须了解所操作机器相关维护、保养知识，熟悉其安全规则及机器上安全标志。

（2）成槽机操作人员应穿戴合适的防护用品，不得穿戴宽松的衣服和装饰品，以免引发误操作。

（3）作业前，应检查各传动机构、安全装置、钢丝绳等，确认是否安全可靠；检查螺栓、销轴、螺帽和开口销是否松动或缺失；检查燃料是否泄漏；各电气插座、电缆绞盘、接头盒等是否安装或连接正确；液压油面是否过低；检查管线连接、螺纹连接是否紧固等。

上述确认正常后，方可进行空载试车。试车运行中应关注以下几项：

1）检查油缸、油管、油马达等液压元件，不得有渗漏油现象；

2）油压应正常，油管盘、电缆盘应运转灵活，不得有卡滞现象，并应与起升速度保持同步；

发现液压系统泄漏或部件受损应立即更换、修理，否则高压喷洒出的油会导致严重的烧伤和中毒；

3）检查主机回转驱动部分是否有泄漏以及是否有松动或缺失的螺栓；

4）检查履带驱动是否有泄漏以及是否有缺失的螺栓。检查履带的驱动轮、从动轮、支重轮等是否损坏。检查链条的张紧程度，确认是否需要调整；

5）检查驾驶室各指示灯、显示单元是否有损坏，显示是否异常。

（4）成槽机工作时，主机回转应平稳进行，避免迅速回转、过快提升，严禁突然制动停止。当主机桅杆回转到与行走履带不在同一方向时，应注意设备的稳定性。

（5）成槽机作业中，不得同时进行两种及以上动作。不得用成槽机的提升功能吊物或运人。

（6）钢丝绳应排列整齐，不得松乱。

（7）成槽机起重性能参数应符合主机起重性能参数，不得超载，同时应保证负载限制的安全装置可靠、有效。在斜坡上应缓慢行驶。

负载限制的安全装置可以有效预防事故，不能拆除，更不能对其作有可能影响设备安全性能的任何改动。

（8）抓斗式成槽机安装时，成槽抓斗放置在桅杆铅垂线下方的地面上，桅杆角度应为 $75°\sim78°$。起升桅杆时，成槽抓斗应随着桅杆逐渐慢速提升，电缆与油管应同步卷起，以防油管与电缆损坏。接油管时应保持油管的清洁。

（9）工作场地应平坦坚实，在松软地面作业时，应在履带下铺设厚度 30mm 以上的钢板，钢板纵向间距不应大于 30mm。桅杆最大仰角不得超过 $78°$，并应经常检查钢丝绳、滑轮，不得有严重磨损及脱槽现象，传动部件、限位保险装置、油温等应正常。

（10）成槽机行走履带应平行槽边，并应尽可能使主机远离槽边，以防槽段塌方。

（11）当要行驶较长的距离，要把桅杆置于行驶移动的方向上。

（12）成槽机工作时，桅杆下严禁人员通过和站人，严禁用手触摸钢丝绳及滑轮。成槽机操作人员应注意观察周边环境，桅杆与架空线的安全距离应符合《施工现场临时用电安全技术规范》JGJ 46—2005 的规定。

（13）成槽机工作时，应密切注意成槽的垂直度，并及时进行纠偏。

（14）成槽机工作完毕，应尽可能远离槽边，停在坚固平整的地面上，并使抓斗着地。清洁设备，使设备保持整洁，填写设备履历书和例保卡，做好交接班工作。离开设备时务必关闭电源并锁好驾驶室。

（15）成槽机拆卸时，应将桅杆置于 $75°\sim78°$ 位置，将抓斗着地，逐渐变幅桅杆，同步下放起升钢丝绳、电缆与油管，并应防止电缆、油管拉断。

（16）运输时，电缆及油管应卷绕整齐，并应垫高油管盘和电缆盘。

10.4　成槽机械的保养及维护

（1）成槽机应当进行定期的检查与维护，使其保持安全、高效状态。

（2）设备的定期维护有助于及时发现问题、解决问题，减少维修费用。维修设备时不得跨坐在钢丝绳上，处理钢丝绳时要佩戴手套。不得使用扭曲、扭绞、磨损的钢丝绳。

（3）若设备在灰尘多或特别潮湿的环境下工作，应缩短定期维护的时间间隔。

（4）维护、清洁设备之前，应将抓斗降至地面，正确关闭刹车、控制器、发动机、电池组电源开关等，使其处于"关闭OFF"的位置，确保设备不会发生意外滑动。

（5）所有油品的更换，应按照使用说明书中所规定的品种，不得随意更换，严禁混合使用。油品更换过程中应注意保持清洁，勿将杂质、杂物带入油路。不要将油溅在地上或水中，废油应正确处理。

（6）设备维护期间，为避免误操作开动设备，应在设备机身悬挂维修的标志牌，在主控制器上贴上"正在维护"的标签。

（7）设备维护人员须熟悉设备的性能，理解使用说明书中的内容及相关规范要求，熟知安全章程。

（8）维护过程中，在打开的管线与连接处须放置防尘帽。

（9）如需电弧焊，务必要拆除主机电池组的电缆、关闭主机电气箱开关、关闭抓斗控制器的开关。如在焊点附近有热敏元件，焊接前应将其移开或盖好。

（10）在未经制造商及设备产权单位书面同意的情况下，严禁对设备进行可能影响设备效率、操作安全的结构改动或改进。

（11）应定期检查钢丝绳末端附件如死绳端、套管、夹具等，保证钢丝绳牢固可靠；检查钢丝绳末端是否腐蚀，进入壳体的部分是否有破损；检查钢丝绳接头悬挂处附近是否有磨损，夹具托架是否有裂纹。

（12）每周或每50个工作小时应检查钢丝绳导向滑轮，检查滑轮中心销位置是否适当并固定良好，检查滑轮是否刮碰防止钢丝绳脱越轨装置，并向滑轮轴承适当添加黄油。

发现滑轮有以下情况时应及时修理或更换滑轮：

1）转动不灵活或卡住；

2）滑轮槽不光滑，有毛边；

3）滑轮过度磨损或钢丝绳不是由滑轮导向而是由支架导向。

（13）每周或每50个工作小时应检查钢丝绳压紧滚轮装置，每250个工作时须进行润滑。检查项目应包括：1）滚轮是否与卷盘平行；2）安装螺栓是否牢固；3）弹簧是否长度相同。如不同，则调节张紧螺栓使其长度相等。若弹簧已磨损，则更换新的弹簧；4）滚轮支架和压辊是否垂直；5）滚轮表面是否光滑、圆整且无沟槽。如已磨损，则必须更换新的，并调整张紧螺栓到合适位置。

（14）每天或每10个工作小时对钢丝绳回转接头进行润滑并检查其工作情况，保证回转接头在加注黄油后可以自由回转，否则应修理或更换新的回转接头。

（15）定期对成槽机的胶管进行检查，发生机械碰撞、过载、高温的工作环境、移动过于频繁等均有可能造成胶管损坏。胶管或胶管装置有以下任一缺陷的，须立即更换：

1）胶管已损坏到内层（如磨损、切口或爆裂）；

2）胶管表面变脆（如表面有裂纹）；

3）不论在有无压力、弯曲的情况下，原来的形状被破坏，发生胶管变形（如爆裂、层与层之间脱离、起泡、鼓包等）；

4）胶管泄漏或配件连接不紧；

5）配件损坏或变形，不能密封；

6）胶管从装置中滑出；

7）配件腐蚀，造成密封功能或材料强度的降低；

8）备用的胶管超过了储存期。

（16）液压油缸在长时间停机后再次使用时，要检查油缸的密封性。油缸应每年至少注黄油一次。桅杆油缸的保护定位装置内的橡胶垫必须保持完好。

（17）每天换班或每工作 10h，应测试提升限位器的安全有效。

（18）履带驱动轮的检查：每周对驱动轮齿轮箱的油量进行检查，每工作 1500h 或一年应换一次油。

（19）履带的维护保养：

1）每天或每工作 10h 应检查履带的使用情况，每工作 150h 或 4 周，检查驱动轮安装螺栓是否松动或缺失；

2）每天或每工作 10h 应检查履带的张紧力；

3）每周或每工作 50h 应检查履带块的螺栓是否松动或缺失。

（20）卷扬机构的维护保养：

1）每周或每工作 50h 应对卷扬机进行润滑；

2）每周或安装完毕投入使用前检查卷扬机减速器的润滑油油位，每工作 1500h 或 1 年更换卷扬机减速器的润滑油。

11 隧道掘进机械

11.1 盾 构 机

盾构机,又称为盾构隧道掘进机,其横断面外形与隧道横断面外形相同、尺寸稍大,内设切削、排土、推进等机构,外设保护外壳。以盾构机为核心的一整套完整的隧道施工方法称为盾构工法。就城市隧道施工而言,开挖法存在受地形、地貌、环境条件的限制,地层沉降较大,给城市带来交通不便、噪声、环境污染等弊端。相对而言,盾构工法将这些缺陷大大降低,故得到迅速发展。

近年来,盾构机的技术进步显著,呈现长距离施工、盾构机型式多样化、信息化自动管理等发展趋势。目前国内使用土压平衡盾构机和泥水平衡盾构机较多,本章将主要介绍这两种盾构机。

11.1.1 盾构机的分类

盾构机的分类方法较多,可按盾构机挖掘土体的方式,掘削面的挡土形式,稳定掘削面的加压方式,切削断面的形状,构造的特征、尺寸的大小、功能,施工方法,适用土质的状况等多种方式分类,见表 11-1。

(1) 按挖掘土体的方式分类

按挖掘土体的方式,盾构机可分为手掘式盾构机、半机械式盾构机及机械式盾构机三种。

1) 手掘式盾构机:即掘削和出土均靠人工操作进行的方式;

2) 半机械盾构机:即大部分掘削和出土作业由机械装置完成,但另一部分仍靠人工完成;

盾构机分类表 　　**表 11-1**

1. 按挖掘方式分类	2. 按挡土方式分类	3. 按稳定掘削面的加压方式分类	4. 组合命名分类
手掘式 半机械式 机械式	开放式 部分开放式 封闭式	压气式 泥水加压式 削土加压式 加水式 泥浆式 加泥式	盾构机 ─┬─ 全开放式 ─┬─ 手掘式 　　　　│　　　　　├─ 半机械式 　　　　│　　　　　└─ 机械式 　　　　├─ 部分开放式 ── 网格式 　　　　└─ 封闭式 ─┬─ 泥水式 　　　　　　　　　　└─ 土压式
5. 按断面形状分类	6. 按尺寸大小分类	7. 按施工方法分类	8. 按适用土质分类
圆形 ─┬─ 半圆形 　　　├─ 单圆形 　　　├─ 双圆搭接形 　　　└─ 三圆搭接形 非圆形 ─┬─ 矩形 　　　　├─ 马蹄形 　　　　└─ 椭圆形	超小型盾构 小型盾构机 中型盾构机 大型盾构机 特大型盾构机 超特大型盾构机	二次衬砌盾构工法 一次衬砌盾构工法 （ELC 工法）	软土盾构机 硬土层、岩层盾构机 复合盾构机

　　3）机械式盾构机：即掘削和出土等作业均由机械装备完成。

　　（2）按掘削面的挡土形式分类

　　按掘削面的挡土形式，盾构机可分为开放式、部分开放式、封闭式三种。

　　1）开放式：即掘削面敞开，并可直接看到掘削面的掘削方式；

　　2）部分开放式：即掘削面不完全敞开，而是部分敞开的掘削方式；

　　3）封闭式：即掘削面封闭，不能直接看到掘削面，而是靠各种装置间接地掌握掘削面的方式。

　　（3）按加压稳定掘削面的形式分类

　　按加压稳定掘削面的形式，盾构机可分为压气式、泥水加压式、削土加压式、加水式、加泥式、泥浆式六种。

1) 压气式：即向掘削面施加压缩空气，用该气压稳定掘削面；

2) 泥水加压式（也称泥水平衡式）：即用外加泥水向掘削面加压稳定掘削面；

3) 削土加压式（也称土压平衡式）：即用掘削下来的土体的土压稳定掘削面；

4) 加水式：即向掘削面注入高压水，通过该水压稳定掘削面；

5) 泥浆式：即向掘削面注入高浓度泥浆，靠泥浆压力稳定掘削面；

6) 加泥式：即向掘削面注入润滑性泥土，使之与掘削下来的砂卵石混合，由该混合泥土对掘削面加压稳定。

（4）组合分类法

这种分类方式是把前面（2）、（3）两种分类方式组合起来命名分类的方法（见表11-2），这种分类法目前使用较为普遍。这种方式的实质是看盾构机中是否存在分隔掘削面和作业舱的隔板。

盾构机组合命名分类法　　　　　　　　　表 11-2

	盾构机前方构造	形式		掘削面稳定机构
盾构	封闭型	土压式	土压	掘削土＋面板
				掘削土＋辐条
			泥土	掘削土＋添加材料＋面板
				掘削土＋添加材料＋辐条
		泥水式		泥水＋面板
				泥水＋辐条
	开放型	部分开放型	网格式	隔板
		全面开放型	手掘式	前檐
				挡土装置
			半机械式	前檐
				挡土装置
			机械式	面板
				辐条

全开放式盾构机不设隔板，其特点是掘削面敞开。掘削土体的形式可为手掘式、半机械式、机械式三种。这种盾构机适于掘削面可以自立的地层中使用。掘削面缺乏自立性时，可用压气等辅助工法防止掘削面坍落。

部分开放式盾构机，即隔板上开有取出掘削土出口的盾构机，即网格式盾构机，也称挤压式盾构机。

封闭式盾构机是一种设置封闭隔板的机械式盾构机。掘削土是从位于掘削面和隔板之间的土舱内取出的，利用外加泥水压或者泥土压与掘削面上的土压平衡来维持掘削面的稳定，所以封闭式有泥水平衡式和土压平衡式两种。进而土压平衡式又可分为真正的土压平衡式和加泥平衡式；加泥平衡式又分为加泥和加泥浆两种平衡方式。

（5）按盾构机切削断面形状分类

按盾构机切削断面形状，盾构机可分为圆形、非圆形两大类。圆形又可分为单圆形、半圆形、双圆搭接形、三圆搭接形。非圆形又分为马蹄形、矩形（长方形，正方形，凹、凸矩形）、椭圆形（纵向椭圆形、横向椭圆形）。

（6）按盾构机的尺寸大小分类

按盾构机的尺寸大小，盾构机可分为超小型、小型、中型、大型、特大型、超特大型。

1）超小型盾构机是指 D（直径）$\leqslant 1m$ 的盾构机；

2）小型盾构机是指 $1m < D \leqslant 3.5m$ 的盾构机；

3）中型盾构机是指 $3.5m < D \leqslant 6m$ 的盾构机；

4）大型盾构机是指 $6m < D \leqslant 14m$ 的盾构机；

5）特大型盾构机是指 $14m < D \leqslant 17m$ 的盾构机；

6）超特大型盾构机是指 $D > 17m$ 的盾构机。

（7）按施工方法分类

按施工方法，盾构机可分为二次衬砌盾构、一次衬砌盾构（ECL 工法）。

二次衬砌盾构工法：即盾构机推进后先拼装管片，然后再做内衬（二次衬砌），也就是通常的方法。

一次衬砌盾构工法：即盾构机推进的同时现场浇筑混凝土衬砌（略去拼装管片的工序）的工法，也称 ECL 工法。

（8）按适用土质分类

按适用土质，盾构机可分为软土盾构机、硬岩盾构机及复合盾构机。

1）软土盾构机：即切削软土的盾构机；

2）硬岩盾构机：即掘削硬岩的盾构机；

3）复合盾构机：既可切削软土，又能掘削硬岩的盾构机。

11.1.2 盾构机的构造

盾构机由头部结构和后配套台车组成，中间用连接梁连接。头部结构中有刀盘、切口环、支承环和盾尾，见图 11-1。

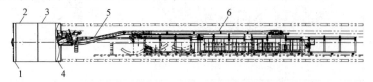

图 11-1　盾构机

1—刀盘；2—切口环；3—支承环；4—盾尾；5—连接梁；6—台车

（1）刀盘

刀盘是盾构机的掘削机构，其直径与外壳的外径相同，其构造（见图 11-2）由切削土体的刀具、稳定掘削面的面板、轴承安装机构等组成。刀盘设置在盾构机的最前方，其功能是既能掘削地层土体，又能对掘削面起一定支承作用从而保证掘削面的稳定。

1）刀盘与切口环的关系

刀盘安装在切口环轴承上，外尺寸与切口环对齐，其结构见图 11-3。

2）刀盘形状

① 纵断面形状

刀盘中心装有突出的刀头，面板上安装各种类型的刀具，外侧装有超挖刀等，现有的土压平衡和泥水平衡盾构机一般都采用这种形式的刀盘。其优点是掘削的方向性好，且有利于添加剂与土体的拌合，如图 11-4（a）。

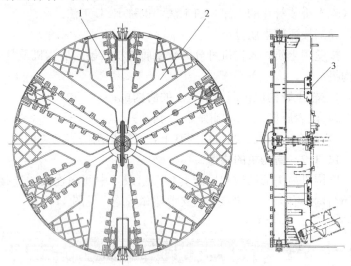

图 11-2　刀盘

1—刀具；2—面板；3—轴承安装机构

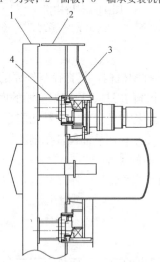

图 11-3　刀盘与切口环的关系

1—刀盘；2—切口环；3—轴承；4—轴承安装机构

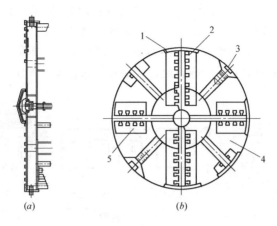

图 11-4　刀盘形状

1—辅助刀具；2—掘削刀具；3—超挖刀；4—面板；5—槽口

② 正面形状

刀盘的正面形状有辐条和布设在辐条上的刀具构成，其特点是刀盘的掘削扭矩小、排土排泥容易、舱内压力可有效的作用到掘削面上，如图 11-4 (b)。

③ 掘削刀具

刀具形状的参数即其前角和后角（如图 11-5），完全取决于土质条件。

就掘削形式而言，有固定式和旋转式两种。其中，固定式刀具一般为齿形断面；而旋转式可分为环形、镶嵌和盘形断面。

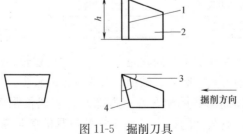

掘削方向

图 11-5　掘削刀具

1—刀刃；2—刀柄；3—后角；4—前角；h—高度

图 11-6 示出的是常用的 4 种掘削刀具（齿形刀具、屋顶形刀具、镶嵌刀具及盘形滚刀）的正视图及侧视图。齿形刀具和屋顶形刀具主要用于砂、粉砂和黏土等软弱地层的掘削。镶嵌刀具和盘形滚刀主要用于砾石层、岩层和风化花岗岩等地层的掘削。

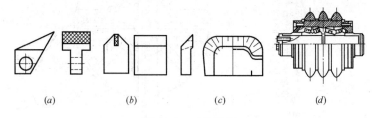

| (a) | (b) | (c) | (d) |

图 11-6   刀具种类

（a）齿形刀具；（b）屋顶形刀具；（c）镶嵌刀具；（d）盘形滚刀

另外，刀具也可按掘削目的、设置位置分类，见表 11-3。

刀具的分类、位置及用途   表 11-3

分类名称	用　　途	设置部位
固定刀具	掘削掘削面	面板正面
旋转刀具		
超前刀具	超前掘削	面板正面
导向钻具	破碎地层	
外沿保护刀具	保护刀盘外沿	面板正面外沿
修边刀具	减小推进阻力	面板外沿
背面保护刀具	保护背面面板	面板背面
加泥嘴保护刀具	保护加泥嘴	加泥嘴部位
掘削障碍物刀具	掘削障碍物	面板正面外围

目前刀具存在的主要问题是，对于砂卵地层长距离掘进的情况来说，掘削刀具的磨耗、破损、脱落等事故较多。显然要避免上述事故，提高刀具的耐久性（寿命）是实现长距离掘进的关键，然而提高耐久性的根本又在于降低刀具的磨耗系数（ mm/km）。磨耗系数的定义是刀具每掘进 1km 时的刀具的磨耗量

（mm）。显然磨耗量一定（通常允许值定在 10～20mm）时，磨耗系数越小，可掘进的距离越长。

目前作为降低刀具的磨耗系数的措施，大致有以下几种：

a. 选用硬度大的、抗剪性好的优质钢材制作刀刃，以便提高刀具自身的耐磨性；

b. 增加刀具的数量，即增加刀具的行数及每一行的刀具布设数；

c. 采用长短刀具并用法。即长刀具磨损后，短刀具开始接替长刀具掘削。其长刀具与短刀具的高低差一般选定在 20～30mm；

d. 采用超硬重型刀具，刀具背面实施硬化堆焊。

采用上述诸多措施后，盾构机刀具的最长掘进距离可在一定程度上延长。不过这里应当指出，相同条件下刀具的最长掘进距离与盾构机刀盘直径成反比。

另外，目前一些长距离掘进的盾构机采用舱内换刀方式，即刀具不直接焊接在刀盘面板上，而是采用螺栓连接，紧急时人员可进入舱内换刀。

（2）外壳

盾构机外壳的目的是保护掘削、排土、推进、做衬等所有作业设备、装置的安全，故整个外壳用钢板制作，内部有环形梁加固支承，并用高强度螺栓连接。

一台盾构机的外壳沿纵向从前到后可分为前、中、后三段，通常又把这三段分别称为切口环、支承环、盾尾三部分，如图11-7所示。

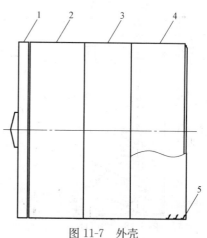

图 11-7　外壳

1—刀盘；2—切口环；3—支承环；

4—盾尾；5—盾尾刷

1）切口环

切口环装有掘削机构（刀盘）和挡土机构，如图11-8。

切口环的前端装有掘削刀盘，刀盘后方至隔板的空间称为土舱（或泥水舱）。刀盘背后空间内设有搅拌装置。土舱底部设有进入螺旋输送机的排土口。土舱上留有添加材料注入口。刀盘安装在切口环中心位置的旋转轴承上，轴承与前部挡土机构间有密封材料，用以防止泥沙渗漏进入。刀盘的动力提供依靠环形分布的电机，电机与轴承齿轮连接来传递扭矩。此外，当考虑更换刀具、拆除障碍物、地中接合等作业需要时，应同时考虑并用压气工法和可以出入掘削面的形式，因此隔板上应考虑设置人孔和压气闸。

2）支承环

支承环在盾构机头部的中央位置，内部主要是推进油缸和管片拼装机构，如图11-9。

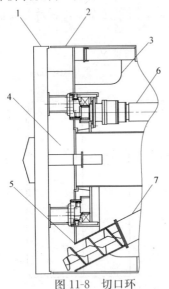

图 11-8　切口环

1—刀盘；2—切口环；3—人闸；4—土舱；
5—排土口；6—电机；7—螺旋机

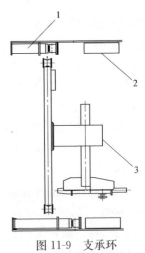

图 11-9　支承环

1—推进油缸；2—管片；
3—管片拼装机构

推进油缸沿壳体环形分布，盾构机向前掘进时，顶在混凝土管片外侧提供顶推力，通过调节不同位置油缸的压力、角度等，可以调整盾构机推进的姿态。

拼装机是拼装混凝土管片的工具，可进行旋转、上下、前后等动作，将管片拼装至指定位置。

3）盾尾

盾尾即盾构机头部的后部。盾尾为管片拼装空间，该空间内装有拼装管片的举重臂。为了防止周围地层的土砂、地下水及背后注入的填充浆液窜入该部位，故设置有尾封装置。盾尾封装形式如图 11-10 所示。为了增加止水效果，钢丝刷之间的空隙处须加入密封材料。盾尾的内径与管片外径的差称为盾尾间隙，记作 x。其值的大小取决于管片的拼装裕度，曲线施工、摆动修正必需的裕度，主机外壳制作误差及管片的制作误差。通常取 $x=20\sim30\text{mm}$。

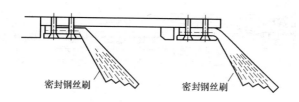

密封钢丝刷　　　　密封钢丝刷

图 11-10　尾封装置

盾尾间隙（x）加上盾尾外壳钢板的厚度（t），也就是盾构机推进后管片和地层间产生的空隙 ΔD，该空隙称为构筑空隙，即 $\Delta D=x+t$。由于构筑空隙直接造成地层沉降，故须在盾构机推进后立刻对该空隙进行填充注浆。当然希望 ΔD 越小越好，所以盾尾外壳多选用厚度较薄的高强度钢板。

（3）连接梁和台车

1）连接梁

连接梁指的是连接盾构机头部和台车的机构，形式如图 11-11 所示。一般采用工字钢或圆形钢管制作，主要承受后部机

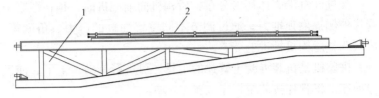

图 11-11　连接梁

1—连接梁；2—各类管路

构的拉力。

2）台车

台车内主要为后配套设备，包括控制室、液压组件、电气柜、注浆泵等。因设计不同，其数量也有所不同，一般为 4～6 节。台车通过连接梁，在轨道上跟随盾构机头部前进，如图 11-12 所示。

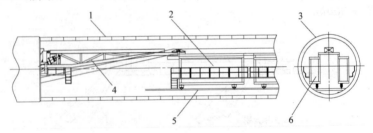

图 11-12　连接梁及台车

1、3—管片；2、6—台车；4—连接梁；5—轨道

11.1.3　主要机构

（1）搅拌机构

就土压盾构机而言，搅拌机构的功能是搅拌注入添加材料后的舱内掘削土砂，提高其塑流性，严防堆积粘固，利于排土效果的提高。该搅拌机构包括下示几个部分：

1）掘削刀盘；

2）掘削刀盘背面的搅拌叶片；

3）螺旋输送机轴上的搅拌叶片；

4）设在隔板上的固定、可动搅拌叶片；

5）设置在舱内的单独驱动的搅拌叶片。

图 11-13 所示是土压盾构机中的搅拌机构的设置方式。

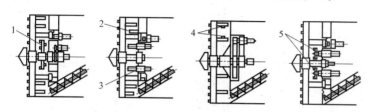

图 11-13　搅拌机构

1—独立搅拌叶片；2—固定搅拌棒；3—可动搅拌棒；

4—拌和叶片；5—独立搅拌叶片

就泥水盾构机而言，搅拌机构的功能是使掘削下来的土砂均匀地混于泥水中，进而利于排泥泵将混有掘削土砂的浓泥浆排出。为防止排泥吸入口堵塞，特把旋转搅拌机设置在泥水舱内底部。当然刀盘也具搅拌功能。

（2）土压盾构机的排土机构

排土机构由螺旋输送机和皮带输送机构成。

1）螺旋输送机

螺旋输送机的功能是把土舱内的掘削土运出、经皮带输送机送给盾构机外的泥土运出设备（至地表）。因此，螺旋输送机的始端（进土口）延伸到土舱底部靠隔板的位置上，末端（排土口）与皮带输送机连接。其构造一般为有轴式，直接驱动叶片中心轴，构造示意如图 11-14 所示。

在泥土具有良好塑流性的场合下，螺旋输送机的排土量与其转数成正比。因此，通常以螺旋输送机的转数为基础进行掘土量的管理。另外，还可以根据土压计的测量值与设定基准值的对比结果，增减转数维持土压平衡，即进行土压管理。

在螺旋输送机的排土口一般有排土控制器，其功能是控制螺旋输送机的排土量，调节螺旋输送机内土体密度，防止喷水；同时也有调节舱内土压，稳定掘削面的作用。

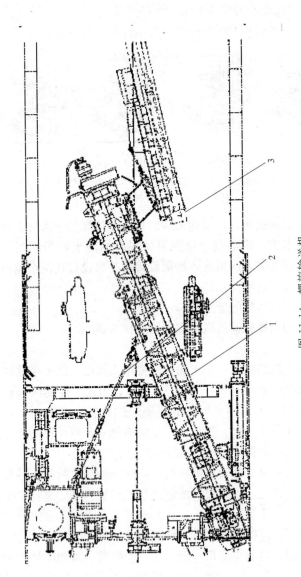

图 11-14 螺旋输送机

1—螺旋输送机；2—拉杆；3—输送带

248

2) 皮带输送机

皮带输送机是接在螺旋输送机下方，将切削土输送至后方泥土运出设备的机构，主要由机架、输送带、托辊、滚筒、挡泥板等组成，其结构如图 11-15 所示。

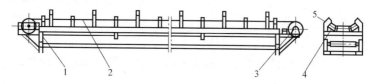

图 11-15　皮带输送机

1—机架；2—输送带；3—滚筒；4—托辊；5—挡泥板

（3）泥水盾构机的送排泥水机构

泥水送入系统如图 11-16，由设置在进发基地的泥水处理设备、泥水压送泵、泥水输送管、测量装置（流量、密度）及泥水舱壁上的注入口构成。泥水排放系统由排泥泵、测量装置（流量、密度）、中继排泥泵、泥水输送管及地表泥水贮存池构成。为防止排泥泵的吸入口堵塞，特在土舱内吸入口的前方设置泥水搅拌机。泥水盾构机的掘削刀盘多为面板形，可根据对象地层和砾石粒径决定槽口的形状、大小及开口率。

为使掘削面稳定，送排泥机构中还必须装备泥水量和掘削土量管理的测量仪器。通常靠调节泥水压送泵的转数调节泥水压力，由流量计和密度计测量结果推算掘削和排土量。

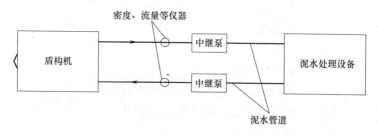

图 11-16　泥水送排系统

（4）添加材料注入机构

对细粒成分（黏土、淤泥）少的地层而言，刀盘掘削下来的泥土的塑流性很难满足排土机构直接排放的条件，且抗渗性也差。为此必须向这种掘削泥土中注入添加材料，以便改变其塑流性、抗渗性，使其达到排土机构可以排放的条件。通常使用的添加材料有膨润土、黏土、陶土等天然矿物类材料、高吸水性树脂类材料、水溶性高分子类材料、表面活性类特殊气泡剂材料。

添加材料的注入装置有配制设备、注入泵、输送管线及设置在刀盘中心钻头前端的注入口等。

考虑到掘削泥土和添加材料的搅拌混合效率，希望把注入口设在刀盘中心突出头的前面、辐条上或土舱隔板上。因为注入口直接与泥土接触，故必须设置可以防止泥土和地下水涌入的防护头和逆流防止阀。

注入口的设置数量与盾构机的直径、刀盘的支承方式、刀盘的形状等条件有关，多个注入口的情形下，应注意保持各注入口的喷射量的均等。

（5）推进机构

1）装备推力

盾构机的推进是靠设置在支承环内的盾构机千斤顶的推力作用在管片上，进而通过管片产生的反推动力使盾构机前进的。

盾构机的装备推力，可在考虑设计推力和安全系数 A 的基础上，按下式确定：

$$F_e = A \cdot (F_1 + F_2 + F_3 + F_4 + F_5 + F_6) = A \cdot F_d \quad (11\text{-}1)$$

式中　F_e——装备推力；

　　　A——安全系数；

　　　F_d——设计推力；

　　　F_1——盾构机外壳与周围地层的摩阻力；

　　　F_2——盾构机正面刀盘面板推进阻力；

　　　F_3——管片与盾尾间的摩阻力；

　　　F_4——切口环贯入地层的贯入阻力；

F_5——变向阻力；

F_6——后接台车的牵引阻力。

2）盾构机千斤顶

① 千斤顶的推力、条数及布设方式

盾构机千斤顶的条数及每只千斤顶的推力大小与盾构机的外径（D_e）、要求的总推力、管片的结构、隧道轴线的形状有关。

a. 施工经验表明，选用的每只千斤顶的推力范围，对中小口径的盾构机来说，每只千斤顶的推力以 600～1500kN 为好；对大口径盾构机来说，每只千斤顶的推力以 2000～4000kN 为好。

b. 盾构机千斤顶的条数 N，可按下式确认：

$$N = D_e/0.3 + (2\sim3) \tag{11-2}$$

式中　D_e——盾构机外径（m）。

c. 千斤顶的布设方式

一般情况下盾构机千斤顶应等间隔的设置在支承环的内侧，紧靠盾构机外壳的地方。但在一些特殊情况下，如土质不均匀、存在变向荷载等客观条件时，也可考虑非等间隔设置。千斤顶的伸缩方向应与盾构隧道轴线平行。

d. 撑挡的设置

通常在千斤顶伸缩杆的顶端与管片的交界处，设置一个可使千斤顶推力均匀地作用在管环上的自由旋转的接头构件，即撑挡。另外，在 RC 管片、组合管片的场合下，撑挡的前面应装上合成橡胶、尿烷橡胶或者压顶材，其目的在于保护管片。盾构机千斤顶伸缩杆的中心与撑挡中心的偏离允许值一般为 30～50mm。千斤顶与撑挡的偏心状况见图 11-17。

② 千斤顶的最大伸缩及推进速度

考虑到在盾尾内部拼装管片、曲线施工等作业，盾构机千斤顶的最大伸缩量可按管片宽度加 150mm 的关系确定。千斤顶的推进速度一般为 50～100mm/min。

（6）驱动机构

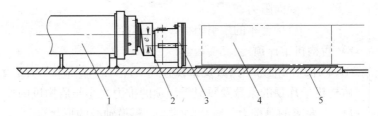

图 11-17　千斤顶与撑挡的偏心状况

1—盾构机千斤顶；2—偏心量 e；3—撑挡；4—管片；5—外壳板

　　驱动机构是指向刀盘提供必要旋转扭矩的机构。该机构是由带减速机的油压马达或者电动机经过副齿轮，驱动装在掘削刀盘后面的齿轮或销锁。有时为了得到大的旋转力，也有利用油缸驱动刀盘旋转的方式。油压式对启动和掘削砾石层等情形较为有利。电动机式的优点是噪声小、维护管理容易、后方台车的规模也可相应得以缩减。两者各有优缺点，应据实际需求选用。

　　刀盘的装备扭矩与地层条件及盾构机的分类、构造、直径等因素有关。设计扭矩可由下式确定：

$$T = T_1 + T_2 + T_3 + T_4 + T_5 + T_6 \tag{11-3}$$

式中　T——设计扭矩（kN·m）；

　　　T_1——掘削刀盘正面、侧面与地层土体的摩阻力扭矩（kN·m）；

　　　T_2——刀具掘削土体刀盘切入地层时的地层抗力扭矩（kN·m）；

　　　T_3——刀盘和搅拌叶片的搅拌扭矩（kN·m）；

　　　T_4——密封决定的摩阻力扭矩（kN·m）；

　　　T_5——轴承摩阻力决定的扭矩（kN·m）；

　　　T_6——减速装置摩擦损失的扭矩（kN·m）。

　　其中，T_1、T_2、T_3 三项的扭矩值与地层中的土体参数密切相关；T_4、T_5、T_6 三项的扭矩值系盾构机自身的摩擦损失，这三项的贡献极小。

　　另外，实践发现装备掘削扭矩与盾构机直径的相关性极大，通常可用下式表示：

$$T_e = \alpha D_e^3 \qquad (11\text{-}4)$$

式中 T_e——装备掘削扭矩（kN·m）；

      D_e——盾构机外径（m）；

      α——扭矩系数（对土压盾构机而言，$\alpha = 14 \sim 23 \mathrm{kN/m^2}$；对泥水盾构机而言，$\alpha = 9 \sim 18 \mathrm{kN/m^2}$）。

（7）管片拼装机构

管片拼装机构设置在盾构机的尾部，盾构机往前推进一环后，由其完成管环的拼装。它包括搬运管片的钳挟系统和上举、旋转、拼装系统，一般具有 6 个自由度，即前后、上下、左右，其机构如图 11-18 所示。

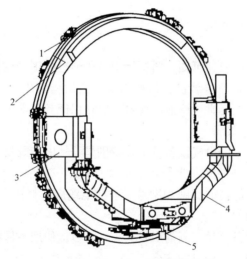

图 11-18   管片拼装机构

1—挡托轮；2—盘体；3—悬臂梁；

4—提升横梁；5—钳挟系统

钳挟系统如图 11-19 所示，通过吊装工具将管片吊起，直至碰到 4 个缓冲块将管片加紧，随后利用旋转等 6 个动作将管片拼装至设计指定位置。

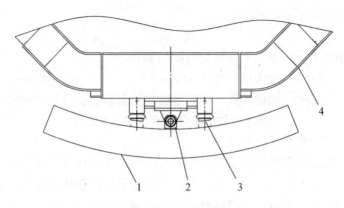

图 11-19 钳挟系统

1—管片；2—夹持机构；3—定位缓冲机构；4—机架

（8）液压和电气设备

1）液压设备

从前面的叙述可知，盾构机中液压油缸的用量较多，如：推进千斤顶、管片拼装机、超挖刀等。因盾构机中的使用环境恶劣，所以必须经常检修液压设备，以便保证其正常工作。

2）电气设备

盾构机中的电气设备较多，特别是连接电缆既长又多。由于盾构机内的条件差，为避免事故发生，电气设备应选用防水性能、绝缘性能好的品牌和型号。连接电缆应选择抗老化、耐油、耐化学腐蚀的电缆。

电气设备容易在洞内引发火灾，所以应使用不易燃的电缆。

11.1.4 盾构机的座台

盾构机的座台（图 11-20）是盾构机组装的基座，并使盾构机处于理想的预定进发位置（高度、方向）上的结构。要求其结构合理，可以确保安装作业的施工性；构件刚度好、强度高，不易损坏；与竖井底板固定要牢固，确保盾构机位置稳定，推进轴线与设计轴线保持一致。

盾构机座台有如下三种形式：

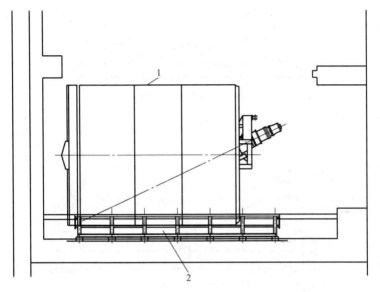

图 11-20　盾构机座台

1—盾构机；2—盾构机座台

（1）钢筋混凝土盾构机座台

这种座台的断面示意图如图 11-21 所示，通常是多块钢筋混凝土构造物的组合体，有现浇式和预制件拼接式两种，其优点是结构稳定、抗压性能好。

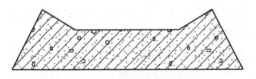

图 11-21　钢筋混凝土盾构机座台

（2）钢结构座台

钢结构进发座台有现场拼接式和平底整体安装式（见图 11-22）两种。其优点是加工周期短、适应性强。

（3）钢筋混凝土与钢结构组合座台

图 11-23 示出的是组合座台的实例。这种座台聚集了（1）

255

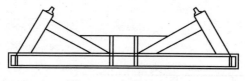

图 11-22 钢结构座台

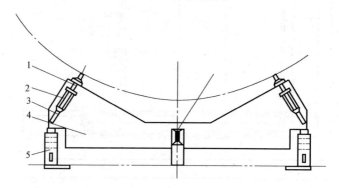

图 11-23 钢筋混凝土与钢结构组合座台

1—纵向组合钢梁；2—剪刀撑；3—二侧纵向钢梁；

4—钢筋混凝土；5—调高砂箱

和（2）两种座台的优点，使用较多。

11.1.5 盾构机掘进的安全使用要求

（1）盾构机及配套设施应在专业厂家制造，应符合设计要求，并应在总装调试合格后才能出厂。出厂时，应具有质量合格证书和使用说明书。

（2）作业前，应充分了解施工作业周边环境，对邻近建（构）筑物、地下管网等进行监测，应制定对建（构）筑物、地下管线保护的专项安全技术方案。

（3）作业前，应对有害气体及地下作业面通风量进行监测，并应符合职业健康安全标准的要求。

（4）盾构机组装之前应对推进千斤顶、拼装机、调节千斤顶等进行试验验收。

（5）盾构机组装完成后，必须先对各部件、各系统进行空载、负载调试及验收，最后进行整机空载和负载调试及验收。

（6）盾构机始发、接收时必须做好座台的稳定牢固措施。

（7）盾构机应在空载调试运转正常后，开始始发施工。在盾构机始发阶段，应检查各部位润滑并记录油脂消耗情况；初始推进过程中，应对推进情况进行监测，并对监测反馈资料进行分析，不断调整盾构机掘进施工参数。

（8）盾构机掘进中，每环掘进结束及中途停止掘进时，应按规定程序操作各种机电设备。

（9）盾构机掘进中，当遇有下列情况之一时，应暂停施工，并应在排除险情后继续施工：

1）盾构机位置偏离设计轴线过大；

2）管片严重碎裂和渗漏水；

3）开挖面发生坍塌或严重的地表隆起、沉降现象；

4）遭遇地下不明障碍物或意外的地质变化；

5）盾构机旋转角度过大，影响正常施工；

6）盾构机扭矩或顶力异常。

（10）盾构机暂停掘进时，应按程序采取稳定开挖面的措施，确保暂停掘进后盾构机姿态稳定不变。暂停掘进前，应检查并确认推进液压系统不得有渗漏现象。

（11）盾构机带压开仓更换刀具时，应确保工作面稳定，并应进行持续充分的通风及毒气测试合格后，进行作业。地下情况较复杂时，作业人员应戴防毒面具。更换刀具时，应按专项方案和安全规定执行。

（12）双圆盾构机掘进时，两刀盘必须相向旋转，并保持转速一致，避免接触和碰撞。

（13）实施盾构机纠偏不得损坏已安装的管片，并保证新一环管片的顺利拼装。

（14）盾构机切口离到达接收井距离小于10m时，必须控制盾构机推进速度、开挖面压力、排土量，以减小洞口地表变形。

（15）盾构机推进到冻结区域停止推进时，应每隔10min转动刀盘一次，每次转动时间不少于 5 分钟，防止刀盘被冻住。

（16）当盾构机全部进入接收井内座台上后，应及时做好管片与洞圈间的密封。

（17）管片拼装操作应注意下列事项：

1）管片拼装必须落实专人负责指挥，拼装机操作人员必须按照指挥人员的指令操作，严禁擅自转动拼装机；

2）举重臂旋转时，必须鸣号警示，严禁施工人员进入举重臂活动半径内，拼装工在全部定位后，方可作业。在施工人员未能撤离施工区域时，严禁启动拼装机；

3）拼装管片时，拼装工必须站在安全可靠的位置，严禁将手脚放在环缝和千斤顶的顶部，以防受到意外伤害；

4）举重臂必须在管片固定就位后，方可复位，封顶拼装就位未完毕时，人员严禁进入封顶块的下方；

5）举重臂拼装头必须拧紧到位，不得松动，发现磨损情况，应及时更换，不得冒险吊运；

6）管片在旋转上升之前，必须用举重臂小脚将管片固定，以防止管片在旋转过程中晃动；

7）拼装头与管片预埋孔不能紧固连接时，必须制作专用的拼装架，拼装架设计必须经技术部门认可，经过试验合格后方可使用；

8）拼装管片必须使用专用的拼装销子，拼装销必须有限位；

9）拼装机回转时，在回转范围内不得有人；

10）管片吊起或升降架旋回到上方时，放置时间不应超过 3min。

（18）盾构机转场过程中必须按要求做好盾构机各部件的维修与保养、更换与改造。

11.2 顶　　管

顶管技术是一项用于市政施工的非开挖掘进式管道铺设施工技术。顶管法施工就是在工作坑内借助于顶进设备产生的推力，克服管道与周围土壤的摩擦力，将管道按设计的坡度顶入土中，并将土方运走。优点在于不影响周围环境或者影响较小，施工场地小，噪声小。而且能够深入地下作业，这是开挖埋管无法比拟的优点。

11.2.1 顶管施工工艺简述

采用顶管法施工时，需在管线的始发端建造一个工作井。在井内的顶进轴线后方，布置一组行程较长的油缸（简称主油缸，俗称千斤顶），一般呈对称布置，如2只、4只、6只或8只，数量多少根据顶管的管径大小和顶力大小而定。管道放在主油缸前面的导轨上，管道的最前端安装顶管机。主油缸顶进时，以顶管机开路，推动管道穿过工作井井壁上预埋的穿墙管（孔）把管道顶入土中。与此同时，进入顶管机的泥土不断被挖掘通过排土设备外排。当主油缸达到最大行程后缩回，放入顶铁填充缩回行程，主油缸继续顶进。如此不断加入顶铁，管道不断向土中延伸。当井内导轨上的管道几乎全部顶入土中后，缩回主油缸，吊去全部顶铁，将下一节管段吊下工作井，安装在前节管道的后面，接着继续顶进。如此循环施工，直至顶完全程。图11-24为顶管施工的示意图。

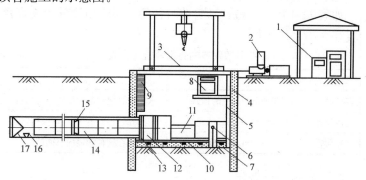

图 11-24 顶管施工的示意图

1—控制室；2—注浆系统；3—工作平台；4—工作井；5—后背墙；
6—测量系统；7—基础；8—主顶油缸；9—扶梯；10—导轨；
11—主顶油缸；12—弧形顶铁；13—环形垫圈；14—顶进
管道；15—中继间；16—运土车；17—顶管机

在顶管施工过程中，如果使用基坑中主顶油缸的最大推力都无法把管道顶到接收井时，就必须在这一段管道的某个部位安装一个中继间。

中继间是长距离顶管中必不可少的设备。在顶管施工中，通过加设中继间的方法，就可以把原来需要一次连续顶进的长距离顶管，分成若干个短距离的小段来分别加以顶进。先用中继间把中继间以前的管道和顶管机向前顶一段距离（通常约为中继间油缸的一次行程）。然后，再用主顶油缸把中继间合拢。接下来重复上述动作，就把原来一次顶进的管道分两段来顶。

如果距离再长，分两段还不行，可在距第一个中继间后面管道的某个部位再安装第二个中继间。以此类推，从理论上讲可以加无数个中继间，那么一次连续顶进的管道也可以是无限长的。实际上，目前国内也是经常一次使用多个中继间。

11.2.2 顶管的分类

顶管可按顶管的直径大小、顶进距离、管材、地下水位、管轴线来分类。

（1）按顶管的直径大小

如表 11-4 所示，按所顶管节直径的大小将顶管分为大直径、中直径、小直径三种。

按所顶管节的直径顶管分类表　　　　表 11-4

类别	定义	特　点
大直径顶管	$\phi 2000mm$ 以上的顶管	人能在这种管道中站立和自由行走
中直径顶管	$\phi 800 \sim \phi 1800mm$ 的顶管	人在这种管道中可以弯腰行走
小直径顶管	$\leqslant \phi 600mm$ 的顶管	人在这种管道内只能爬行

（2）按顶进距离分

按一次顶进距离的长短可分为短距离、长距离和超长距离三种。

1）短距离顶管是指不需要采用中继间的顶管。

2）长距离顶管是指顶进长度大于 400m 的顶管，开始考虑设置通风、变电和中继间。

3）超长距离顶管是专指顶进长度在 1000m 以上的顶管。

（3）按管材分

按顶管管道的材料分，可分为钢管顶管、混凝土顶管、玻璃钢顶管和其他管材的顶管。

目前钢管顶管和混凝土顶管已广泛应用，玻璃钢顶管处于起步阶段。其他管材如铸铁管、复合管、钢筒混凝土管和树脂混凝土管等目前已有应用。

（4）按地下水位分

按地下水位分，可分为干法顶管和水下顶管两种。

管道顶进的土层有无地下水，对施工方法的选择非常重要，选择不当会危及顶管施工安全及影响施工成本和施工周期。

（5）按管轴线分

按顶管设计轴线形状分，可分为直线顶管和曲线顶管。曲线又分为水平曲线和垂直曲线。不同的材质和管节长度有不同的允许曲率半径限制。

11.2.3 常用顶管机

（1）气压平衡顶管机

气压平衡顶管用于手掘式工具管或半机械式的顶管施工中。气压平衡顶管的基本原理就是使挖掘面与保持一定压力的压缩空气相接触，以起到两个作用：一方面用来疏干挖掘面上土体中的地下水，另一方面用来保持挖掘面的稳定。

气压平衡顶管机可分为全气压和局部气压两种，所谓全气压就是包括挖掘面以内的所有顶进管道中都充满压缩空气。

全气压施工的主要缺点是劳动条件差、施工效率低，气压冒顶对工程和人员安全构成较大的威胁。在总结全气压施工的基础上，我国研究成功了局部气压施工方法。局部气压施工将压缩空气的范围仅限于开挖面，而操作人员仍在常压下工作，因而大大改善了劳动条件；弃土用管道排放，施工效率高；压缩空气万一冒顶，不对工程和人员构成威胁。

（2）泥水平衡顶管机

泥水平衡顶管施工是继气压平衡顶管之后，土压平衡顶管之前这一阶段所开发成功的一种非常成熟的顶管施工工艺。它的特点是平衡的精度比较高、施工的速度比较快，适用于覆土深度大于 1.5 倍管外径且透水系数不太大的砂质土和黏土。不适用于透水系数大的砂卵石。

泥水平衡顶管施工对泥水管理这一环节要求比较高，进水必须是比重在 1.03～1.30 之间的泥水而不允许用清水，泥水可在挖掘面上形成一层泥膜，这层泥膜可以平衡地下水压力，防止泥水向外溢出，同时又可防止地下水内渗透，而清水是不具有这种特性的。

泥水平衡顶管机的优点有：

1）适用的土质比较广，最适用的土质是渗透系数小于 $10^{-3}\,\mathrm{cm/s}$ 的砂性土；

2）地面沉降较小，挖掘面稳定，土层损失小；

3）施工速度较快，弃土采用管道运输，可以连续出土。

泥水平衡顶管机的缺点是：

1）弃土的运输和存放都比较困难；

2）大直径泥水平衡式顶管机，因泥水量大，作业场地大，不宜在人口密集、道路狭小的市区采用；

3）大部分渗透系数大的土质要加黏土、膨润土和 CMC 等稳定剂，稍有不慎，容易坍方；

4）黏粒太多的土质，泥水分离困难，成本高；

5）不适用于有较大石块或障碍物的土层。

（3）土压平衡顶管机

土压平衡顶管施工是继泥水平衡顶管之后发展起来的一种新的顶管施工工艺。现在的土压平衡顶管机在刀排后部多设有搅拌棒，这样刀盘切削土体的同时，就对土舱内的土进行搅拌，使土舱内的土变成具有较好的塑性和流动性。同时，还可以通过加泥的方式把透水性很大的土改良成不透水性的土。

土压式顶管施工的主要特征是在顶进过程中，利用土舱内的压力和螺旋输送机排土来平衡地下水压力和土压力，它排出的土可以是含水量很少的干土或含水量较多的泥浆。它与泥水式顶管施工相比，最大的特点是排出的土或泥浆一般都不需要再进行泥水分离等二次处理。它与手掘式及其他形式的顶管施工相比较，又具有适应土质范围广和不需要采用任何其他辅助施工手段的优点。所以，土压式顶管施工越来越受欢迎。

土压平衡顶管施工的特点是可以在0.8倍管外径的浅覆土条件下顶进。

土压平衡顶管机有以下优点：

1）适用土质范围广，适用土质为软黏土、粉质黏土以及部分黏质粉土，增加添加剂后，可适用于砂性土、小粒径的砾石层，但施工成本提高；

2）能保持挖掘面的稳定，地层损失小，从而减小了地面沉降，可用于地面沉降较小的场合；

3）可以在较薄的覆盖层下施工，最小覆盖层为0.8倍的工具管外径；

4）弃土为干土，运输、处理都比较方便。

土压平衡顶管机的缺点：

1）在黏粒含量较少的土层、砂砾层中施工，则必须添加黏土或土体改良剂，这样就提高了施工成本。而且砾石的粒径必须小于螺旋输送机内径的1/3；

2）开挖面遇到较大的障碍物则无法处理，因此在施工前要作详细的地质调查；

3）在砂性土层中施工，地下水较高时，要防止螺旋输送机出泥口喷发，喷发会给施工带来危险。

11.2.4 顶管机的安全使用要求

（1）导轨应选用钢质材料制作，安装后的导轨应牢固，不得在使用中产生位移，并应经常检查校核；

（2）千斤顶的安装应固定在支架上，并与管道中心的垂线对称，其合力的作用点应在管道中心的垂直线上；当千斤顶多于一台时，宜取偶数，且其规格宜相同；当规格不同时，其行程应同步，并应将同规格的千斤顶对称布置；

（3）千斤顶的油路应并联，每台千斤顶应有进油、退油的控制系统；

（4）油泵安装应与千斤顶相匹配，并应有备用油泵。油泵安装完毕，应进行试运转，合格后方可使用；

（5）顶进前全部设备应经过检查并经过试运转合格；

（6）顶进时，工作人员不得在顶铁上方及侧面停留，并应随时观察顶铁有无异常迹象；

（7）顶进开始时，应缓慢进行，待各接触部位密合后，再按正常顶进速度顶进；

（8）顶进中若发现油压突然增高，应立即停止顶进，检查原因并经处理后方可继续顶进；

（9）千斤顶活塞退回时，油压不得过大，速度不得过快；

（10）顶铁安装后轴线应与管道轴线平行、对称，顶铁与导轨之间的接触面不得有泥土、油污；

（11）顶铁与管口之间应采用缓冲材料衬垫；

（12）管道顶进应连续作业。管道顶进过程中，遇下列情况时，应暂停顶进，并应及时处理：

1）工具管前方遇到障碍；

2）后背墙变形严重；

3）顶铁发生扭曲现象；

4）管位偏差过大且校正无效；

5）顶力超过管端的允许顶力；

6）油泵、油路发生异常现象；

7）接缝中漏泥浆。

（13）中继间应注意：

1）中继间安装时应将凹头安装在工具管方向，凸头安装在工作井一端，避免在顶进过程中会导致泥砂进入中继间，损坏密封橡胶，止水失效，严重的会引起中继间变形损坏；

2）中继间有专职人员进行操作，同时随时观察有可能发生的问题；

3）中继间使用时，油压、顶力不宜超过设计油压顶力，避免引起中继间变形；

4）中继间安装行程限位装置，单次推进距离必须控制在设计允许距离内，否则会导致中继间密封橡胶拉出中继间，止水系统损坏，止水失效；

5）穿越中继间的高压进水管、排泥管等软管应与中继间保持一定距离，避免中继间往返时损坏管线。

12　土石方机械

12.1　土石方机械概述

土石方机械在城市建设、交通运输、农田水利和国防建设中起着十分重要的作用，是国民经济建设不可缺少的技术装备。土石方工程所使用的机械设备，一般具有功率大、机动性强、生产效率高和配套机型复杂等特点。本篇主要介绍推土机、铲运机、挖掘机、压路机、平地机等。

12.2　推　土　机

推土机是以履带式或轮胎式拖拉机牵引车为主机，再配置悬式铲刀的自行式铲土运输机械。主要进行短距离推运土方、石渣等作业。推土机作业时，依靠机械的牵引力，完成土壤的切割和推运。配置其他工作装置可完成铲土、运土、填土、平地、压实以及松土、除根、清除石块杂物等作业，是土方工程中广泛使用的施工机械。

12.2.1　推土机的分类

推土机可以按照其行走装置、传动形式、发动机类型、工作装置以及用途等进行分类，推土机的分类见表12-1。

12.2.2　推土机的基本构造

履带式推土机以履带式拖拉机配置推土铲刀而成，轮胎式推土机以轮式牵引车配置推土铲刀而成。有些推土机后部装有松土器，遇到坚硬土质时，先用松土器松土，然后再推土。履带式推土机主要由发动机、底盘、液压系统、电气系统、工作装置和辅

分类要素	型式及特点
行走机构	履带式和轮胎式;履带式接地比压小,牵引性能好
动力传动方式	机械式、液力机械式和全液压式
工作装置	直铲、角铲、U形铲等
发动机功率	轻型(30～74kW)、中型(75～220kW)、大型(220～520kW)和特大型(＞520kW)
用途	通用型和专用型;专用型推土机用于特殊工况,如湿地推土机(接地比压为0.2～0.04MPa)和无人驾驶推土机等。

助设备等组成,见图 12-1。

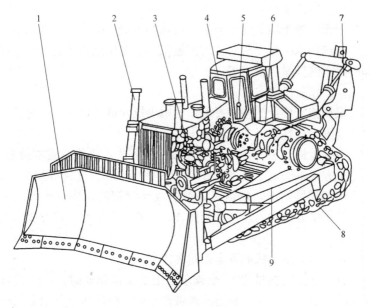

图 12-1 履带式推土机的总体构造图

1—铲刀;2—液压系统;3—发动机;4—驾驶室;5—操纵机构;
6—传动系统;7—松土器;8—行走装置;9—推臂

12.2.3 推土机的选择

在工程施工中,应选择技术性和经济性适合的推土机,主要从以下四个方面考虑。

（1）土方工程量

当土方量大而且集中，应选用大型推土机；土方量小而且分散，应选用中、小型推土机；土质条件允许时，应选用轮胎式推土机。

（2）土的性质

一般推土机均适合于Ⅰ、Ⅱ级土施工或Ⅲ、Ⅵ级土预松后施工。如土质较密实、坚硬或冬期冻土，应选择重型推土机或带松土器的推土机。如土质属潮湿软泥，最好选用宽履带的湿地推土机。

（3）施工条件

修筑半挖半填的傍山坡道，可选用角铲式推土机；在水下作业，可选用水下推土机；在市区施工，应选用能够满足当地环保部门要求的低噪声推土机。

（4）作业条件

根据施工作业的多种要求，为减少投入机械台数和扩大机械作业范围，最好选择多功能推土机。

对推土机选型时，还必须考虑其经济性，即单位成本最低。单位土方成本决定于机械使用费和机械生产率。在选择机型时，结合施工现场情况，根据有关参数及经验资料，按台班费用定额，计算单方成本，经过分析比较，选择生产率高，单方成本低的合适机型。

12.2.4 推土机的安全使用要求

（1）推土机在Ⅲ-Ⅳ级土或多石土壤地带作业时，应先进行爆破或用松土器翻松。在沼泽地带作业时，应使用有湿地专用履带板的推土机；

（2）不得用推土机推石灰、烟灰等粉尘物料和用作碾碎石块的工作；

（3）牵引其他机械设备时，应有专人负责指挥。钢丝绳的连接应牢固可靠。在坡道上或长距离牵引时，应采用牵引杆连接；

（4）填沟作业驶近边坡时，铲刀不得越出边缘。后退时，应先换挡，方可提升铲刀进行倒车；

（5）在深沟、基坑或陡坡地区作业时，应有专人指挥，其垂直边坡深度一般不超过 2m，否则应放出安全边坡；

（6）推土机上下坡应用低速挡行驶，上坡不得换挡，下坡不得脱挡滑行。下陡坡时可将铲刀放下接触地面，并倒车行驶。横向行驶的坡度不得超过 10°，如须在陡坡上推土时应先进行挖填，使机身保持平衡，方可作业；

（7）推房屋的围墙或旧房墙面时，其高度一般不超过 2.5m。严禁推带有钢筋或与地基基础连接的混凝土桩等建筑物；

（8）在电杆附近推土时，应保持一定的土堆，其大小可根据电杆结构、土质、埋入深度等情况确定。用推土机推倒树干时，应注意树干倒向；

（9）两台以上推土机在同一地区作业时，前后距离应大于 8m，左右相距应大于 1.5m。

12.2.5　裂土器（松土器）

裂土器装在大、中型履带推土机的尾部，广泛用于凿裂风化岩、页岩、泥岩、硬土和以往需用爆破方法处理的软岩石、裂隙较多的中硬岩石等。经过裂土器凿裂过的岩石，可用推土机集料，挖掘、装载机械直接装运。

采用裂土器凿裂岩石的施工方法日益得到发展的主要原因是大功率和结构坚固的履带推土机的使用，因此推土机凿裂岩石的硬度范围也在不断扩大。

12.3　铲　运　机

铲运机也是一种挖土兼运土的机械设备，它可以在一个工作循环中独立完成挖土、装土、运输和卸土等工作，还兼有一定的压实和平地作用。铲运机运土距离较远，铲斗容量较大，是土方工程中应用最广泛的重要机种之一，主要用于大土方量的填挖和运输作业。

12.3.1 铲运机的分类

铲运机的分类见表 12-2。

铲运机的分类　　　　　　　　　　　　　　　　　表 12-2

分类要素	牵引车方式	行走方式	传动方式	卸载方式	铲斗容量	装料方式
型式	拖式 自行式	履带式 轮胎式	机械式 液力机械式 柴油机-电力驱动式	自由式 强制式 半强制式	小型($6m^3$ 以下) 中型($6\sim15m^3$) 大型($15\sim30m^3$) 特大型($30m^3$ 以上)	强制式 升料式

12.3.2 铲运机的基本构造

拖式铲运机本身不带动力，工作时由履带式或轮式拖拉机牵引，见图 12-2。这种铲运机的特点是牵引车的利用率高，接地比压小，附着能力大和爬坡能力强等优点，在短距离和松软潮湿地带工程中普遍使用，工作效率低于自行式铲运机。

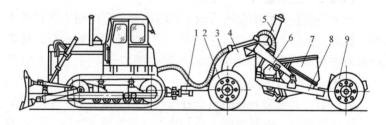

图 12-2 拖式铲运机的基本构造
1—拖把；2—前轮；3—油管；4—辕架；5—工作油缸；
6—斗门；7—铲斗；8—机架；9—后轮

拖式铲运机由拖把、辕架、工作液压缸、机架、前轮、后轮和铲斗等组成。铲斗由斗体、斗门和卸土板组成。斗体底部的前面装有刀片，用于切土。斗体可以升降，斗门可以相对斗体转动，即打开或关闭斗门。以适应铲土、运土和卸土等不同作业的要求。

自行式铲运机多为轮胎式，一般由单轴牵引车和单轴铲斗两部分组成。有的在单轴铲斗后还装有一台发动机，铲土工作时可采用两台发动机同时驱动。采用单轴牵引车驱动铲土工作时，有时需要推土机助铲。轮胎式自行铲运机均采用低压宽基轮胎，以改善机器的通过性能。自行式铲运机本身具有动力，结构紧凑，附着力大，行驶速度快，机动性好，通过性好，在中距离土方转移施工中应用较多，效率比拖式铲运机高。

12.3.3 铲运机的安全使用要求

（1）作业前应检查钢丝绳、轮胎气压、铲土斗及卸土板回位弹簧、拖杆方向接头、撑架和固定钢丝绳部分以及各部滑轮等；液压式铲运机铲斗与拖拉机连接的叉座与牵引连接块应锁定，液压管路连接应可靠，确认正常后，方可启动；

（2）作业中严禁任何人上、下机械，传递物件，以及在铲斗内、拖把或机架上坐、立；

（3）多台铲运机联合作业时，各机之间前后距离不得小于10m（铲土时不得小于5m），左右距离不得小于2m。行驶中，应遵守下坡让上坡、空载让重载、支线让干线的原则；

（4）铲运机上、下坡道时，应低速行驶，不得中途换挡，下坡时不得空挡滑行。行驶的横向坡度不得超过6°，坡宽应大于机身2m以上；

（5）在新填筑的土堤上作业时，离堤坡边缘不得小于1m，需要在斜坡横向作业时，应先将斜坡挖填，使机身保持平衡；

（6）在坡道上不得进行检修作业。在陡坡上严禁转弯、倒车或停车。在坡上熄火时，应将铲斗落地、制动牢靠后再行启动。下陡坡时，应将铲斗触地行驶，帮助制动；

（7）铲土时应直线行驶，助铲时应有助铲装置。助铲推土机应与铲运机密切配合，尽量做到平稳接触等速助铲，助铲时不得硬推。

12.4 挖 掘 机

挖掘机是以开挖土、石方为主的工程机械，广泛用于各类建设工程的土、石方施工中，如开挖基坑、沟槽和取土等。更换不同工作装置，可进行破碎、打桩、夯土、起重等多种作业。

12.4.1　挖掘机的分类及用途

挖掘机分类及用途见表 12-3。

挖掘机分类及用途　　　　　　　　表 12-3

分类要素	型　式	用途
工作装置	正铲、反铲、索铲、抓斗	挖掘基坑、疏通河道、道路、清理废墟、挖掘水库和河道、剥离表土、挖装土石材料等
动力装置	电力驱动式、内燃机驱动式、混合动力等	
动力传递和控制方式	机械式、机械液压式和全液压式	
行走方式	履带式、轮胎式、拖挂式	
作业方式	循环作业式（单斗挖掘机）和连续作业式（多斗挖掘机）	

单斗挖掘机是土石方工程中普遍使用的机械。有专用型和通用型之分，专用型供矿山采掘用，通用型主要用在各种建设工程施工中。其特点是挖掘力大，可以挖Ⅵ级以下的土壤和爆破后的岩石。

单斗挖掘机可以将挖出的土石就近卸掉或配备一定数量的自卸车进行远距离的运送。此外，其工作装置根据建设工程的需要可换成起重、碎石、钻孔和抓斗等多种工作装置，扩大了挖掘机的使用范围。

12.4.2　单斗液压挖掘机的基本构造

单斗挖掘机主要由工作装置、回转机构、回转平台、行走装置、动力装置、液压系统、电气系统和辅助系统等组成，见图 12-3。工作装置是可更换的，可以根据作业对象和施工的要求进行选用。

12.4.3　挖掘机的安全使用要求

（1）在挖掘作业前注意拔去防止上部平台回转的锁销，在行驶中则要插上锁销；

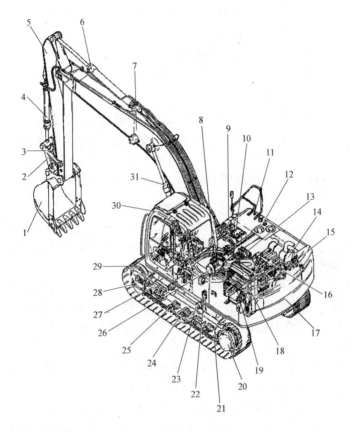

图 12-3 单斗液压挖掘机的基本构造

1—铲斗；2—连杆；3—摇杆；4—铲斗油缸；5—斗杆；6—斗杆油缸；7—动臂；

8—中央回转接头；9—回转马达；10—电瓶；11—柴油箱；12—液压油箱；

13—主阀；14—消声器；15—主泵；16-柴油机；17—配重；18—散热器；

19—冷凝器；20—行走马达；21—履带主链节；22—旋转多路控制阀；

23—托链轮；24—履带导向装置；25—支重轮；26—空气滤清器；

27—缓冲弹簧；28—引导轮；29—履带板；30—驾驶室；31—动臂油缸

（2）作业前先空载提升、回转铲斗、观察转盘及液压马达有无不正常响声或颤动，制动是否灵敏有效，确认正常后方可工作；

（3）作业周围应无行人和障碍物，挖掘前先鸣笛并试挖数次，确认正常后方可开始作业；

（4）作业时，挖掘机应保持水平位置，将行走机构制动住；

（5）严禁挖掘机在未经爆破的五级以上岩石或冻土地区作业；

（6）作业中遇较大的紧硬石块或障碍物时，须经清除后方可开挖，不得用铲斗破碎石块和冻土，也不得用单边斗齿硬啃；

（7）挖掘悬崖时要采取防护措施，作业面不得留有伞沿及摆动的大石块，如发现有塌方的危险，应立即处理或将挖掘机撤离至安全地带；

（8）装车时，铲斗应尽量放低，不得撞碰汽车，在汽车未停稳或铲斗必须越过驾驶室而司机未离开前，不得装车。汽车装满后，要鸣喇叭通知驾驶员；

（9）作业时，必须待机身停稳后再挖土，不允许在倾斜的坡上工作。当铲斗未离开作业面时，不得作回转行走等动作；

（10）作业时，铲斗起落不得过猛，下落时不得冲击车架或履带；

（11）在作业或行走时，挖掘机严禁靠近输电线路，机体与架空输电线路必须保持安全距离；

（12）挖掘机停放时要注意断开电源开关，禁止在斜坡上停放。操作人员离开驾驶室时，不论时间长短，必须将铲斗落地；

（13）作业完毕后，挖掘机应离开作业面，停放在平整坚实的场地上，将机身转正，铲斗落地，所用操纵杆放到空挡位置，制动各部制动器，及时进行清洁工作。

12.5 压 路 机

在建设工程中，压路机主要用来对公路、铁路、市政建设、机场跑道、堤坝等建筑物地基工程的压实作业，以提高土石方基础的强度，降低雨水的渗透性，保持基础稳定，防止沉陷，是基础工程和道路工程中不可缺少的施工机械。

12.5.1 压路机械的分类及特点

压路机按其压实原理可分为静作用压路机、振动压路机、夯击压实机械三种。振动压路机与静作用压路机相比具有重量轻、体积小，碾压遍数少，深度大，效率高的优点。

（1）静作用压路机

静作用压路机是以其自身质量对被压实材料施加压力，消除材料颗粒间的间隙，排除空气和水分，以提高土壤的密实度、强度、承载能力和防渗透性等的压实机械，可用来压实路基、路面、广场和其他各类工程的地基等。

（2）光轮压路机

自行式光轮压路机根据滚轮和轮轴数目，国产主要有两轮两轴式和三轮两轴式两种。这两种压路机除轮数不同外，其结构基本相同。

（3）羊脚压路机

羊脚压路机（通称羊脚碾）是在普通光轮压路机的碾轮上装置若干羊脚或凸块的压实机械，故也称凸块压路机。凸块（羊脚）有圆形、长方形和菱形等多种，它的高度与碾重和压实深度有关，凸块高度与碾轮之比一般为 1：8～1：5。除滚压轮外，自行式凸块（羊脚）压路机与光轮压路机的构造基本相同。

（4）轮胎压路机

轮胎压路机通过多个特制的充气轮胎来压实铺层材料。由于具有接触面积大、压实效果好等特点，因而广泛用于压实各类建筑基础、路面、路基和沥青混凝土路面。

（5）振动压路机

振动压路机是利用自身重力和振动作用对压实材料施加静压力和振动压力，振动压力给予压实材料连续高频振动冲击波，使压实材料颗粒产生加速运动，颗粒间内摩擦力大大降低，小颗粒填补孔隙，排出空气和水分，增加压实材料的密实度，提高其强度及防渗透性。振动压路机与静作用压路机相比，具有压实深度大、密实度高、质量好以及压实遍数少、生产效率高等特点。其生产效率相当于静作用压路机的 3～4 倍。

振动压路机按行驶方式可分为自行式、拖式和手扶式；按驱动轮数量可分为单轮驱动、双轮驱动和全轮驱动；按传动方式可分为机械传动、液力机械传动和全液压传动；按振动轮外部结构可分为光轮、凸块（羊脚）和橡胶滚轮；按振动轮内部结构可分为振动、振荡和垂直振动。

（6）夯击压实机械

夯击压实机械是利用夯实机具的冲击力压实物料，可分为振动夯击和冲击夯实。主要用于施工面狭窄的地方，振动夯击压实机械适用于非黏性砂质黏土、砾石、碎石；冲击夯实机械适用于黏土、砂质土和灰土的夯实。

12.5.2 压路机的安全使用要求

（1）压路机在作业前，应松开停车制动闸，变速杆置于中位。检查制动及转向功能应灵敏可靠。滚轮的刮泥板应平整良好；

（2）压路机开动前，机械周围应无障碍及无关人员；

（3）当压路机需要改变前后行驶方向时，应先关掉振动开关，待滚轮停止后，再进行变换方向的操作。严禁利用换向离合器作制动用；

（4）在紧急情况下，可使用后轮制动器作为紧急制动；

（5）在新开道路上进行碾压时，应从中间向两侧碾压，碾压不要太靠近路基边缘，距路基边缘不少于 0.5m，以防坍塌；

（6）上坡下坡时，应事先选好挡位，禁止在坡上换挡，下坡严禁换挡滑行或溜放；

（7）不得用压路机拖拉其他机械或物体；

（8）两台压路机在平道上行驶或碾压时，其间距要保持在 3m 以上，坡道上禁止纵队行驶。以防制动失灵或溜坡造成事故；

（9）使用轮胎压路机时，应注意保持轮胎正常气压，注意是否有石块夹在轮胎之间；

（10）严禁压路机在坚实道路上进行振动；

（11）压路机的起振或停振应在行驶中进行，以免损坏被压路面的平整；

（12）碾压松软路面时，应先在不振动的情况下碾压 $1\sim2$ 遍，然后再用振动碾压。严禁在尚未起振的情况下，调节振动频率；

（13）换向离合器、起振离合器和制动离合器的调整，必须在主离合器脱开后进行。不得在急转弯时用快速挡；

（14）压路机在转移工地距离较远时，应用汽车或平板拖车装运，不得用其他车辆拖行牵运；

（15）在运行中，不得进行修理或加油，需要在机械底部进行修理时，应将内燃机熄火，用制动器制动住机械，并楔住滚轮；

（16）压路机应停放在安全、平坦的地面上，不准停放在斜坡上。如必须在斜坡上停放时，须事先打好木桩，冬季停车过夜必须用木板将滚轮垫离地面，防止与地面冻结。

12.6 平 地 机

12.6.1 平地机的基本构造

平地机的外形结构（见图 12-4），主要由发动机、传动系统、制动系统、转向系统、液压系统、电气系统、操作系统、前后桥、机架、工作装置及驾驶室组成的。

12.6.2 平地机的安全使用要求

（1）平地时，刮刀和齿耙都必须在机械起步后才能逐渐切入土中。在铲土过程中，对刮刀的升降调整要一点一点地逐渐进行，避免每次拨动操作杆的时间过长，否则，会使地段形成波浪形的切削，影响到以后的施工；

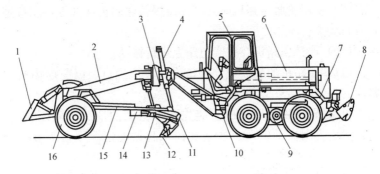

图 12-4　平地机结构示意图的基本构造

1—前推土板；2—前机架；3—摆架；4—刀升降液压缸；5—驾驶室；

6—发动机；7—后机架；8—后松土器；9—后桥；10—铰接转向液压缸；

11—松土耙；12—刮刀；13—铲土角变换液压缸；14—转盘齿圈；

15—牵引架；16—转向轮

（2）行驶时，必须将铲刀和松土器提升到最高处，并将铲刀斜放，两端不超出后轮外侧；

（3）禁止平地机拖拉其他机械，特殊情况只能以大拉小；

（4）遇到土质坚硬需用松土器翻松时，应慢速逐渐下齿，以免折断齿顶，不准使用松土器翻松石渣及高级路面，以免损坏机件或发生其他意外事故；

（5）工作前必须清除影响施工的障碍物和危险物品。工作后必须停放在平坦安全的地区，不准停放在坑洼流水处或斜坡上。

13　混凝土机械

13.1　混凝土机械概述

混凝土是建筑工程中的一种主要材料，随着我国经济建设的需要，混凝土施工向机械化和自动化方向发展。近几年来，国内混凝土生产逐步走向工厂化加工，通过混凝土搅拌车运输到施工现场，再配合一些混凝土专用机械在现场进行混凝土浇筑。其生产工艺流程概括起来如下：配料→搅拌→运输→输送→浇筑→养护。混凝土机械主要分为：搅拌楼、输送设备、振捣设备。

13.2　主要混凝土机械

13.2.1　搅拌楼

（1）搅拌楼的类型

1）固定式搅拌楼：这种搅拌楼是一种大型混凝土搅拌设备，生产能力大，需要较大的场地。它主要用在预拌（商品）混凝土工厂、大型预制构件厂和水利工程。

2）移动式搅拌站：这种搅拌楼是把搅拌设备安装在一台或几台拖车上，可以随时转移，机动性好。这种搅拌站主要用于一些临时性、小型工程项目中。

（2）搅拌楼的工艺流程

混凝土原材料通过皮带机、粉料螺旋输送机等输送设备进入各类料仓进行储料，再由称量设备进行计量后完成集料，在称量完毕后送入搅拌机内进行搅拌，最后由卸料斗出料，工艺流程见图 13-1。

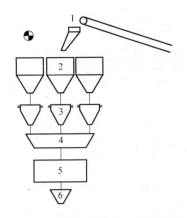

图 13-1 混凝土搅拌楼工艺流程图
1—输送；2—储料；3—计量；
4—集料；5—搅拌；6—卸料

（3）搅拌楼的结构

以 HZ 系列混凝土搅拌楼为例，如图 13-2 所示，介绍整套搅拌楼结构。

1）搅拌系统

目前国内搅拌楼主要采用卧式强制式搅拌机，分单轴式和双轴式两种。以双轴卧式搅拌机为例，见图13-3，它有两个相连的搅拌筒，筒内各有一根转轴，其上装有搅拌叶片，两轴相向转动。由于叶片与轴中心线成一定

角度，所以当叶片转动时，它不仅使筒内物料做圆周运动，而且使它们沿轴向往返窜动，从而达到很好的搅拌效果。这种搅拌机具有容量大、体积小、重量轻、卸料快、清洗方便等优点，在国内普遍使用。

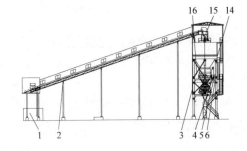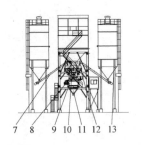

图 13-2　HZ 系列混凝土搅拌楼

1—砂石供料斗；2—皮带机；3—机架；4—附加剂系统；5—供水系统；
6—供气系统；7—粉料螺旋输送机；8—集料装置；9—搅拌主机；
10—砂石称量装置；11—混凝土卸料斗；12—粉料称量装置；13—粉料
料仓；14—砂石料仓；15—回转分料装置；16—水和附加剂称量装置

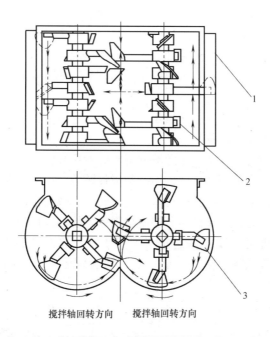

图 13-3 双轴卧式搅拌机

1—壳体；2—主轴；3—叶片

2）称量系统

搅拌楼称量系统大多由砂石单斗秤或皮带秤、水泥秤、粉煤灰秤、水秤和附加剂秤组成。每种原材料都有单独的称量系统，用以保证各种材料的称量精度不受彼此的影响。

3）供料系统

由皮带机、砂石料仓、砂石配料秤、水泥筒仓、螺旋输送机、水泵和附加剂泵及相应管路等组成。砂石通过皮带秤进行粗称，再由料仓下部的料斗门作连续几次的启闭动作实现精称。粉料的称量则通过粉料螺旋输送机和秤斗来完成。供水系统由水泵、大小电磁阀、水仓及相应管路等组成。来自水泵的水经过水仓进入水仓称量，通过大小阀门来控制水量。水仓下部的出水管上装有气动衬胶蝶阀，通过电磁阀实现控制，蝶阀打开后，水仓里的水通过放水管和进水管道进入搅拌机。

4）控制系统

由计算机及通信连接部分组成，根据混凝土生产工艺流程进行称量、投料、搅拌、出料的全自动控制，并对生产过程进行监控和故障报警。

13.2.2 混凝土输送设备

（1）混凝土搅拌车

混凝土搅拌输送车是运输混凝土的专用车辆，在载重汽车底盘上安装一套能慢速旋转的混凝土搅拌装置，由于它在运输过程中，装载混凝土的搅拌筒可作慢速旋转，有效地使混凝土不断受到搅动，防止混凝土产生分层离析现象，因而能保证混凝土的输送质量。混凝土搅拌输送车（见图13-4）除载重汽车底盘外，主要由传动系统、搅拌装置、供水系统、操作系统等组成。

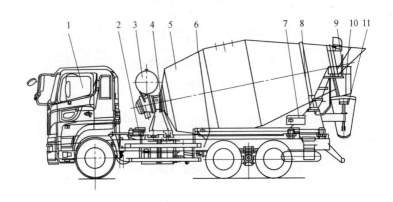

图 13-4　混凝土搅拌运输车主要组成

1—汽车底盘；2—液压泵；3—水箱；4—齿轮减速箱、液压马达；5—搅拌筒；

6—护罩；7—操作机构；8—托轮；9—进料斗；10—溜槽；11—卸料斗

混凝土由搅拌机卸料斗经搅拌车进料斗进入搅拌筒内储存，而搅拌筒在液压泵的作用下保持匀速、稳定地自转，使混凝土在搅拌筒内进行二次搅拌。搅拌筒内装有螺旋叶片，分别有多段叶片组成，每段叶片曲面角度都有不同要求焊接在搅拌筒内壁。在搅拌车到达工地后，通过操作机构控制，使搅拌筒进行快速反转，通过筒内叶片将混凝土带出筒体，通过溜槽和卸料斗卸至混凝土泵送设备或地面。

混凝土搅拌车的安全使用要求：

1）液压系统的安全阀、溢流阀的调整压力应符合使用说明书的要求。卸料槽锁扣及搅拌筒的安全锁定装置应齐全完好。同时气动装置的安全阀应符合使用要求。

2）燃油、润滑油、液压油、制动液及冷却液应添加充足，质量应符合要求，不得有渗漏。

3）搅拌筒及机架缓冲件应无裂纹或损坏，筒体与托轮应接触良好。搅拌叶片、进料斗、主辅卸料槽不得有严重磨损和变形。

4）装料前应先启动内燃机空载运转、并低速旋转搅拌筒3～5min，当各仪表指示正常、制动气压达到规定值时，并检查确认后装料。装载量不得超过规定值。

5）行驶前，应确认操作手柄处于"搅动"位置并锁定，卸料槽锁扣应扣牢。

6）出料作业时，应将搅拌运输车停靠在地势平坦处，应与基坑及输电线路保持安全距离，并应锁定制动系统。

7）进入搅拌筒维修、清理混凝土前，应将发动机熄火，操作杆置于空挡，将发动机钥匙取出，并应设专人监护，悬挂安全警示牌。

（2）混凝土泵及泵车

混凝土泵是将混凝土沿管道连续输送到浇筑工作面的一种混凝土输送机械。混凝土泵车是将混凝土泵装置安装在汽车底盘上，并用液压折叠式臂架（又称布料杆）管道来输送混凝土。臂架具有变幅和曲折功能，在其覆盖范围内可任意改变混凝土浇筑位置，在有效幅度内进行水平和垂直方向的混凝土输送，从而降低劳动强度，提高施工效率，并能保证混凝土质量。

混凝土泵按移动方式可分为固定泵、汽车泵和车载泵，混凝土搅拌车把混凝土自搅拌站运输到工地后，直接卸入混凝土泵集料斗中，通过管路或汽车泵上的布料装置送至指定地点进行浇捣，见图13-5。

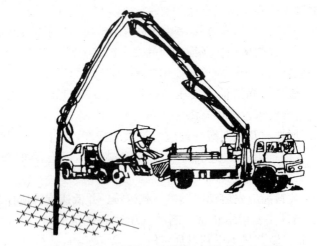

图 13-5　混凝土搅拌车及混凝土泵的作业示意图

1）固定泵

目前固定泵分为拖式和车载式，固定泵采用液压式，通过液压油推动活塞，再通过活塞杆推动混凝土缸中的工作活塞进行泵送混凝土，见图13-6。

固定泵需要泵管配合使用，泵管则需要符合下列规定：

① 泵管敷设前应检查并确认管壁的磨损量应符合使用说明书的要求，泵管不得有裂纹、砂眼等缺陷。新管或磨损量较小的管道应敷设在泵出口处；

② 泵管应使用支架或与建筑结构固定牢固；泵出口处的管道底部应依据泵送高度、混凝土排量等设置独立的基础，并能承受相应载荷；

③ 敷设垂直向上的泵管时，垂直管不得直接与泵的输出口连接，应在泵与垂直管之间敷设长度不小于15m的水平管，并加装逆止阀；

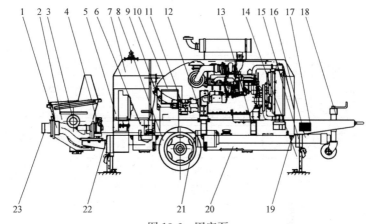

图 13-6 固定泵

1—"S"管式分配阀系统；2—料斗总成；3—搅拌系统；4—摆动油缸；5—油箱；
6—底架；7—机壳；8—车桥；9—电器箱；10—电气系统；11—液压系统；
12—柴油机；13—动力系统支座；14—长支腿总成；15—支腿油缸；16—主油缸；
17—整机标牌；18—导向轮；19—工具箱；20—柴油箱；21—泵送系统；
22—短支腿总成；23—输送管道

④ 敷设向下倾斜的泵管时，应在泵与斜管之间敷设长度不小于 5 倍落差的水平管。当倾斜度大于 7°时，应加装排气阀。

2）汽车泵

泵车是将混凝土泵和布料杆都装在一台汽车底盘上。布料杆则安装在回旋转台上，加之布料杆的多节可弯曲结构，泵车较之固定泵有着灵活机动的特点，见图 13-7。

混凝土泵车的安全使用要求：

① 混凝土泵车作业前，应将支腿打开，并应该采用垫木垫平，车身的倾斜度不应大于 3°；

② 伸展臂架应按使用说明书的顺序进行；臂架在升离支架前不得回转，不得用臂架起吊或拖拉物件；

③ 当臂架处于全伸状态时，不得移动车身；当需要移动车身时，应将上段臂架折叠固定，移动速度不得超过 10km/h；

④ 不得接长布料配管和布料软管。

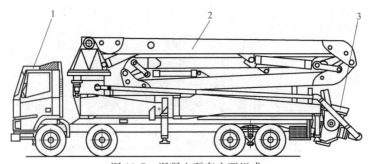

图 13-7 混凝土泵车主要组成

1—底盘；2—臂架系统；3—泵送单元

3）车载泵

车载泵集固定泵与泵车的优越性于一体，比固定泵灵活、机动性强，无需运输、装卸，安装固定，设备利用率高，可泵送性能更强，泵送速度更快；比泵车占用空间小，价格低，泵送高度高、距离远，维护成本低，见图 13-8。

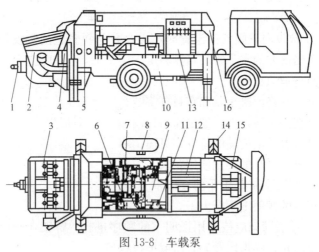

图 13-8 车载泵

1—出料口；2—料斗；3—搅拌机构；4—摇摆机构；5—油箱；
6—油管；7—冷却机构；8—车轮；9—泵送机构；10—汽车底盘；
11—润滑机构；12—动力机构；13—电气控制；14—支腿；
15—牵引架；16—机身

（3）混凝土布料机

混凝土布料机是泵送混凝土的末端设备，其作用是将泵送来的混凝土通过管道送到要浇筑构件的模板内，以减轻工人的劳动强度，提高施工效率。其主要由臂架、输送管、回转架、底座、配重等组成。混凝土布料机主要类型有手动式混凝土布料机、固定式混凝土布料机和内爬式混凝土布料机。

1）混凝土布料机的分类

混凝土布料机可分为手动式、固定式和内爬式。

① 手动式混凝土布料机

手动式混凝土布料机（见图 13-9）是为了扩大混凝土浇筑范围，提高泵送施工机械化水平而研制的新产品。是混凝土输送泵的配套设备，与混凝土输送泵连接，扩大了混凝土泵送范围。有效地解决了墙体浇注布料的难题，对提高施工效率，减轻劳动强度，发挥了重要作用。这种布料机设计合理，结构稳定可靠，采用 360°全回转臂架式布料结构，整机操作简便、旋转灵活，具有高效、节能、经济、实用等特点。

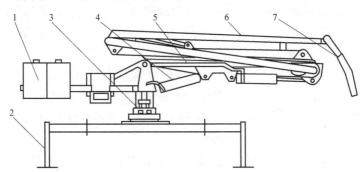

图 13-9　手动式混凝土布料机

1—平衡重；2—支腿；3—回转机构；4—大臂油缸；5—泵管；

6—布料杆；7—橡胶软管

② 固定式混凝土布料机

固定式混凝土布料机（见图 13-10）：专门为铁路制梁场、核电等工程施工设计生产的专用混凝土浇筑布料设备。

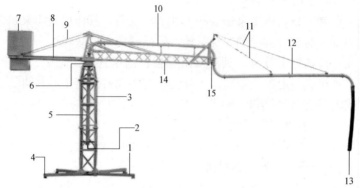

图 13-10 固定式混凝土布料机

1—支腿；2—进料口；3—立架；4—插销；5—立管；6—回转机构；
7—平衡重；8—平衡臂；9—拉杆；10—上横杆；11—前拉杆；
12—前横杆；13—橡胶软管；14—上主梁架；15—回转支座

③ 内爬式混凝土布料机

内爬式混凝土布料机（见图 13-11）是用于高层建筑混凝土施工的布料设备。布料机固定在电梯井内，配置自动爬升机构，利用液压油缸顶升，在电梯井内自动爬升，使布料机随着楼层的升高而升高，省时省力，效率高。

2）混凝土布料机的安全使用要求

① 设置混凝土布料机前，应确认现场有足够的作业空间，混凝土布料机任一部位与其他设备及构筑物的安全距离不应小于 0.6m，与高压线的安全距离应符合《施工现场临时用电安全技术规范》JGJ 46—2005 的规定；

② 混凝土布料机必须安装配重后方可展开或旋转悬臂泵管；

③ 混凝土布料机配重量必须按使用说明书要求配置；

④ 混凝土布料机必须安装在坚固平整的场地上，四个支腿水平误差不得大于 3mm，且四个支腿必须最大跨距锁定，多方向拉结（支撑）固定牢固后方可投入使用；

⑤ 当风速达到 10.8m/s 及以上或大雨、大雾等恶劣天气，混凝土布料机应停止作业；

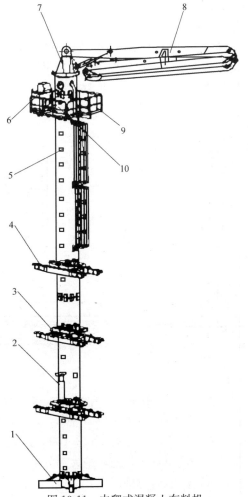

图 13-11　内爬式混凝土布料机

1—底座；2—顶升油缸；3—爬升框总成；

4—伸缩支架总成；5—上立柱总成；6—液压油箱总成；

7—转台及固定转塔总成；8—臂架总成；

9—电控柜总成；10—电机

　⑥ 混凝土布料机在整体移动时，必须先将悬臂泵管全部收回并可靠固定。

13.2.3 振捣设备

（1）概述

混凝土振捣设备是利用机件的振动作用捣实混凝土的设备，从而使得混凝土密实填充，保证混凝土的质量。根据对混凝土作用方式不同可分为：插入式内部振捣器；附着式外部振动器；平板式表面振动器；振动台。见图 13-12。

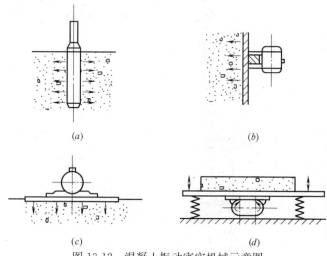

图 13-12　混凝土振动密实机械示意图
（a）插入式内部振捣器；（b）附着式外部振捣器；
（c）表面振动器；（d）振动台

1）插入式内部振捣器：见图 13-12（a），这是一种可以插入混凝土中进行振动的机械，目前，绝大部分采用高频振动；

2）附着式外部振动器：见图 13-12（b），这种振动器利用夹具固定在施工模板上或振动台上，通过模板或平台传递振动，此类振动器过去多属低频振动器，近年来正向高频发展；

3）平板式表面振动器：参看图 13-12（c），实际上是附着式外部振动器的一种变型，它是将振动器安装在一块平板上，工作时将平板放在混凝土表面上，并沿混凝土构件表面缓慢滑移，振动从混凝土表面传入；

4）振动台，见图 13-12（d），这是一种产生低频振动的大面积工作平台，整个混凝土预制构件能在它上面进行振动密实。

（2）振动器的安全使用要求

1）插入式内部振动器的安全使用要求

① 插入式内部振动器在使用前应检查各部件是否完好，各连接处是否紧固，电动机绝缘是否良好，电源电压和频率是否符合铭牌规定，检查合格后，方可接通电源进行试运转；

② 作业时，要使振动棒自然沉入混凝土，不可用力向下猛推；一般应垂直插入，并插到下层尚未初凝层中 50～100mm，以促使上下层相互结合；

③ 振动棒各插点间距应均匀，一般间距不应超过振动棒抽出有效作用半径的 1.5 倍；

④ 应配开关箱安装漏电保护装置，熔断器选配应符合要求；

⑤ 作业时应穿戴好胶鞋和绝缘手套；

⑥ 移动振动器时，应停止电动机转动；搬动振动器时，应切断电源。不得用软管和电缆线拖拉、扯动电动机；

⑦ 电缆上不得有裸露之处，电缆线必须放置在干燥、明亮处；不允许在电缆线上堆放其他物品，车辆不得在其上面直接通过；更不能用电缆线吊挂振动器等物件。

2）附着式外部振动器安全使用要求

① 安装在混凝土模板上的附着式振动器，每次作业时间应根据施工方案确定；

② 作业前应检查电动机、电源线、控制开关等，并确定完好无破损。附着式振动器的安装位置应正确，连接应牢固，并应安装减振装置；

③ 操作人员作业时应穿戴符合要求的绝缘鞋和绝缘手套；

④ 附着式振动器的轴承不应承受轴向力，振动器使用时，应保持振动器电动机轴线在水平状态；

⑤ 振动器不得在初凝的混凝土、脚手板和干硬的地面上进行试振。在检修或作业间断时，应切断电源；

⑥ 在一个模板上同时使用多台附着式外部振动器时，各振动器的频率应保持一致，安装位置宜交错设置；

⑦ 使用时，引出电缆线不得拉得过紧，以防断裂。作业时，必须随时注意电气设备的安全，熔断器和接地（接零）装置必须合格。

3）振动台的安全使用要求

① 振动台应安装在牢固的基础上，地脚螺栓应有足够强度并拧紧；同时在基础中间必须留有地下坑道，以便调整和维修；

② 使用前应检查电动机、传动及防护装置，并确认完好有效；轴承座、偏心块及机座螺栓应紧固牢靠；

③ 振动台应设有可靠的锁紧夹，振动时应将混凝土槽锁紧，混凝土模板在振动台上不得无约束振动；

④ 振动台电缆应穿在电管内，并预埋牢固；

⑤ 作业前应检查并确认润滑油不得有泄漏，油温、传动装置应符合要求；

⑥ 在作业过程中，不得调节预置拨码开关；

⑦ 振动台应保持清洁。

14 钢 筋 机 械

14.1 钢筋机械的概念及分类

14.1.1 概念

在建筑物中，钢筋混凝土与预应力混凝土结构得到广泛的应用，而钢筋作为结构中的骨架起着极其重要的作用。因此，钢筋加工机械成为建设施工工程中必不可少的机械。它能满足钢筋混凝土结构中大量钢筋加工的需要，在提高施工效率、节省原材料、减轻劳动强度、保证加工质量诸多方面发挥重要作用。

14.1.2 钢筋机械的分类

钢筋混凝土中使用的非预应力钢筋和钢筋骨架种类较多，可分为热轧钢筋和冷加工钢筋两个大类。他们的原材料一般为盘条或者直条。

钢筋机械可分为钢筋强化机械、钢筋成型机械、钢筋连接机和钢筋预应力机械。

（1）钢筋强化机械

包括钢筋冷拉机、钢筋冷拔机、钢筋冷轧扭机等。

（2）钢筋成型机械

包括钢筋调直切断机、钢筋切断机、钢筋弯曲机。

（3）钢筋连接机

包括钢筋焊接机、钢筋套管挤压连接机、钢筋螺纹连接机等。

（4）钢筋预应力机械

包括钢筋预应力张拉机和镦头机等。

14.2 钢筋冷拉机

14.2.1 钢筋冷拉机的分类

钢筋冷拉机是对热轧钢筋在正常温度下进行强力拉伸的机械。冷拉是把钢筋拉伸到超过钢材本身的屈服点,然后放松,以使钢筋获得新的弹性阶段,提高钢筋的屈服极限,一般可提高钢筋强度 20%～25%。通过冷拉不但可使钢筋被拉直、延伸,而且还可以起到除锈和检验钢材的作用。其种类主要有卷扬机或液压式和阻力轮式冷拉机。

(1) 卷扬机式:它是利用卷扬机的牵引力来冷拉钢筋。当卷扬机旋转时,夹持钢筋的一只动滑轮组被拉向卷扬机,使钢筋被拉伸;而另一只滑轮组则被拉向滑轮,为下次冷拉时交替使用。钢筋所受的拉力经传力杆、活动横梁传送给测力器,从而测出拉力的大小。对于拉伸长度,可通过标尺直接测量或用行程开关来控制;卷扬机式冷拉机具有结构简单,易于制造、维修和操作,冷拉行程不受设备限制,便于实现单控和双控等特点,见图 14-1～图 14-3。

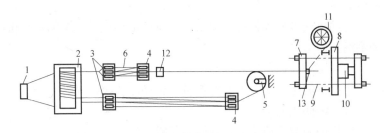

图 14-1 卷扬机式钢筋冷拉机构造示意图

1—地锚;2—电动卷扬机;3—定滑轮组;4—动滑轮组;5—导向滑轮;

6—钢丝绳;7—活动横梁;8—固定横梁;9—传力杆;10—测力器;

11—放盘架;12—前夹具;13—后夹具

(2) 液压式:它是由两台电动机分别带动高、低压力油泵,

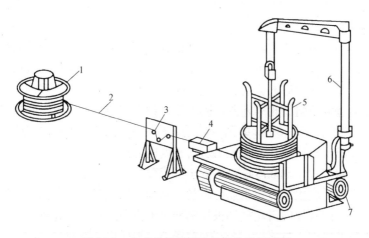

图 14-2　立式单筒钢筋冷拉机构造示意图

1—盘料架；2—钢筋；3—阻力轮；4—拔丝模；5—卷筒；
6—支架；7—电动机

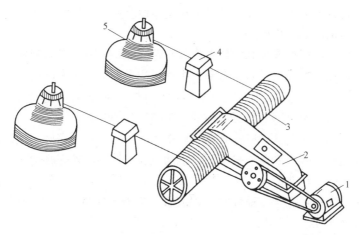

图 14-3　卧式双筒钢筋冷拉机构造示意图

1—电动机；2—减速器；3—卷筒；4—拔丝模盒；5—承料架

使高、低压油液经油管、控制阀进入液压张拉缸，从而完成拉伸
和回程动作。液压式冷拉机具有结构紧凑、工作平稳、噪声小、

操作灵活、能正确测定拉伸率和应力，容易实现自动控制，自动化程度较高等特点。

（3）阻力轮式：它是以电动机为动力，经减速器使绞轮获得40m/min 的速度旋转，通过阻力轮将绕在绞轮上的钢筋拖动前进，并把冷拉后的钢筋送入调直机进行调直和切断。钢筋的拉伸率通过调节阻力轮来控制。阻力轮冷拉工艺布置设备少，布局紧凑，适用于 6～8mm 的圆盘钢筋，冷拉率为 6%～8%；与两台调直机配合使用，可加工出所需长度的冷拉钢筋。

14.2.2　钢筋冷拉机的安全使用要求

（1）应根据冷拉钢筋的直径，合理选用卷扬机。卷扬钢丝绳应经封闭式导向滑轮并和被拉钢筋水平方向成直角。卷扬机的位置应使操作人员能见到全部冷拉场地，卷扬机与冷拉中线距离不得少于 5m。

（2）冷拉场地应在两端地锚外侧设置警戒区，并应安装防护栏及警示标志。无关人员不得在此停留。操作人员在作业时必须离开钢筋 2m 以外。

（3）用配重控制的设备应与滑轮匹配，并应有指示起落的记号，没有指示记号时应有专人指挥。配重框提起时高度应限制在离地面 300mm 以内，配重架四周应有栏杆及警示标志。

（4）冷拉钢筋运行方向的端头应设防护装置。

（5）作业前，应检查电气设备和液压元件必须完好，绝缘必须良好，接头处要连接牢固，电动机和起动器的外壳必须接地。

（6）作业前，应检查冷拉夹具，夹齿应完好，滑轮、拖拉小车应灵活，拉钩、地锚及防护装置均应齐全牢固。确认良好后，方可作业。

（7）卷扬机操作人员必须看到指挥人员发出信号，并待所有人员离开危险区后方可作业。冷拉应缓慢、均匀。当有停车信号或见到有人进入危险区时，应立即停拉，并稍稍放松卷扬钢丝绳。

（8）在作业过程中，严禁横向跨越钢丝绳或冷拉线，以免钢筋断裂，造成反弹伤人事故。

（9）用延伸率控制的装置，应装设明显的限位标志，并应有专人负责指挥。

（10）夜间作业的照明设施，应装设在张拉危险区外。当需要装设在场地上空时，其高度应超过 5m。灯泡应加防护罩，导线严禁采用裸线。

（11）作业后，应放松卷扬钢丝绳，落下配重，切断电源，锁好开关箱。

14.3　钢筋冷拔机

钢筋冷拔机俗称拔丝机。冷拔是利用冷拔机将直径 6～10mm 的钢筋，以强力拉拔的方法，通过用钨合金钢制成的拔丝模（模孔比钢筋直径小 0.5～1mm），而把钢筋拔成比原钢筋直径小的冷拔钢丝。经过多次冷拔后，强度可大幅提高，一般可提高 40％～90％，但塑性降低，延伸率变小。其工艺流程为原料上盘、轧头、除锈、润滑、冷拔、收线及卸成品，主要设备组成为除锈机、轧头机、对焊机、冷拔机、旋转架、夹具等。

14.3.1　钢筋冷拔机的分类

钢筋冷拔机有立式、卧式和串联式等形式。

（1）立式：由电动机通过涡轮减速器，带动立轴旋转，使安装在轴上的拔丝卷筒跟着旋转，卷绕强行通过拔丝模的钢筋成为冷拔钢丝。

（2）卧式：它是由 14kW 以上的电动机，通过双出头变速器带动卷筒旋转，使钢筋强行通过拔丝模后卷绕在卷筒上。卧式冷拔机相当于卷筒处于悬臂状态的卷扬机，其结构简单，操作方便。

（3）串联式：它是由几台单卷筒拔丝机组合在一起，使钢丝卷绕在几个卷筒上，后一个卷筒将前一个卷筒拔过的钢丝再细拔一次，可一次完成单卷筒需多次完成的冷拔过程。

14.3.2 钢筋冷拔机的安全使用要求

（1）冷拔机所用电动机的动力线不准走明线，并且应有良好的接地装置。

（2）冷拔机应两人配合操作。操作前，要检查机器各传动部位是否正常，电气系统有无故障，卡具及保护装置等是否良好，离合器应灵敏可靠。

（3）应检查并确认机械各连接件牢固，模具无裂纹，轧头和模具的规格配套，然后启动主机空运转，确认正常后，方可作业。

（4）在冷拔钢筋时，每道工序的冷拔直径应按使用说明书规定进行，不得超量缩减模具孔径，无资料时，可按每次缩减孔径0.5～1.0mm。

（5）轧头时，应先使钢筋的一端穿过模具长度达 100～150mm，再用夹具夹牢。

（6）作业时，操作人员的手和轧辊应保持 300～500mm 的距离。不得用手直接接触钢筋和滚筒。

（7）冷拔模架中应随时加足润滑剂，润滑剂应采用石灰和肥皂水调和晒干后的粉末。钢筋通过冷拔模前，应抹少量润滑脂。

（8）冷拔机运转时，严禁任何人在沿线材拉拔方向站立或停留。拔丝卷筒用链条挂料时，操作人员必须离开链条甩动的区域。出现断丝应立即停车，待停稳后方可接料和采取其他措施。不允许在机器运转中用手取拔丝筒周围的物品。

（9）当钢筋的末端通过冷拔模后，应立即脱开离合器，同时用手闸挡住钢筋末端。

（10）拔丝温度有时可高达 100～200℃，机器在运转过程中要注意防止烫伤。长期连续工作的冷拉机拔丝模可加设循环水冷却装置。冬季作业时，下班应将水放掉。

14.4 钢筋冷轧扭机

钢筋冷轧扭机是由多台钢筋机械组成的冷轧扭生产线，能连续地将直径 6.5～10mm 的普通盘圆钢筋经冷拉、冷轧和冷扭加工，完成调直、压扁、扭转、定长、切断、落料等钢筋轧扭全过程，形成具有一定螺距的连续螺旋状强化钢筋。

由于其强度高、握裹力强、塑性好、加工使用方便等优点，在施工中被广泛应用。

冷轧扭机主要由放盘架、调直机构、冷轧机构、冷扭机构、冷却装置、变速器、定尺切断机及落料架等组成。

冷轧扭机的安全使用要求：

（1）开机前要检查机器各部有无异常现象，并充分润滑各运动件。

（2）在控制台上的操作人员必须注意力集中，发现钢筋乱盘或打结时，要立即停机，待处理完毕后，方可开机。

（3）运转过程中，人员不得靠近旋转部件。机器周围应保持整洁畅通，不堆异物，防止意外发生。

（4）作业完成后，应清理场地、切断电源。

14.5 钢筋调直切断机

钢筋在使用前需要进行调直，否则混凝土结构中的曲折钢筋将会影响构件的受力性能及钢筋长度的准确性。钢筋调直切断机用于将成盘的细钢筋和经冷拔的低碳钢丝调直。它具有一机多用的功能，能在一次操作中完成钢筋调直、输送、切断、并兼有清除表面氧化皮和污迹的作用。

14.5.1 钢筋调直切断机的分类

钢筋调直切断机按调直原理的不同可分为孔模式和斜辊式两种；按其切断机构的不同有下切剪刀式和旋转剪刀式两种。下切剪刀式又由于切断控制装置的不同还可分为机械控制式和光电控制式。斜辊式钢筋调直切断机的电动机经过三角胶带驱动调直筒旋转，实现钢筋调直工作。另外通过同在一电机上的又一胶带轮传动来带动另一对锥齿轮传动偏心轴，再经过两级齿轮减速，传到等速反向旋转的上压辊轴与下压辊轴，带动上下压辊相对旋转，从而实现调直和曳引运动，见图14-4。

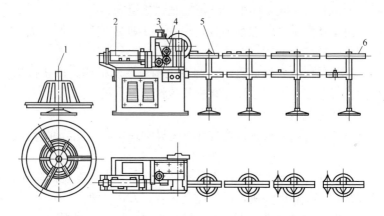

图 14-4　GT4/8 型钢筋调直切断机构造示意图

1—放盘架；2—调直筒；3—传动箱；4—机座；5—承受架；6—定尺板

14.5.2　钢筋调直切断机的安全使用要求

（1）料架、料槽应安装平直，对准导向筒、调直筒和下切刀孔的中心线；

（2）按调直钢筋的直径，选用适当的调直块及传动速度，经调试合格，方可送料；

（3）在调直块未固定、防护罩未盖好前不得送料；作业中严禁打开各部防护罩及调整间隙；

（4）当钢筋送入后，手与曳轮必须保持一定的距离，不得接近；

（5）送料前，应将不直的料头切除，导向筒前应装一根 1m 长的钢管，钢筋必须先穿过钢管再送入调直筒前端的导孔内；

（6）切断 3～4 根钢筋后，停机检查其长度是否合适。如有偏差，可调整限位开关或定长器；

（7）在调直钢筋的过程中，当发现钢筋跳出托板导料槽，顶不到定长器及乱丝或脱架时，应及时按动限位开关切断钢筋或停机，调整好后方准继续使用；

（8）操作人员不准离机过远，上盘、穿丝、引头和切断都应停机进行；

（9）每盘钢筋末尾或调直短盘钢筋时，应手持套管护送钢筋到导料器，以免甩动时发生伤人事故；

（10）已调直切断的钢筋，应按根数和规格分成小捆堆放整齐，不得乱堆乱放。

14.6 钢筋切断机

钢筋切断机是用于对钢筋原材或调直后的钢筋按混凝土结构所需要的尺寸进行切断的专用设备，如图 14-5 所示。

图 14-5 钢筋切断机

14.6.1 钢筋切断机的分类

按结构型式分为卧式和立式；按传动方式分为机械式和液压式。机械式切断机分为曲柄连杆式和凸轮式。液压式分为电动式和手动式，电动式又分为移动式和手持式。

（1）机械传动式：由电动机通过三角胶带轮和齿轮等减速后，带动偏心轴来推动连杆做往复运动；连杆端装有冲切刀片，它在与固定刀片相错的往复水平运动中切断钢筋；

（2）液压传动式：电动机带动偏心轴旋转，使与偏心轴面接触的柱塞做往复运动，柱塞泵产生高压油进入油缸内，推动活塞驱使活动刀片前进，与固定在支座上的固定刀片相错切断钢筋。

14.6.2 钢筋切断机的安全使用要求

（1）液压钢筋切断机使用前，要检查油位及电动机旋转方向是否正确。松开放油阀，空载运转 2min，排除缸内空气，然后拧紧；

（2）手持液压钢筋切断机在使用时，手要持稳切断机，并戴好绝缘手套；

（3）接送料的工作台面应和切刀下部保持水平，工作台的长度可根据加工材料长度决定；

（4）启动前，必须检查切刀应无裂纹，刀架螺栓紧固，防护罩牢靠。然后用手转动皮带轮，检查齿轮啮合间隙，调整切刀间隙；

固定刀片与活动刀片的间隙应保持 0.5～1mm，如果水平间隙过大，则切断的钢筋端部容易产生马蹄形。两个刀片的重叠量要根据所切钢筋的直径来确定。一般切断直径小于 20mm 时，刀口垂直间隙为 1～2mm；切断直径大于或等于 20mm 时为 5mm 左右。间隙的调整通过增减固定刀片后面的垫块来实现；

（5）机械未达到正常转速时，不可切料。切料时，必须使用切刀的中、下部位，紧握钢筋对准刃口，等移动刀片退回时迅速送入钢筋，在固定刀片一侧握紧并压住钢筋，以防钢筋末端弹出伤人。严禁用两手分在刀片两边握住钢筋俯身送料；长度在 300mm 以下的短钢筋切断时要用钳子夹料送入刀口，不准用手直接送料；

（6）不得剪切直径及强度超过机械铭牌规定的钢筋和烧红的钢筋。一次切断多根钢筋时，其总截面面积应在规定范围内；

（7）剪切低合金钢时，应更换高硬度切刀，剪切直径应符合铭牌规定；

（8）切断短料时，手和切刀之间的距离应保持在 150mm 以上，如手握端小于 400mm 时，应采用套管或夹具将钢筋短头压住或夹牢；

（9）运转中，严禁用手直接清除切刀附近的断头和杂物。钢筋摆动周围和切刀周围，不得停留非操作人员；

（10）发现机械运转有异常或切刀歪斜等情况，应立即停机检修。

14.7 钢筋弯曲机

钢筋弯曲机是把经过调直、切断后的钢筋，加工成构件或构件中所需要配置的形状，如端部弯钩、梁内弓筋、弯起钢筋等；钢筋弯曲机是将钢筋弯曲成所要求的尺寸和形状的设备，如图14-6所示。

图 14-6 钢筋弯曲机

钢筋弯曲机是由电动机经过三角胶带轮，驱动蜗杆或齿轮减速器带动工作盘旋转。工作盘上有 9 个轴孔，中心孔用来插中心轴或轴套，周围的 8 个孔用来插成型轴或轴套。当工作盘旋转时，中心轴的位置不变化，而成型轴围绕着中心轴作转动，通过调整成型轴位置，即可将被加工的钢筋弯曲成所需形状。

14.7.1 钢筋弯曲机的分类

常用的台式钢筋弯曲机按传动方式分为机械式和液压式两

类。机械式钢筋弯曲机又有蜗轮式和齿轮式。

14.7.2 钢筋弯曲机的安全使用要求

（1）操作前，应对机械传动部分、各工作机构、电动机接地以及各润滑部位进行全面检查，进行试运转，确认正常后，方可开机作业；

（2）钢筋弯曲机应设专人负责，非操作人员不得随意操作；严禁在机械运转过程中更换中心轴、成型轴、挡铁轴；加注润滑油、保养工作必须在停机后方可进行；

（3）挡铁轴的直径和强度不能小于被弯钢筋的直径和强度；未经调直的钢筋，禁止在钢筋弯曲机上弯曲；作业时，应注意放入钢筋的位置、长度和回转方向，以免发生事故；

（4）按钮开关的接线应正确，使用符合要求。不得使用倒顺开关；

（5）严禁弯曲超过机械铭牌规定直径的钢筋。在弯曲未经冷拉或带有锈皮的钢筋时，必须戴防护镜；

（6）严禁在弯曲钢筋的作业半径内和机身不设固定销的一侧站人。弯曲好的半成品，应堆放整齐，弯钩不得朝上；

（7）工作完毕应切断钢筋弯曲机电源。

14.8 钢筋套管挤压连接机

14.8.1 钢筋套管挤压连接机的构造及工作原理

钢筋挤压连接是将需要连接的螺纹钢筋插入特制的钢套筒内，利用挤压机压缩钢套筒，使之产生塑性变形，靠变形后的钢套筒与钢筋的紧固力来实现钢筋的连接。

这种连接方法具有节电节能、节约钢材、不受钢筋可焊性制约、不受季节影响、不用明火、施工简便、工艺性能良好和接头质量可靠性高等特点，适用于各种直径的螺纹钢筋的连接。

钢筋挤压连接技术分为径向挤压和轴向挤压工艺，径向挤压连接技术应用较为广泛。径向挤压连接是利用挤压机将钢套筒 1

沿直径方向挤压变形，使之紧密地咬住钢筋 2 的横肋，实现两根钢筋的连接（图 14-7 钢筋径向挤压连接）。径向挤压方法适用于连接 $\phi 12 \sim 40mm$ 的钢筋。图 14-8 是钢筋径向挤压连接机的结构

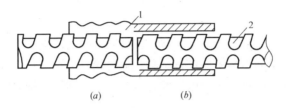

图 14-7　钢筋径向挤压连接

（a）已挤压部分；（b）未挤压部分

1—钢套筒；2—带肋钢筋

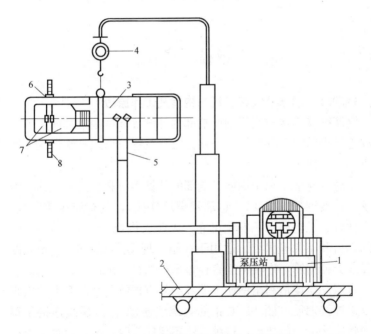

图 14-8　钢筋径向挤压连接机示意图

1—超高压泵站；2—吊挂小车；3—挤压钳；4—平衡器；

5—软管；6—钢套管；7—压模；8—钢筋

示意图，主要由超高压泵站 1、吊挂小车 2、挤压钳 3 和平衡器 4 等组成。

14.8.2 钢筋套管挤压连接机的安全使用要求

（1）检查挤压设备情况，并进行试压，符合要求后方可作业；

（2）钢筋端头的锈、泥沙、油污等杂物应清理干净；

（3）钢筋与套筒应进行试套，如钢筋有马蹄、弯折或纵肋尺寸过大者，应预先矫正或用砂轮打磨；对不同直径钢筋的套筒不得串用；

（4）新设备在使用前、挤压设备大修后、压力表受损或强烈振动后、挤压设备使用超过一年、挤压的接头超过 5000 个及套筒压痕异常且查不出来其他原因时，应对挤压机的挤压力进行标定。

14.9　钢筋螺纹连接机

14.9.1　钢筋螺纹连接机的构造及工作原理

钢筋螺纹连接是利用钢筋端部的外螺纹和特制钢套筒上的内螺纹连接钢筋的一种机械式连接方法，按螺纹形式有锥螺纹连接和直螺纹连接：

锥螺纹连接是利用钢筋 1 端部的外锥螺纹和套筒 2 上的内锥螺纹来连接钢筋（图 14-9 钢筋锥螺纹连接），具有连接速度快、对中性好、工艺简单、安全可靠、无明火作业、可全天候施工、节约钢材和能源等优点。适用于在施工现场连接 $\phi16\sim40mm$ 的同径或异径钢筋，连接钢筋直径差不得超过 9mm。

直螺纹连接是利用钢筋 1 端部的外直螺纹和套筒 2 上的内直螺纹来连接钢筋（图 14-10 钢筋直螺纹连接）。直螺纹连接是钢筋等强度连接的新技术，这种方法不仅接头强度高，而且施工操作简便，质量稳定可靠。可用于 $\phi20\sim40mm$ 的同径、异径、不能转动或位置不能移动钢筋的连接。直螺纹连接有镦粗直螺纹连接工艺和滚压直螺纹连接工艺。镦粗直螺纹连接是钢筋通过镦粗设备，将端头镦粗，再加工出使小径不小于钢筋母材直径的螺纹，使接头与母材等强。该压直螺纹连接是通过液压后接头部分的螺纹和钢筋表面因塑性变形而强化，使接头与母材等强。液压直螺纹连接有直接滚压螺纹、挤（碾）压肋滚压螺纹和剥肋滚压螺纹三种形式。

钢筋锥螺纹连接机和工具主要有钢筋套丝机、量规、力矩扳手和砂轮锯等。

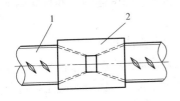

图 14-9　钢筋锥螺纹连接　　　图 14-10　钢筋直螺纹连接
1—钢筋；2—套臂　　　　　　1—钢筋；2—套筒

镦粗直螺纹连接所用设备和工具主要由钢筋镦粗机、镦粗直螺纹套丝机、量规、管钳和力矩扳手等组成。

滚压直螺纹连接所用设备和工具主要由滚压直螺纹机、量具、管钳和力矩扳手等组成。

14.9.2　钢筋螺纹连接机的安全使用要求

（1）设备应有良好接地，防止漏电伤人；

（2）钢筋螺纹连接机不得使用倒顺开关；

（3）钢筋端头弯曲时，应调直或切断后才能加工，严禁用气割下料；

（4）出现紧急情况应立即停机，检查并排除故障后再行使用；

（5）设备工作时不得检修、调整和加油；

（6）整机应设有防雨篷，防止雨水从箱体进入水箱；

（7）停止加工后，应关闭所有电源开关，并切断电源。

14.10 钢筋预应力张拉机

预应力混凝土是在承受外载荷前,使结构内部产生拉应力的区域预先受到压应力,以抵消部分或全部载荷作用时产生的拉应力,通常把这种压应力称为预应力,预应力混凝土具有抗裂度和刚度高、耐久性好、节约材料和构件重量轻等优点,较广泛应用。

施加预应力的方法是将混凝土受拉区域内的钢筋,拉伸到一定数值后,锚固在混凝土上,钢筋产生弹性回缩,并将回缩力传给混凝土,对混凝土产生预应压力。

预应力混凝土按施工方式分为先张法和后张法。

先张法为先张拉钢筋,后浇筑混凝土。施工过程为:张拉机械张拉钢筋后,用夹具将其固定在台座上,浇筑混凝土,混凝土达到一定强度后,放开钢筋的锚固,使钢筋回缩,对混凝土产生预应力。

后张法为先浇筑混凝土,后张拉钢筋。施工过程为:构件中配置预应力钢筋的部位预先留出孔道,混凝土达到一定强度后,将钢筋穿入孔道,张拉机械张拉钢筋后,用锚具将其固定在构件两端,钢筋的回缩力使混凝土产生预应力。

预应力机械是对预应力混凝土构件中钢筋施加张拉力的机械。分为液压式、机械式和电热式三种。常用的为液压式和机械式,张拉钢筋时,需配套使用张拉锚具和夹具。

预应力张拉机械,分为液压式、机械式和电热式三种。

14.10.1 液压式张拉机

先张法张拉预应力粗钢筋和后张法张拉预应力筋时,用液压式张拉机张拉。液压式张拉机由千斤顶、高压油泵、油管和各种附件组成。

(1)液压千斤顶

液压千斤顶是液压张拉机的主要设备,按工作特点分为单作用、双作用等型式;

按构造特点分为台座式、拉杆式、穿心式和锥锚式四种型式。

台座式千斤顶是一种普通油压千斤顶，与台座、横梁或张拉架等装置配合才能进行张拉工作，主要用于粗钢筋的张拉。拉杆式千斤顶是以活塞杆为拉杆的单作用液压张拉千斤顶，适用于张拉带有螺纹端杆的粗钢筋。穿心式千斤顶的构造特点是沿千斤顶轴线有一穿心孔道供穿入钢筋用，可张拉钢筋束或单根钢筋。是一种通用性强，应用较广的张拉设备。锥锚式千斤顶是双作用的千斤顶，用于张拉钢筋束。

（2）高压油泵

高压油泵是液压张拉机的动力装置，根据需要，供给液压千斤顶用高压油。高压油泵有手动和电动两种型式，电动油泵又分为轴向式和径向式两种。

（3）液压千斤顶的安全使用要求：

1）千斤顶不允许超载和超行程范围使用；

2）千斤顶使用时，应保证活塞外露部分清洁，清除灰尘和杂物。使用后，应将油缸回程到底，保证油的进出口处清洁，加封盖；

3）千斤顶张拉计压时，应观察千斤顶位置是否偏斜，必要时应回油调整。进油升压必须缓慢、均匀、平稳，回油降压时应缓慢松开回油阀，使各油缸回程到底；

4）双作用千斤顶在张拉过程中，应使顶压油缸全部回油。在顶压过程中，张拉油缸应予持荷，以保证恒定的张拉力，待顶压锚固完成时，张拉缸再回油。

14.10.2 机械式张拉机

先张法张拉预应力钢丝时，主要使用机械式张拉机，机械式张拉机分为手动式和电动式。常用的电动张拉机又分为千斤顶测力卷扬机式和弹簧测力螺杆式。

机械式张拉机的安全使用要求

（1）开机前，应对设备的传动机构和电气系统进行检查，试运行后方可作业；

（2）检查测力装置和行程开关是否灵敏；

（3）出现紧急情况应立即停机，检查并排除故障后再行使用。设备工作时不得检修、调整；

（4）张拉设备的张拉力不小于预应力筋张拉力的 1.5 倍；张拉行程不小于预应力筋张拉伸长度的 1.1～1.3 倍；

（5）张拉时设备两侧及夹具、锚具后面严禁站人；

（6）设备的传动部件要按规定进行润滑。

14.11 钢筋预应力夹具及锚具

张拉钢筋时，需配套使用张拉锚具和夹具。

锚具和夹具是锚固预应力钢筋和钢丝束的工具。锚具是锚固在构件端部，与构件共同承受拉力的钢筋端部紧固件。夹具是用于夹持预应力钢筋以便张拉，预应力构件制成后，可取下后重复使用的钢筋端部紧固件。

14.11.1 夹具

夹具种类繁多，在先张法中，预应力筋的夹具分为钢丝张拉夹具和钢筋张拉夹具。钢丝张拉夹具分两类：一类是将预应力筋锚固在台座或钢模上的锚固夹具；另一类是张拉时夹持预应力筋用的夹具。钢筋锚固多用螺丝端杆锚具、镦头锚具和销片夹具等。张拉时可用连接器与螺丝端杆锚具连接，或用销片夹具等。

14.11.2 锚具

锚具的种类繁多，不同类型的预应力筋所配用的锚具不同，常用的锚具有：螺丝端杆锚具、帮条锚具、镦头锚具、锥形螺杆锚具、钢质锥形锚具、JM 型锚具、KT-Z 型锚具、多孔夹片锚具等。

15 电弧焊接设备

15.1 电弧焊接设备概述

在金属结构和机械制造或维修过程中，经常需要把两个或以上的零件按一定形式和位置连接而成为一体。按连接的方法和特点，可以分为两个类型：一类是可以拆卸的连接方法，如螺栓连接、键连接等；另一类永久性的连接方法，其拆卸往往造成零件的毁坏，如铆接、焊接。

焊接是一种先进而高效可靠的金属加工工艺，焊接是通过加热或者加压，或者两者并用，使焊件达到结合的一种加工方法。具有节约材料、工时和焊接性能好及使用寿命长等优点。焊接还可以使金属材料形成永久性连接。

近代焊工技术在 20 世纪 40 年代已形成较为完整的焊接工艺体系。特别是优质焊条的出现，焊接技术有了广泛的应用。在建筑机械制造和维修行业内，电弧焊是一种最常用的加工方法。

电弧焊的设备主要或最重要的设备是弧焊电源，即通常所说的电焊机。其作用就是为电弧焊接提供稳定、合适的电流和电压。电弧焊设备还包括一些工具，如焊钳、面罩、焊条保温筒，此外还有敲渣锤、钢丝刷、焊缝检验尺等。

15.2 电弧焊接设备的分类及型号

电焊机按结构原理可分为交流电焊机、直流电焊机和逆变电焊机三种类型；按电流性质则分为交流或直流电焊机。还有用于钢筋连接的竖向钢筋电渣压力焊机、对焊机、点焊机等。

15.2.1　交流弧焊机

交流弧焊机实际上是一个交流变压器，是一种最简单常用的弧焊电焊机。其作用是把网路交流电压变成适宜于电弧焊的低压交流电。它具有结构简单、制造维修成本低、效率高等优点。其缺点是电弧稳定性差、功率因数较低。

15.2.2　直流弧焊机

直流电焊机是把交流电压降压整流后获得直流电的焊接电源。它具有造价低、空载损耗小、电弧稳定和噪声小的优点。常用的型号有 ZX5-250、ZX5-400、ZX5-630 等。

15.2.3　逆变弧焊机

逆变弧焊机是把单相或三相交流电经整流后成为直流电，借助大功率电子开关器件 VT 的交替作用，逆变为几百至几万赫兹的中频交流电，经降压或整流后输出交流或直流电。它具有高效、节能、体积小、质量轻、功率因数高等优点。常用的型号有ZX7-400B。

15.3　电弧焊接设备的安全使用要求

15.3.1　焊接作业存在的不安全因素

在焊接作业中，存在一些不卫生和不安全的因素，会产生弧光辐射、有害粉尘、有毒气体、高频电磁场、射线和噪声等有害因素。而且焊工需要与各种易燃易爆气体、压力容器及电器设备等相接触，还有高空焊接作业及水下焊接等，在一定条件下会引起火灾、爆炸、触电、烫伤、急性中毒和高处坠落等事故，导致工伤、死亡及重大经济损失，又能造成焊工尘肺、慢性中毒、血液疾病、眼疾和皮肤病等职业病，严重地危害着焊接作业人员的安全与健康，还会造成国家财产和生产的重大损失。

15.3.2　焊接场地的安全要求

检查焊接与切割作业点的设备、工具、材料是否排列整齐。检查焊接场地是否保持必要的通道。检查所有气焊胶管、焊接电缆线是否互相缠线。检查焊工作业面积是否足够，工作场地要有良好的自然采光或局部照明。检查焊割场地周围 10m 范围内，各类可燃易燃物品是否清除干净。对焊接切割场地检查要做到：仔细观察环境，针对各类情况，认真加强防护。

15.3.3 电焊操作的基本要求

（1）焊接操作及配合人员必须按规定穿戴劳动防护用品。并必须采取防止触电、高空坠落、瓦斯中毒和火灾等事故的安全措施。

（2）现场使用的电焊机，应设有防雨、防潮、防晒的机棚，并应配备相应的消防器材。

（3）施焊现场 10m 范围内，不得堆放油类、木材、氧气瓶、乙炔瓶等易燃、易爆物品。

（4）当长期停用的电焊机恢复使用时，其绝缘电阻不得小于 $0.5M\Omega$，接线部分不得有腐蚀和受潮现象。

（5）电焊机导线应具有良好的绝缘，绝缘电阻不得小于 $1M\Omega$，不得将电焊机导线放在高温物体附近。电焊机导线和接地线不得搭在易燃、易爆和带有热源的物件上，接地线不得接在管道、机械设备和建筑物金属结构或轨道上，接地电阻不得大于 4Ω。严禁利用建筑物的金属结构、管道、轨道或其他金属物体搭接起来形成焊接回路。

（6）电焊钳应有良好的绝缘和隔热能力。电焊钳握柄必须绝缘良好，握柄与导线连接应牢靠，接触良好，连接处应采用绝缘布包好并不得外露。操作人员不得用胳膊夹持电焊钳。

（7）电焊导线长度不宜大于 30m。当需要加长导线时，应相应增加导线的截面。当导线通过道路时，必须架高或穿入防护管内埋设在地下；当通过轨道时，必须从轨道下面通过。当导线绝缘受损或断股时，应立即更换。

（8）对承压状态的压力容器及管道、带电设备、承载结构的受力部位和装有易燃、易爆物品的容器严禁进行焊接和切割。

（9）焊接铜、铝、锌、锡等有色金属时，应通风良好，焊接人员应戴防毒面罩、呼吸滤清器或采取其他防毒措施。

（10）当需施焊受压容器、密封容器、油桶、管道、沾有可燃气体和溶液的工件时，应先消除容器及管道内压力，清除可燃气体和溶液，然后冲洗有毒、有害、易燃物质；对存有残余油脂的容器，应先用蒸汽、碱水冲洗，并打开盖口，确认容器清洗干净后，再灌满清水方可进行焊接。在容器内焊接应采取防止触电、中毒和窒息的措施。焊、割密封容器应留出气孔，必要时在进、出气口处装设通风设备；容器内照明电压不得超过 12V，焊工与焊件间应绝缘；容器外应设专人监护。严禁在已喷涂过油漆和塑料的容器内焊接。

（11）当焊接预热焊件温度达 150～700℃时，应设挡板隔离焊件发出的辐射热，焊接人员应穿戴隔热的石棉服装和鞋、帽等。

（12）高空焊接或切割时，必须系好安全带，焊接周围和下方应采取防火措施，并应有专人监护。

（13）雨天不得在露天电焊。在潮湿地带作业时，操作人员应站在铺有绝缘物品的地方，并应穿绝缘鞋。

（14）应按电焊机额定焊接电流和暂载率操作，严禁过载。在载荷运行中，应经常检查电焊机的温升，当温升超过 A 级 60℃、B 级 80℃时，必须停止运转并采取降温措施。

（15）当清除焊缝焊渣时，应戴防护眼镜，头部应避开敲击焊渣飞溅方向。

15.3.4 电弧焊接设备的安全使用要求

（1）交流电焊机的安全使用要求

1）使用前，应检查并确认初、次级线接线正确，输入电压符合电焊机的铭牌规定，接通电源后，严禁接触初级线路的带电部分；

2）次级抽头联接铜板应压紧，接线桩应有垫圈。合闸前，应详细检查接线螺帽、螺栓及其他部件并确认完好齐全、无松动或损坏；

3）多台电焊机集中使用时，应分接在三相电源网络上，使三相负载平衡。多台焊机的接地装置，应分别由接地极处引接，不得串联；

4）移动电焊机时，应切断电源，不得用拖拉电缆的方法移动焊机。当焊接中突然停电时，应立即切断电源。

（2）旋转式直流电焊机的安全使用要求

1）新机使用前，应将换向器上的污物擦干净，换向器与电刷接触应良好；

2）启动时，应检查并确认转子的旋转方向符合焊机标志的箭头方向；

3）启动后，应检查电刷和换向器，当有大量火花时，应停机查明原因，排除故障后方可使用；

4）当数台焊机在同一场地作业时，应逐台启动；

5）运行中，当需调节焊接电流和极性开关时，不得在施焊时进行。调节不得过快、过猛。

（3）硅整流直流焊机的安全使用要求

1）焊机应在使用说明书要求的条件下作业；

2）使用前，应检查并确认硅整流元件与散热片连接紧固，各接线端头紧固；

3）使用时，应先开启风扇电机，电压表指示值应正常，风扇电机无异响；

4）硅整流直流电焊机主变压器的次级线圈和控制变压器的次级线圈严禁用摇表测试；

5）硅整流元件应进行保护和冷却。当发现整流元件损坏时，应查明原因，排除故障后，方可更换新件；

6）整流元件和有关电子线路应保持清洁和干燥。启用长期停用的焊机时，应空载通电一定时间进行干燥处理；

7）搬运由高导磁材料制成的磁放大铁芯时，应防止强烈震动引起磁能恶化；

8）停机后，应清洁硅整流器及其他部件。

（4）竖向钢筋电渣压力焊机的安全使用要求

1）应根据施焊钢筋直径选择具有足够输出电流的电焊机。电源电缆和控制电缆联接应正确、牢固。控制箱的外壳应牢靠接地；

2）施焊前，应检查供电电压并确认正常，当一次电压降大于8%时，不宜焊接。焊接导线长度不得大于30m，截面面积不得小于50mm²；

3）施焊前应检查并确认电源及控制电路正常，定时准确，误差不大于5%，焊机的传动系统、夹装系统及焊钳的转动部分灵活自如，焊剂已干燥，所需附件齐全；

4）施焊前，应按所焊钢筋的直径，根据参数表，标定好所需的电源和时间。一般情况下，时间（s）可为钢筋的直径数（mm），电流（A）可为钢筋直径的20倍数（mm）；

5）起弧前，上、下钢筋应对齐，钢筋端头应接触良好。对锈蚀粘有水泥的钢筋，应用钢丝刷清除，并保证导电良好；

6）施焊过程中，应随时检查焊接质量。当发现倾斜、偏心、未熔合、有气孔等现象时，应重新施焊；

7）每个接头焊完后，应停留5～6min保温；寒冷季节应适当延长。当拆下机具时，应扶住钢筋，过热的接头不得过于受力。焊渣应待完全冷却后清除。

（5）对焊机的安全使用要求

1）对焊机的使用应执行电焊基本操作的规定；

2）对焊机应安置在室内，并应有可靠的接地或接零。当多台对焊机并列安装时，相互间距不得小于3m，应分别接在不同相位的电网上，并应分别有各自的开关。导线的截面不应小于表15-1的规定；

对焊机的额定功率(kVA)	25	50	75	100	150	200	500
一次电压为220V时导线截面(mm²)	10	25	35	45	—	—	—
一次电压为380V时导线截面(mm²)	6	16	25	35	50	70	150

导线截面 表15-1

3）焊接前，应检查并确认对焊机的压力机构灵活，夹具牢固，气压、液压系统无泄漏，一切正常后，方可施焊；

4）焊接前，应根据所焊接钢筋截面，调整二次电压，不得焊接超过对焊机规定直径的钢筋；

5）断路器的接触点、电极应定期光磨，二次电路连接螺栓应定期紧固。冷却水温度不得超过 40℃，排水量应根据温度调节；

6）焊接较长钢筋时，应设置托架，配合搬运钢筋的操作人员，在焊接时应防止火花烫伤；

7）闪光区应设挡板，与焊接无关的人员不得入内；

8）冬期施焊时，室内温度不应低于 8℃。作业后，应放尽机内冷却水。

（6）点焊机的安全使用要求

1）作业前，应清除上、下两电极的油污。通电后，机体外壳应无漏电；

2）启动前，应先接通控制线路的转向开关和焊接电流的小开关，调整好极数，再接通水源、气源，最后接通电源；

3）焊机通电后，应检查电气设备、操作机构、冷却系统、气路系统及机体外壳有无漏电现象。电极触头应保持光洁。有漏电时，应立即更换；

4）作业时，气路、水冷系统应畅通。气体应保持干燥。排水温度不得超过 40℃，排水量可根据气温调节；

5）严禁在引燃电路中加大熔断器。当负载过小使引燃管内电弧不能发生时，不得闭合控制箱的引燃电路；

6）当控制箱长期停用时，每月应通电加热 30min。更换闸流管时应预热 30min。正常工作的控制箱的预热时间不得小于 5min。

16 木工机械

16.1 木工机械的分类

木工机械按机械的加工性质和使用的刀具种类，大致可分为木工锯机、细木工机械和附属机具三类。

木工锯机包括：圆锯机、带锯机、框锯机等。

细木工机械包括：刨床、铣床、开榫机、钻孔机、榫槽机、木工车床、磨光机等。

附属机具包括：指接机、锯条开齿机、锯条焊接机、锯条滚压机、压料机、锉锯机、刃磨机等。

建筑施工现场中常用的有圆锯机、刨床和指接机。

16.2 木工锯机

16.2.1 圆锯机

也有叫它铜门锯、圆盘锯，圆锯机构造简单，安装容易，使用方便，效率较高，建筑施工现场应用广泛。主要由机架、工作台、锯轴、切削刀片、导板、传动机构和安全装置等组成，见图16-1。

圆锯机的安全使用要求

（1）圆锯机必须装设分料器，锯片上方应有防护罩或滴水设备，开料锯与截料锯不得混用。设备本身应设按钮开关控制，开关箱距设备距离不大于3m，以便在发生故障时，迅速切断电源。

（2）作业前应检查锯片不得有裂纹，不得连续缺齿，螺帽必须拧紧。锯片必须平整坚固，锯齿尖锐有适当锯路，不得使用有

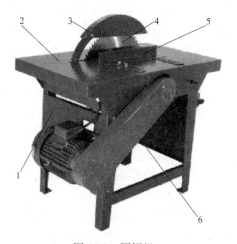

图 16-1 圆锯机

1—机架；2—工作台；3—安全装置；

4—切削刀片；5—导板；6—传动机构

裂纹的锯片。

（3）安全防护装置要齐全有效。分路器的厚薄适度，位置合适，锯长料时不产生夹锯；锯盘护罩的位置应固定在锯盘上方，不得在使用中随意转动；台面应设防护挡板，防止破料时遇节疤和铁钉弹出伤人；传动部位必须设置防护罩。

（4）锯盘转动后，应待转速正常时，再进行锯木料。所锯木料的厚度，以不碰到固定锯盘的压板边缘为限。

（5）必须紧贴靠尺送料，不得用力过猛，遇硬节疤应慢推，必须待出料超过锯片 15cm 方可接料，不得用手硬拉。木料接近尾端时，要由辅助人员拉料，不得直接推送，推送时使用短木板顶料，防止推空锯手。

（6）木料较长时，两人配合操作。操作中，送料一端距锯 20cm 就要放手；辅助人员必须待木料超过锯片 20cm 以外时，方可接料。接料后不要猛拉，应与送料配合。需要回料时，木料要完全离开锯片后再送回，操作时不能过早过快，防止木料碰锯片。

（7）截断木料和锯短料时，必须用推杆送料，不准用手直接送料，送料速度不能过快。辅助人员接料必须用刨钩。木料长度不足 50cm 的短料，禁止上锯。

（8）木料走偏时，应立即切断电源，停机调正后再锯，不得猛力推进或拉出。

（9）锯片运转时间过长应用水冷却，直径 60cm 以上的锯片工作时应喷水冷却。

（10）严禁使用木棒或木块制动锯片的方法停机。

（11）需要换锯盘和检查维修时，必须拉闸断电，待完全停止转动后，再进行工作。严禁用手直接接触未完全停止运行的木工机具。

（12）木料应堆放整齐，必须随时清除工作台上的遗料，保持工作台整洁。清除遗料时，严禁直接用手清除。清除锯末及调整部件，必须先拉闸断电，待机械停止运转后方可进行，不要用手直接擦抹台面。操作圆锯机时不得戴手套。

16.2.2 带锯机

带锯机是把带锯条环绕在锯轮上，使其转动，切削木材的机械，它的锯条的切削运动是单方向连续的，切削速度较快；它能锯割较大径级的圆木或特大方材，且锯割质量好；还可以采用单锯锯割、合理的看材下锯，因此制材等级率高，出材率高。同时锯条较薄锯路损失较少。故大多数制材车间均采用带锯机制材。常见的几种木工锯机见图 16-2～图 16-5。

带锯机的安全使用要求：

（1）操作人员开动带锯机前，必须检查锯条有无裂纹、扭曲和锯条的松紧程度。如锯条齿侧的裂纹长度超过锯条宽度的1/6，锯条接头超过三个，锯条中间及后背有裂纹，锯条接头处裂纹超过 10mm 时，都不得使用。

（2）锯条的松紧程度应根据锯条的厚薄、宽窄进行调整，经试运转正常后，方可开始工作。

（3）使用带锯机作业时，不得加工超过机械规定限度的特大原木。加工较长木材时，必须配备副手协助工作。

图 16-2　立式带锯　　　　　　图 16-3　横式带锯

图 16-4　弓锯　　　　　　图 16-5　龙门锯

（4）不得用潮湿或带油的手指接触启动开关和其他电器设备。如发生电器设备故障或损坏时，不得擅自拆卸检查。

（5）使用平台式带锯时，操作人员与辅助人员要配合一致，操作人员不得将手送进台面，辅助人员应等料头出锯 20cm 后，方可接料。

16.3　木工刨床

木工刨床用于方材或板材的平面加工，有时也用于成型表面的加工。工件经过刨床加工后，不仅可以得到精确的尺寸和所需要的截面形状，而且可得到较光滑的表面。根据不同的工艺用途，木工刨床可分为平刨、压刨、单面刨、多面刨和刮光机等多种形式，见图 16-6、图 16-7、图 16-8。

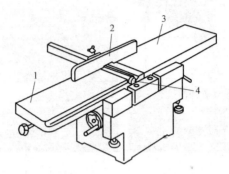

图 16-6　木工刨床

1—后工作台；2—导板；3—前工作台；4—刨刀轴

图 16-7　单面压刨　　　　　图 16-8　多面压刨

16.3.1　平刨（手压刨）的安全使用要求

（1）除专业木工外，其他工种人员不得操作平刨（手压刨）。

（2）应检查刨刀的安装是否符合要求，包括刀片紧固程度、刨刀的角度、刀口出台面高度等。刀片的厚度、重量应均匀一致，刀架、夹板必须平整贴紧，紧固刀片的螺钉应嵌入槽内不少于 10mm。

（3）设备应装按钮开关，不得装扳把开关，防止误开机。开关箱距设备不大于 3m，便于发生故障时，迅速切断电源。

（4）刨料前要仔细检查木料，有铁钉、灰浆等物要先清除，遇木节、逆茬时，要适当减慢推进速度。

（5）使用前，应空转运行，转速正常无故障时，才可进行操作。刨料时，应双手持料；按料时应使用工具，不要用手直接按料，防止木料移动手按空发生事故。

（6）刨木料小面时，手按在木料的上半部，经过刨口时，用力要轻，防止木料歪倒时手按刨口伤手。刨木材的大面时，手必须按在木料的上面；材料需要调头刨削时，必须双手持料离开刨口；刀架夹板必须平整贴紧。

（7）短于 20cm 的木料不得使用机械。长度超过 1m 的木料，应由两人配合操作。

（8）需调整刨口和检查维修时，必须拉闸切断电源，待完全停止转动后进行。

（9）台面上刨花，不要用手直接擦抹，周围刨花应及时清除。

（10）平刨的使用，必须装设灵敏可靠的安全防护装置。防护装置安装后，必须专人负责管理，不能以各种理由拆掉，发现故障时，机械不能继续使用，必须待装置维修试验合格后，方可再用。

（11）平面刨作业中，操作人员不得将手伸进安全挡板里侧移动挡板，不得拆除安全挡板进行刨削。

16.3.2 压刨的安全使用要求

（1）刨料前应将所刨材料上的钉子、灰垢等杂物清除后，再进行操作；

（2）二人操作，必须配合一致，接送料应站在机械的一侧，操作人员不得戴手套；

（3）进料必须平直，发现木料走偏或卡住，应停机降低台面，调正木料。遇节疤应减慢送料速度。送料时手指必须与滚筒保持20cm以上距离。接料时，必须待料出台面方可操作；

（4）刨料长度小于前后滚中心距的木料，禁止在压刨机上加工；

（5）木料厚度差2mm的不得同时送料，每次刨削量不得超过3mm；

（6）清理台面杂物时必须停机（停稳）、断电，用木棒清理；

（7）使用压刨时，操作人员应站在压刨一侧操作，必须使用按钮开关，不得使用倒顺开关；送料必须平直，操作人员接送时，手指应离开滚筒20cm以外，接料必须待料送出台面。

16.4　其他木工机械

16.4.1　指接机

指接机用于短木材的接长，特别适用于建筑短方木的接长再利用，对节约材料、绿色环保具有重要作用。

指接机的主要结构包括送料机构、主推机构和阻尼机构。主推机构的输送装置是两条结构相同的上、下侧履带式链传动装置，上、下侧履带式链传动装置通过压力调节装置实现可调式连接，在导料板的侧面还设有水平向压力调节气囊装置。由于木料工件上、下两面受力平衡，其送料较平稳；夹紧稳定、推进力传递准确到位，彻底避免了"针眼"、"错牙"加工缺陷的发生，增加了木材的加工利用率。

指接机的安全操作要点是，加工前需检查木料，严禁腐烂、有钉木料上机加工。加工时调整主推机构到所需的角度，将木料放到平台上，打开气压开关压紧木料，两手紧按平台，平稳向前推进，作业完成后再复位，松掉气压开关，退料，再进行第二次作业，放料时必须将平台完全拉出复位，注意力高度集中，注意伤手。

16.4.2　木工榫槽机

木工榫槽机是加工方眼的机械，切削刀具采用空心方凿套，而套中装有旋转的螺旋凿芯。广泛应用在家具建筑等木制品、木构件中。榫槽加工，是木材机械加工的基本和主要设备之一。

其安全操作要点是，机头在运转过程中禁止装卡工件，也不允许进行清理工作。遇有打深孔或木质较硬时，应减慢进给速度。钻芯与凿套之间应留有适当的间隙，以便木屑顺利排出。

16.4.3　木工车床

木工车床的功用同其他车床，区别的是加工的材质是木料，见图 16-9。

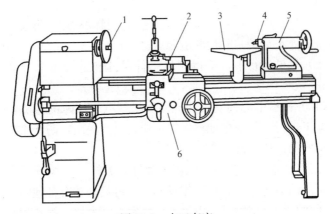

图 16-9　木工车床

1—主轴；2—刀架；3—托架；4—顶尖；5—尾架；6—溜板箱

16.5　木工机械的安全使用要求

（1）木工机械必须有专人负责，操作人员必须熟悉该机械性能，木工机械操作人员应穿紧身衣裤，束紧长发，不得系领带和戴手套；

（2）机械应保持清洁、各部机件试运转正常，机械安全装置应齐全有效，传动部位应安装防护罩，各部件连接紧固；

（3）机械应使用按钮开关，不准使用倒顺双向开关；

（4）工作场所的待加工和已加工木料应堆放整齐，加工前应清除木料中的铁钉、铁丝等金属物；工作场地四周应畅通。工作台上不得放置杂物；

（5）有除尘装置的木工机械作业前，应先启动排尘风机，保持排尘管道不变形、不漏风；

（6）机械的皮带轮、锯轮、刀轴、锯片、砂轮等高速转动部件的安装应平衡。各种刀具破损程度应符合使用说明书的规定；

（7）操作时，根据木材的材质、粗细、湿度等选择合适的切削和进给速度。操作人员与辅助人员应密切配合，并应同步匀速接送料；

（8）运行中不得跨过机械传动部分。排除故障、拆装刀具时应在机械停止运转，并切断电源后进行；

（9）机械运行中，不得测量工件尺寸和清理木屑、刨花和杂物；

（10）机械电源的安装和拆除及机械电气故障的排除，应由专业电工进行；作业中如遇停电，应将电闸关闭，防止来电后机械自行转动造成事故。

（11）作业后，应切断电源，锁好开关箱，工作场所应备有齐全可靠的消防器材；在工作场所，不得吸烟和有其他明火，并不得混放易燃易爆物品；下班前应将锯末、木屑、刨花等杂物清除干净，并要运出场地进行妥善处理。

17 装饰机械

17.1 装饰机械概述

装饰机械是建筑物主体结构完成以后，对结构的面层进行装饰施工的机械。主要用于房屋内外墙面和顶棚的装饰，地面、屋面的铺设和修整，以及水电、暖气和卫生设备等的安装。是提高工程质量和作业效率、减轻劳动强度的机械化施工机具。近年来，装饰机械已经成为迅速发展的施工机械类别，大部分为小型电动机具，本章选择了部分主要机型进行介绍。

17.2 灰浆搅拌机

灰浆制备机械主要用于灰浆材料的加工、搅拌、输送以及墙体抹灰等方面的工作。包括灰浆搅拌机、淋灰机、麻刀灰拌合机、灰浆泵、灰浆喷枪等。

灰浆搅拌机主要用于各种配合比的石灰浆、水泥砂浆及混合砂浆的拌合。按卸料方式可分为活门卸料和倾翻卸料；按移动方式可分为固定式和移动式；按搅拌方式可分为立轴式和卧轴式。灰浆搅拌机工作原理与强制式混凝土搅拌机相同。工作时，搅拌筒固定不动。而靠固定在搅拌轴上的叶片的旋转来搅拌物料。

17.2.1 主要结构

以 HJ200 型灰浆搅拌机为例，其外形传动系统如图 17-1 所示。主要包括主轴 10、叶片 6、蜗轮减速器 4、搅拌筒 7 等部件组成。叶片与主轴结构采用组合式，叶片磨损后易于更换。搅拌时在叶片的驱动下拌合料既产生径向运动又产生轴向相向运动，实现既搅拌又掺合的拌合效果。卸料时，转动摇柄9，通过小齿轮带动与筒体固定的扇形齿圈，使搅拌筒以主轴为中心进行倾翻，此时叶片仍继续转动，协助将灰浆卸出。搅拌筒的进料口装有用钢条制成的格栅，防止大块物料及装料工具不慎落入。此类搅拌机轴端密封不好，造成的漏浆易流入轴承座而卡轴承，造成过载而烧毁电动机。

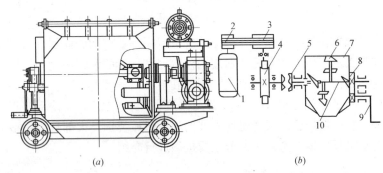

图 17-1　HJ-200 型灰浆搅拌机的外形传动系统
1—电动机；2—小皮带轮；3—大皮带轮；4—蜗轮减速器；
5—十字滑块联轴节；6—叶片；7—搅拌筒；8—扇形齿轮；
9—摇柄；10—主轴

17.2.2　安全使用要求

(1) 灰浆搅拌机的工作位置应选择在地势较高、距离物料较近、运输方便的地方；灰浆搅拌机基础应当可靠、牢固，可用方木或撑架固定，并保持水平；

(2) 作业前，检查连接部位不松动，传动机构、工作装置、防护装置等均应牢固可靠，操作灵活；启动后先空运转，检查搅拌叶片旋转方向正确，方可加料加水，进行搅拌作业；

(3) 运转中不得把手或木棒等伸进搅拌筒内清理灰浆，以免发生事故；

(4) 作业中如遇故障不能继续运转时，应立即切断电源，倒出筒内灰浆，进行检修或排除故障；

(5) 作业中，料斗提升时，严禁斗下有人；

（6）作业后要及时清除机械内外的残留砂浆，并用水冲洗干净。

17.3　灰浆喷涂机械

灰浆喷涂机械是指对建筑物的内外墙及顶棚进行喷涂抹灰的机械。包括灰浆输送泵、输送管道、喷枪、喷枪机械手和灰浆联合机等。灰浆联合机是近年来由国外引进，经过消化、改进而研制成功的，是集搅拌、泵送、喷涂于一体的新型机械。

灰浆输送泵按结构划分有柱塞泵、隔膜泵、挤压泵等。

17.3.1　柱塞式灰浆泵

（1）主要结构

柱塞式灰浆泵分为直接作用式及隔膜式。

柱塞式灰浆泵又称柱塞泵或直接作用式灰浆泵。

单柱塞式灰浆泵结构如图 17-2。

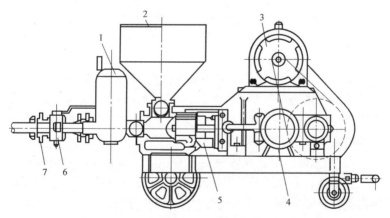

图 17-2　单柱塞式灰浆泵

1—气缸；2—料斗；3—电动机；4—减速箱；
5—曲柄连杆机构；6—柱塞缸；7—吸入阀

柱塞式灰浆泵是由柱塞的往复运动和吸入阀、排出阀的交替启闭将灰浆吸入或排出。工作时柱塞在工作缸中与灰浆直接接触，构造简单，但柱塞与缸口磨损严重，影响泵送效率。

隔膜式灰浆泵是间接作用，灰浆泵结构和工作原理如图 17-3。柱塞的往复运动通过隔膜的弹性变形，实现吸入阀和排出阀交替工作，将灰浆吸入泵室，通过隔膜压送出来。由于柱塞不接触灰浆，能延长使用寿命。

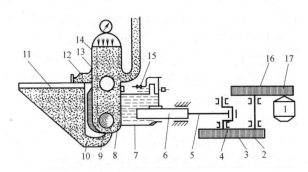

图 17-3　圆柱型隔膜泵工作原理示意
1—电动机；2、3、16、17—齿轮减速箱；4—曲轴；5—连杆；6—活塞；
7—泵室；8—隔膜；9、13—球形阀门；10—吸入支管；11—料斗；
12—回浆阀；14—气罐；15—安全阀

（2）安全使用要求

1）柱塞式灰浆泵必须安装在平稳的基础上。

输送管路的布置尽可能短直，弯头越少越好。输送管道的接头连接必须紧密，不得渗漏。垂直管道要固定牢靠，所有管道上不得踩压，以防造成堵塞。

2）泵送前，应检查球阀是否完好，泵内是否有干硬灰浆等物；各部件、零件是否紧固牢靠；安全阀是否调整到预定的安全压力。检查完毕应先用水进行泵送试验，以检查各部位有无渗漏。如有渗漏应立即排除。

3）泵送时一定要先开机后加料，先用石膏润滑输送管道，再加入一定稠度的灰浆。

4）泵送过程要随时观察压力表的泵送压力是否正常，如泵送压力超过预调的 1.5MPa 时，要反向泵送，使管道的部分灰浆返回料斗，再缓慢泵送。如无效，要停机卸压检查，不可强行泵送。

5）泵送过程不宜停机。如必须停机时，每隔 4～5min 要泵送一次，以防灰浆凝固。如灰浆供应不及时，应尽量让料斗装满灰浆，然后把三通阀手柄扳到回料位置，使灰浆在泵与料斗内循环，保持灰浆的流动性。如灰浆在 45min 内仍不能连续泵送出去，必须用石灰膏把全部灰浆从泵和输送管道里排净，待送来新灰浆后再继续泵送。

6）每天泵送结束时，一定要用石灰膏把输送管道里的灰浆全部泵送出来，然后用清水将泵和输送管道清洗干净，并及时对主轴承加注润滑油。

17.3.2 挤压式灰浆泵

（1）主要结构

挤压式灰浆泵无柱塞和阀门，是靠挤压滚轮连续挤压胶管，实现泵送灰浆。在扁圆的泵壳和滚轮之间安装有挤压滚轮，当轮架以箭头方向开始回转时，进料口处被滚轮挤扁，管中空气被压，出料口排入大气，随之转来的调整轮把橡胶管整形复原，并出现瞬时的真空；料斗的灰浆在大气的作用下，由灰浆斗流向管口，从此，滚轮开始挤压灰浆，使灰浆进入管道，流向出料口。周而复始就实现了泵送灰浆的目的。挤压式灰浆泵结构简单，维修方便，但挤压胶管因折弯而容易损坏。各型挤压泵结构相似，UBL1.2 型结构示意如图 17-4。

（2）安全使用要求

1）挤压式灰浆泵应安装在坚实平整的地面上，输送管道应支撑牢固，并尽量减少弯头，作业前应检查各阀体磨损情况及连接件状况；

2）使用前要做水压试验。方法是：接好输送管道，往料斗加注清水，启动挤压泵，当输送胶管出水时，把其折起来，让压力升到 2MPa 时停泵，观察各部位有无渗漏现象；

3）向料斗加水，启动挤压泵润滑输送管道。待水泵完时，

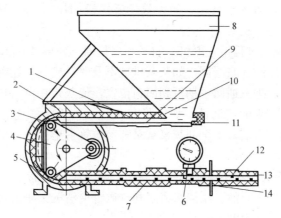

图 17-4　UBL1.2型挤夺压泵结构示意

1、5、7—腔管；2—泵体；3—滚轮；4—轮架；6—压力表；8—料斗；

9—进料管；10—连接夹；11—堵塞；12—卡头；13—输浆管；14—支架

启动振动筛和料斗搅拌器，向料斗加适量白灰膏，润滑输送管道，待白灰膏快送完时，向振动筛里加灰浆，并启动空压机开始作业；

4）料斗加满后，停止振动，待灰浆从料斗泵送完时，再重复加新灰浆至振动筛；

5）整个泵送过程要随时观察压力表，如出现超压迹象，说明有堵管的可能，这时要反转泵送2~3转，使灰浆返回料斗，经料斗搅拌后再缓慢泵送；如经过2~3次正反泵送还不能顺利工作，应停机检查，排除堵塞物；

6）工作间歇时，应先停止送灰，后停止送气，以防气嘴被灰浆堵塞；

7）停止泵送时，对整个泵机和管路系统要进行清洗。

17.3.3　灰浆联合机

灰浆联合机是引进国外技术研制成功的新机型，其泵送喷涂系统如图17-5。主要由底盘、传动系统、砂浆搅拌装置、泵送喷涂系统、空气压缩系统、电气系统及操作保护等系统组成。该机集搅拌、泵送、空气压缩等机构于一体，采用集中传动，可单独或连续完成各种砂浆的制备、泵送、喷涂等作业。采用先进的补偿凸轮—补偿缸机构，泵送距离远，生产率高，泵送、喷涂平稳。

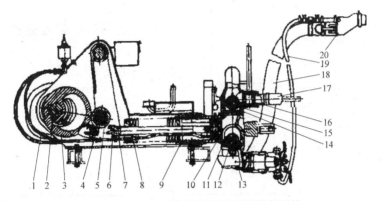

图 17-5　UH4.5 型灰浆联合泵泵送涂料系统

1—补偿凸轮；2—凸轮轴；3—工作凸轮；4—补偿缸活塞杆；5—滚轮；
6—摇臂；7—工作缸活塞杆；8—复位弹簧；9—工作缸；10—活塞；
11—下滑室；12—下滑球；13—吸浆口；14—上滑室；
15—上滑球；16—球阀；17—回浆管；18—输浆管总成；
19—压缩空气胶管；20—喷枪

17.4　涂料喷刷机械

涂料喷刷机械是对建筑结构的内外墙、顶棚的饰面喷刷涂料的机械。

17.4.1　喷浆泵

喷浆泵主要用作建筑物饰面喷刷石灰浆和大白浆的专用机具。具有结构紧凑、性能稳定、操作方便、喷涂均匀等优点，能大大提高刷涂工效和质量。

（1）主要结构

喷浆泵有回转式、柱塞式和气压式等，常用的为回转式，是利用压缩空气，通过喷枪将色浆或油漆吹散成极小的颗粒，并喷涂到装饰表面的机具。以 HPB1 为例，其外形结构如图 17-6 所示。

（2）安全使用要求

1）石灰浆的密度应在 $1.06\sim1.18g/cm^3$ 之间。小于 $1.06g/cm^3$ 时，喷浆效果差；大于 $1.18g/cm^3$ 时，机器振动，喷不成雾状；

2）喷涂前，对石灰浆必须用 60 目筛网过滤两遍，防止喷嘴孔堵塞和叶片磨损加快；

3）喷嘴孔径应在 $2\sim2.8mm$ 之间，大于 2.8mm 时，应及时更换；

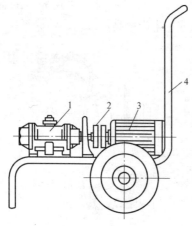

图 17-6　HPB1 型喷浆泵外形结构
1—泵体；2—连轴节；3—电动机；4—机架

4）严禁泵体内无液体空转，以免磨坏尼龙叶片，在检查电动机旋转方向时，一定要先打开料桶开关，让石灰浆先流入泵体内后，再让电动机带泵旋转；

5）每班工作结束后的清洁工作：往料斗里注入清水，开泵清洗到水清洁为止；卸下输浆管，从出（进）浆口倒出泵内积水；卸下喷头座及手把中滤网，进行清洗并疏通各网孔；清洗干净喷枪及整机，并擦洗干净；

6）长期存放前，要清洗前后轴承座内的石灰浆积料，堵塞进浆口，从出浆口注入机油约 50mL，再堵塞出浆口，开机运转约半分钟，以防生锈。

17.4.2　高压无气喷涂机

高压无气喷涂机是利用高压泵提供的高压涂料，经过喷枪的特殊喷嘴，把涂料均匀雾化，实现高压无气喷涂工艺的新型设备。按其动力源可分为气动、电动、内燃三种；按涂料泵构造可分为活塞式、柱塞式、隔膜式三种。活塞或柱塞因直接接触涂料，容易磨损。隔膜式使用寿命长，适合于喷涂油性及水性涂料。下面介绍建筑施工常用的电动隔膜式高压无气喷涂机。

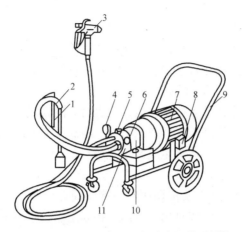

图 17-7　PWD8 型高压无气喷涂机外形结构
1—排料管；2—吸料管；3—喷枪；4—压力表；
5—单向阀；6—解压阀；7—电动机；8—开关；
9—小车；10—柱塞油泵；11—涂料泵（隔膜泵）

高压无气喷涂机用于喷涂高黏度的油漆和涂料，利用高压涂料泵射出的高压雾化料流进行喷涂作业的机械。由于工作时不必借助压缩空气，所以称为无气喷涂。

（1）高压无气喷涂和传统的有气喷涂比较，具有以下优点：

1）涂料自喷嘴高压射出后，能够雾化成极细微的颗粒，使涂层表面均匀、光洁；

2）涂料喷射压力高，对饰面的附着力强，工作时飞散的料流大大减少，降低了工作环境的污染，保护了操作人员的健康；

3）涂料利用率可达 65%，比一般有气喷涂节省涂料，降低了生产成本；

4）降低能源消耗，无气喷涂机消耗的电能是空压机的 1/3～1/5；

5）工作噪声小，改善了劳动条件；

6）重量轻，便于移动，上楼也很方便。

（2）主要结构

高压无气喷涂机如图 17-7 所示，主要由高压涂料泵 11、柱塞油泵 10、喷枪 3、电动机 7 等组成。由电动机直接带动偏心轴旋转，并推动柱塞作高速往复运动。工作中柱塞不直接和涂料接触，而是通过液压油去推挤一个高强度的塑料隔膜。吸入冲程时，隔膜回缩，吸入阀打开，直接从料斗或吸入系统的管道里吸入涂料，使涂料进入挤压腔内；压出时，隔膜膨起，涂料增压并打开输出阀，将高压涂料送入喷枪。在高压下，涂料通过越来越窄小的喷嘴出口，被雾化成微小的颗粒。

（3）安全使用要求

1）机器启动前要使调压阀、卸压阀处于开启状态。首次使用结束，待冷却后按对角线方向，将固定涂料泵的螺栓拧紧，以防连接松动；

2）在喷涂燃点为 21℃ 以下的易燃涂料时，必须接好地线。地线一端接电机零线位置，另一接端涂料桶外壳或被喷的金属物体。泵机不得和喷涂物放在同一房间里，周围严禁明火；

3）喷涂中发生喷枪堵塞现象时，应先将枪关闭，将喷嘴手柄旋转 180°，再开枪用压力涂料排除堵塞物。如无效，可停机卸压后拆下喷嘴，用竹丝疏通，然后用硬毛刷清洗干净；

4）不许用手指试高压射流，喷涂间歇时，要随手关闭喷枪安全装置，防止无意打开伤人；

5）高压软管的弯曲半径不得小于 25cm，不得在尖锐的物体上用脚踩高压软管；

6）作业中停歇时间较长时，要停机卸压，将喷枪的喷嘴部位放入溶剂里。每天作业后，必须彻底清洗喷枪。清洗过程，严禁将溶剂喷回小口径的溶剂桶内，防止静电引起火灾。

17.5 地面修整机械

地面修整机械是对混凝土和水磨石地面进行磨平、磨光的地面修整机械，常用的为水磨石机和地面抹光机。

17.5.1 水磨石机

水磨石机是修整地面的主要机械。根据不同的作业对象和要求，有单盘旋转式和双盘对转式，主要用于大面积水磨石地面的磨平、磨光作业；小型侧卧式主要用于墙裙、踢脚、楼梯踏步、浴池等小面积地面的磨平、磨光作业；立面式用于各种混凝土、水磨石的墙壁、围墙的磨光作业；手提式可对角隅及小面积的磨石表面进行磨光作业，还可对金属表面进行打光、去锈、抛光；近年出现的金刚石水磨石机，其磨盘是在耐磨材料内部加入一定量的人造金刚石制成，坚硬耐磨，使用寿命长，磨削质量好，是水磨石机更新换代的新机型。

（1）主要结构

单盘水磨石机外形结构如图 17-8。主要由传动轴 8、夹腔帆布垫 3，连接盘 5 及砂轮座 2 等组成。磨盘为三爪形，有三个三角形磨石均匀地装在相应槽内。用螺钉固定。橡胶双盘水磨石机外形结构如图 17-9。其适用于大面积磨光，具有两个转向相反的磨盘，由电动机经传动机构驱动，结构与单盘式类似。与单盘比较，耗电量增加不到 40％，而工效可提高 80％。

（2）安全使用要求

1）当混凝土强度达到设计强度的 70％～80％时，为水磨石机最适宜的磨削时机，强度达到 100％时，虽能正常有效工作，但磨盘寿命会有所降低；

2）接通电源、水源，检查磨盘旋转方向应与箭头所示方向相同；

3）手压扶把，使磨盘离开地而后启动电机，待运转正常后，缓慢地放下磨盘进行作业；

4）作业时必须经常通水，进行助磨和冷却，用水量可调至工作面不发干为宜；

5）根据地面的粗细情况，应更换磨石。如去掉磨块，换上蜡块用于地面打蜡；

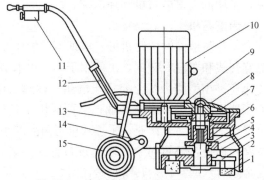

图 17-8 单盘旋转式水磨石机外形结构

1—磨石；2—砂轮座；3—夹腔帆布垫；4—弹簧；5—连接盘；

6—橡胶密封；7—大齿轮；8—传泵轮盘；9—电机齿轮；

10—电动机；11—开关；12—扶手；13—升降齿条；

14—调节架；15—走轮

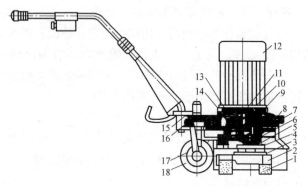

图 17-9 双盘对转式水磨石机外形结构

1—V 砂轮 2—磨石座；3—连接橡皮；4—连接盘；

5—连接密封圈；6—油封；7—主轴；8—大齿轮；

9—主轴；10—闷头盖；11—电机齿轮；12—电动机；

13—中间齿轮轴；14—中间齿轮；15—升降齿条；16—齿轮

17—调节架；18—行走轮

6）更换新磨块应先在废水磨石地坪上或废水泥制品表面先磨 1～2h，待金刚石切削刃磨出后再投入工作面作业，否则会有打掉石子现象。

17.5.2 地面抹光机

地面抹光机适于水泥砂浆和混凝土路面、楼板、屋面板等表面的抹平压光。按动力源划分，有电动、内燃两种；按抹光装置划分，有单头、双头两种。后者适用范围广，抹光效率较高。

（1）主要结构

双头地面抹光机外形结构如图 17-10。电动机通过 V 带驱动转子，转子是一个十字架形的转架，其底面装有 2～4 把抹刀，抹刀的倾斜方向与转子的旋转方向一致，并能紧贴在所修整的水泥地面上。抹刀随着转子旋转，对水泥地面进行抹光工作。抹光机由操纵手柄控制行进方向，由电气开关控制电动机的开停。

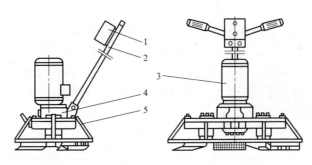

图 17-10 双头地面抹光机外形结构示意
1—控制开关；2—操纵杆；3—电动机；4—减速器；5—安全罩

（2）安全使用要求

1）底层细石混凝土摊铺平整合乎质量要求后，铺洒面层水泥干砂浆并抹平，当干砂浆渗湿后稍具硬度，将抹刀板旋转时地面不呈明显刀片痕迹，即可开机运转；

2）操作时应有专人收放电缆线，防止被抹刀板划破或拖坏已抹好的地面；

3）第一遍抹光时，应从内角往外纵横重复抹压，直至压平、压实、出浆为止。第二遍抹光时，应由外墙一侧开始向门口倒退抹压，直至光滑平整无痕迹为止。抹压过程如地面较干燥，可均匀喷洒少量水或水泥浆再抹，并用人工配合修整边角；

4）作业结束后，用水洗掉粘附在抹光机上的砂浆。存放前，应在抹板与连接盘螺钉上涂抹润滑脂；

5）使用一定时期后，应在抹板支座上的四个油嘴加注润滑脂。减速器齿轮油应随季节变化更换。

17.6 手持机具

手持机具主要是运用小容量电动机，通过传动机构驱动工作装置的一种手提式或携带式小型机具。用途广泛、使用方便、能提高装饰质量和速度，是装饰机械的重要组成部分，近年来发展较快。

手持机具种类繁多，按其用途可归纳为饰面机具、打孔机具、切割机具、加工机具、铆接紧固机具等五类。按其动力源虽有电动、气动之分，但在装修作业中因使用方便而较多采用电动机具。各类电动机具的电机和传动机构基本相同，主要区别是工作装置的不同。